JN334960

ヴィジュアル版
植物ラテン語事典

LATIN
for
GARDENERS

◆著者略歴
ロレイン・ハリソン（Lorraine Harrison）
ロンドン大学より庭園史の修士号を取得。『感動のサセックスのガーデナーたち（Inspiring Sussex Gardeners）』、『シェーカー教徒のガーデン・ブック（The Shaker Book of the Garden）』、『庭園の謎を解く』（小坂由佳訳、産調出版）、『やさしい野菜の歴史——台所の豊饒の角（A Potted History of Vegetables: A Kitchen Cornucopia）』など、庭園史にかんする著書をいくつも書いており、ガーデニングにかんする学術雑誌『ホータス（Hortus）』にも寄稿している。

◆訳者略歴
上原ゆうこ（うえはら・ゆうこ）
神戸大学農学部卒業。農業関係の研究員をへて翻訳家。広島県在住。おもな訳書に、『癒しのガーデニング』、『消費伝染病「アフルエンザ」』（以上、日本教文社）、『ヴィジュアル版世界幻想動物百科』、『図説世界史を変えた50の鉱物』（以上、原書房）、『化学・生物兵器の歴史』（東洋書林）、共訳書に『自然から学ぶトンプソン博士の英国流ガーデニング』（バベルプレス）がある。

LATIN FOR GARDENERS
by Lorraine Harrison
Copyright © Quid Publishing 2012
Text Copyright © Quid Publishing 2012
Japanese translation rights arranged with Quid Publishing Ltd., London
through Tuttle-Mori Agency, Inc., Tokyo

ヴィジュアル版
植物ラテン語事典

●

2014年9月20日 第1刷

著者………ロレイン・ハリソン
訳者………上原ゆうこ
装幀………川島進（スタジオ・ギブ）
本文組版………株式会社ディグ
発行者………成瀬雅人
発行所………株式会社原書房
〒160-0022 東京都新宿区新宿1-25-13
電話・代表 03(3354)0685
https://www.harashobo.co.jp
振替・00150-6-151594
ISBN978-4-562-05076-5

©Harashobo 2014, Printed in China

ヴィジュアル版
植物ラテン語事典

LATIN
for
GARDENERS

Over 3,000 Plant Names Explained and Explored

ロレイン・ハリソン
Lorraine Harrison

上原ゆう子 訳
Yuko Uehara

目次

はじめに	6
本書の使い方	8
植物学のラテン語小史	9
植物学のラテン語入門	10
A-Zリストの手引き	13

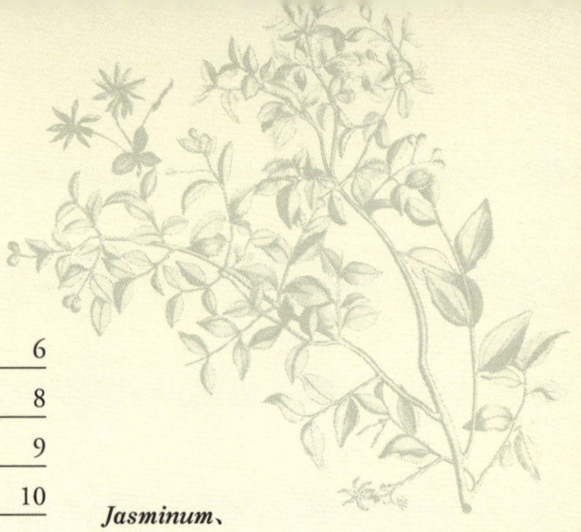

Jasminum、
jasmine（ジャスミン）(p.116)

植物学のラテン語A-Zリスト

A	*a- ～ azureus*	14
B	*babylonicus ～ byzantinus*	37
C	*cacaliifolius ～ cytisoides*	45
D	*dactyliferus ～ dyerianum*	69
E	*e- ～ eyriesii*	79
F	*fabaceus ～ futilis*	85
G	*gaditanus ～ gymnocarpus*	94
H	*haastii ～ hystrix*	102
I	*ibericus ～ ixocarpus*	109
J	*jacobaeus ～ juvenilis*	115
K	*kamtschaticus ～ kurdicus*	117
L	*labiatus ～ lysimachioides*	118
M	*macedonicus ～ myrtifolius*	129
N	*nanellus ～ nymphoides*	141
O	*obconicus ～ oxyphyllus*	146
P	*pachy- ～ pyriformis*	150
Q	*quadr- ～ quinquevulnerus*	173
R	*racemiflorus ～ rutilans*	175
S	*sabatius ～ szechuanicus*	181
T	*tabularis ～ typhinus*	200
U	*ulicinus ～ uvaria*	208
V	*vacciniifolius ～ vulgatus*	212
W	*wagnerii ～ wulfenii*	218
X	*xanth- ～ xantholeucus*	220
Y	*yakushimanus ～ yunnanensis*	220
Z	*zabeliana ～ zonatus*	221

Tropaeolum majus、
nasturtium（ノウゼンハレン）(p.207)

Eryngium maritimum、
sea holly（ヒイラギサイコ）(p.82)

植物紹介

Acanthus（アカンサス）	15
Achillea（アキレア）	16
Alyssum（アリッサム）	23
Digitalis（ジギタリス）	76
Eryngium（エリンギウム）	82
Eucalyptus（ユーカリ）	84
Foeniculum（フェンネル）	91
Geranium（ゲラニウム）	95
Helianthus（ヒマワリ）	103
Jasminum（ジャスミン）	116
Lycopersicon（トマト）	128
Parthenocissus（ツタ）	153
Passiflora（パッションフラワー）	154
Plumbago（プルンバーゴ）	163
Pulmonaria（プルモナリア）	171
Quercus（オーク）	174
Sempervivum（センペルヴィウム）	188
Streptocarpus（ストレプトカーパス）	195
Tropaeolum（ナスタチウム）	207
Vaccinium（ブルーベリー）	213

Pelargonium、
pelargonium（ペラルゴニウム）(p.95)

ジョーゼフ・バンクス、
1743-1820 (p.40)

プラントハンター

アレクサンダー・フォン・フンボルト	26
ジョーゼフ・バンクス	40
メリウェザー・ルイスとウィリアム・クラーク	54
フランシス・マッソンと カール・ペーター・トゥーンベリ	72
ジョン・バートラムとウィリアム・バートラム	98
デイヴィッド・ダグラス	110
カール・リンネ	132
ジェーン・コールデンとマリアン・ノース	158
ジョーゼフ・フッカー	182
アンドレ・ミショーとフランソワ・ミショー	210

植物のあれこれ

どこから来たのか	32
植物の姿かたち	64
植物の色	86
植物の特性	120
植物の香りと味	144
数と植物	166
植物と動物	198

用語集	222
参考文献	223
図版出典	224

はじめに

　植物のラテン語の複雑さに直面すると、熟練した園芸家＝ガーデナーでも多くの人が肩をすくめ、ため息をついてシェークスピアに慰めを求める。ちょうどジュリエットのようにこう問うのである。「名前ってなに？　バラと呼んでいる花を／別の名前にしても美しい香りはそのまま」（ウィリアム・シェイクスピア『ロミオとジュリエット』小田島雄志訳）。残念ながら、この問題はそれほど簡単にかたづく話ではない。園芸の知識をもつまともなガーデナーなら、きっとドッグローズ（*Rosa canina*、カニナバラ）をロックローズ（*Cistus ladanifer*、ゴジアオイ属）とまちがえたり、ゲルダーローズ（*Viburnum opulus*、カンボク）をレンテンローズ（*Helleborus orientalis*、クリスマスローズ属）とまちがえるようなことは決してないだろう。これらまったく異なる植物のうち、ジュリエットのいう甘い香りのするバラに似たところがあるのはただひとつ、一般にドッグローズとよばれるものだけなのである。もちろん手がかりはラテン名の中にあって、それがバラ科（Rosaceae）のバラ属（*Rosa*）の植物だと教えてくれるし、*canina* は「イヌの」という意味である。

　なぜ多くの人が普通名の詩的なところや魅力に引かれるのか容易に理解できる。love-lies-bleeding ［直訳では「愛は血を流して横たわる」］（ヒモゲイトウ）、forget-me-not ［「わたしを忘れないで」］（ワスレナグサ）、love-in-a-mist ［「霧の中の恋人」］（クロタネソウ）のような名前をもつ花のロマンティックな雰囲気に抵抗できる人がいるだろうか（ただし、こうした可憐な名前がガーデナーをまどわすこともあり、たとえば最後の美女は devil-in-the-bush ［「茂みの中の悪魔」］という名前でよばれても答えるのである）。そしてなんといっても、こうした華やかなよび方のほうが *Amaranthus caudatus*, *Myosotis sylvatica*, *Nigella damascena* よりずっと覚えやすいし、発音しやすいのも確かである。しかし、普通名は詩的な響きがあるかもしれないが、多くの場合、その植物の起源、あるいはその形や色や大きさのような重要なことについて何も教えてくれない。これに対し、学名の中に *repens* がある植物は背が低いか匍匐性で、*columnaris* とよばれる高くそびえ立つ植物とは違うということを知っていれば、植物を選ぶときに非常に役に立つ。また、*noctiflorus* の花は夜にだけ開花することをあらかじめ知っていさえすれば避けられたはずの、日あたりのいい花壇に植えたときの苛々のことを考えてみればいいし、おもに夜に使うような庭を計画しているときなら、それはなんと有益な情報だろう。

　18世紀の植物学者カール・リンネは、植物が医薬のおもな原料だったため医師や薬草医が植物を正確に区別し正しい名前をいえることがきわめて重要な時代に、単純化した植物命名法を導入した。ラテン語は学者や科学者の共通言語だった。そして今日、ガーデナーが使っている植物学のラテン語の基礎をなしているのはリンネの二名法である。リンネとその同僚たちのおかげで、現代のサンフランシスコのガーデナーは *Chenopodium bonus-henricus*（キクバアカザ）について香港の園芸家に電子メールを出して、自分たちがどちらも正確に同じ植物について話していると承知のうえで議論できるのである。もし goosefoot, shoemaker's heels, spearwort などたくさんある普通名のどれかを使って議論したら、同じことがいえるだろうか。

　植物学のラテン語は、適切に使えば、難解で古くさい言葉どころか、植物が盛んに育つ美しく豊かな庭を作るうえで、よく切れる剪定ばさみやしっかりした移植ごてと同じくらい役に立つ実用的な道具になるかもしれない。本書の助けを借りれば、ガーデナーは「名前ってなに？」という問いに答えられるようになり、これまで神秘に包まれたラテン名の世界に埋もれていた豊かな情報を理解すれば、それはガーデナーと彼らの庭にとって大いに役立つだろう。

Camellia × *williamsii* 'Citation'
（ツバキの園芸品種）（p.219）

Lathyrus odoratus、
sweet pea（スイートピー）(p.145)

本書の使い方

アルファベット順リスト
ラテン語の言葉を、参照しやすいようにAからZまでアルファベット順にならべる。さらに詳しい説明は13ページの「A–Zリストの手引き」を見ていただきたい。

植物紹介のページ
本書のあちこちにあるこの紹介ページでは、それぞれ特定の植物に注目し、興味深く愉快なことも多いラテン名をとりあげ、その由来や、ときには意外な意味にも触れる。

いずれも最初にその単語の男性形、次に女性形(ときには男性形から変化していないこともある)、そして中性形の順に示す。場合によっては形容詞が3つの性でみな同じこともある。

発音ガイドを記載し、強勢をつけるべきところを大文字で示す。

abbreviatus *ab-bree-vee-AH-tus*
abbreviata, abbreviatum
短縮された、小型の、例:*Buddleja abbreviata*

適宜、そのラテン語が使われている植物名の例を示す。

生きているラテン語
図版入りの囲み記事で、植物のラテン名から引き出すことができる隠された知識の一端を、生育場所にかんする情報や役に立つ栽培のヒントとともに示す。

プラントハンター
勇気ある旅をして、わたしたちの庭を今日みられるような姿にした植物を収集し紹介した男女の物語。

植物のあれこれ
このページでは、植物の原産地、色、形、香りといったテーマ別に、ラテン語の植物名を見ていく。植物名がしばしば数や動物に関係するという事実も明らかにする。

植物学のラテン語小史

今日、科学者たちが使っている植物学のラテン語は、古代ローマの著述家たちのラテン語とはまったく別のものである。それはギリシア語やそのほかの言語に大きく依存しており、プリニウス（西暦23-79）のような植物にかんする本を書いたローマの著述家にとっては異国の言葉に思える言葉も多く使われている。その起源はこうした初期の植物学者が使った説明的な言葉にあるが、この目的に特化した技術用語に変化し、古典的なラテン語よりずっと単純だが、変化する科学的要求にこたえるため語彙は増えつづけている。

18世紀になってしばらくたつまで、国際的な学問の言語はラテン語だった。したがって、植物学者が言語ごと、地域ごとに異なる地方特有の植物名よりもラテン語を好んで使うのは、当然のことだった。16世紀以降、発見の航海によって未知の国への道が開かれた結果、それまで知られていなかった多数の植物がヨーロッパ中の植物学者の研究室にやってきた。その一方で光学装置の技術が進歩したおかげで、植物の構造をずっと詳しく調べることができるようになった。だが、ラテン語の植物名は種間の相違を要約することを意図していたため、名前はしばしば長い説明語の羅列になり、使いにくく相互の関係づけがむずかしかった。その後、18世紀中頃にカール・リンネ（p.132）がふたつの単語を使う二名法という植物と動物の命名法を採用した。この方法では、ひとつの形容語（小名）で種をその属のほかのすべての種から区別する。

このやり方は植物分類学を一変させた。そして19世紀には、命名法にかんする国際的に合意のとれた一連のルールが必要なことが明白になった。19世紀から20世紀にかけて何度か開催された国際植物学会議により、ようやく1952年に『国際植物命名規約』（ICBN）が発行され、以来、何度も改正されている。これには植物名をあたえ確定するときの原則が明示されており、植物学の主要な雑誌や学会はすべてそのルールと勧告に従っている。

こうしたことを考えると、植物名がこれほど何度も変わっているのは奇妙に思えるかもしれない。またガーデナーは、古い名前で完全にうまくいっているように思えるときに新しい名前を覚えなければならないのを大いに不満に思うかもしれない。だが、残念ながら植物相互の関係について植物学者の意見はかならずしもいつも一致するわけではなく、分類に矛盾が生じると、結果として名前が変わることもあるのである。たとえば*Cimicifuga*（サラシナショウマ属）と*Actaea*（ルイヨウショウマ属）が以前考えられていたより近い関係にあるという証拠が浮かび上がったときには、ガーデナーは*Cimicifuga*とよぶことに慣れていた植物を*Actaea*と覚えなおさなければならなかった。

*Cimicifuga*ではなく*Actaea*という名前が採用されたのは、ICBNに提示されている優先権の原則に従ったからである。ICBNは、ふたつが同じものと判断されるときは先に発表された名前を使用しなければならないとしているのである。ほかにも分類の変更が同じようにまぎらわしい結果をまねいた場合がある。たとえば、*Montbretia*（アヤメ科モントブレチア属）の種が*Crocosmia*（アヤメ科クロコスミア属）に分類しなおされたとき、以前*Montbretia* × *crocosmiiflora*（クロコスミアのような花のモントブレチア）という名前だった植物が*Crocosmia* × *crocosmiiflora*（クロコスミアのような花のクロコスミア）になってしまった［和名はヒメヒオウギズイセン］。

DNA分析の時代になってからは植物の再分類はますます勢いを増して進んでおり、その結果、かなりの数の名前が変更された。ガーデナーにとって幸いなことに、DNA分析は高い信頼性をもって関係を明らかにすることができ、最終的にははるかに強固な分類になるはずで、そうしたら植物名はこれまでより安定したものになるだろう。

植物学のラテン語入門

ラテン名を書くときは、さまざまな要素を正しい順序でならべ、活字にかんする約束事に従うことが重要である。

科
(例：*Sapindaceae*)

大文字と小文字で書かれ、『国際植物命名規約』はイタリック体にすることも勧告している。科名は-*aceae*で終わるため、容易に見分けることができる。

属
(例：*Acer*)

頭文字が大文字のイタリック体で書かれる。名詞であり、男性、女性、中性のいずれかの性をもつ。同じ属の種をいくつもならべるときには属名はしばしば省略され、たとえば*Acer amoenum*、*A. barbinerve*、*A. calcaratum*のように書かれる。

種
(例：*Acer palmatum*)

種は属の中の明確な単位であり、種を示す語はしばしば種小名とよばれる。これは小文字のイタリック体で書かれる。たいてい形容詞だが、ときには名詞の場合もある（たとえば*Agave potatorum*の小名は「酒飲みたちの」という意味である［リュウゼツラン属のライジンとよばれる植物で、多肉の葉がアルコール飲料の原料にされる］）。形容詞はつねにその前にある名詞と性が一致するが、種小名として名詞が使われているときは変化しない。2語で表す二名法では、種名は属名と種小名の組みあわせであたえられる。

亜種
(例：*Acer negundo* subsp. *mexicanum*)

小文字のイタリック体で書かれ、その前にsubspeciesの省略形であるsubsp.（場合によってはssp.）が小文字のローマン体で書かれる。亜種は主要な種とはっきり識別できる変異体である。

変種
(例：*Acer palmatum* var. *coreanum*)

小文字のイタリック体で書かれ、その前にvarietasの省略形であるvar.が小文字のローマン体で書かれる。植物学上の構造のわずかな変異を区別するために使われる。

品種
(例：*Acer mono* f. *ambiguum*)

小文字のイタリック体で書かれ、その前にformaの省略形であるf.が小文字のローマン体で書かれる。花色のような小さな変異を区別する。

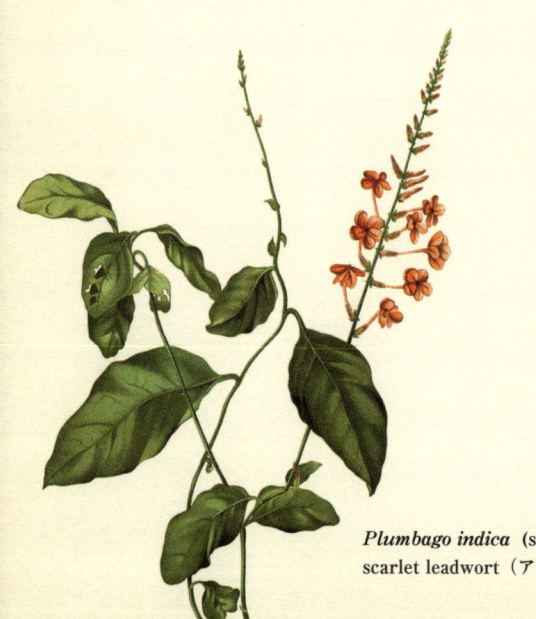

Plumbago indica (syn. *P. rosea*)、scarlet leadwort（アカマツリ）(p.163)

栽培品種

（例：*Acer forrestii* 'Alice'）

大文字と小文字のローマン体で書かれ、一重引用符で囲まれる。園芸品種ともよばれ、人為的に維持されている植物に用いられる。現代の栽培品種名（すなわち1959年よりあとのもの）にはラテン語やラテン語化した言葉は使わないことになっている。

雑種

（例：*Hamamelis* × *intermedia*）

大文字と小文字のイタリック体で書かれ、前にイタリック体にしていない×（これは掛け算の記号であってxの文字ではないことに注意）がつく。例は同じ属の種間交配の場合である。異なる属の種の交配の結果できた雑種のときは、その属名の前に×が書かれる。ただし、異なる種の接ぎ木の結果できた雑種の場合は、×ではなく＋の記号で示される。

異名

（例：*Plunbago indica*, syn. *P. rosea*）

ひとつの分類体系のなかではある植物の正名はひとつしかないが、正名でないものがいくつもある場合がある。それらは異名（synonym、省略形はsyn.）とよばれ、複数の植物学者が同一の植物に異なる名前をあたえたため、あるいはひとつの植物が異なるやり方で分類されているために生じる。

普通名

普通名が使われる場合は、人や場所の名前のような固有名詞に由来する場合を除いて、小文字のローマン体で書かれる（たとえばcommon soapwortのように書かれるが、London prideのように大文字が使われることもある）。固有名詞がラテン語化されたものの場合、forrestiiやfreemaniiのように大文字が使われないことに注意する。たとえばfuchsia（フクシア）のように、多くのラテン語の属名が普通名として使われている。そのような場合は小文字のローマン体で書き、複数形を使うこともできる（fuchsias, rhododendrons）。

Helianthemum cupreum、rock rose（ハンニチバナ属の亜低木）(p.67)

性

ラテン語では、形容詞はそれが修飾する名詞と性が一致しなければならない。このため、植物の学名では、種は属と性が一致しなければない。ただし、種小名が名詞のときはこのルールの例外となる（たとえば*forrestii*、「フォレストの」［人名Forrestより］）。この場合、属と種の性が一致する必要はない。なお、読者に異なる性の形を知ってもらうため、種小名が出てくるところでは通例、たとえば*grandiflorus*（*grandiflora*, *grandiflorum*）というように、男性形、女性形、中性形の順にならべる。

以上、簡単に二名法の概要を述べたが、残念ながらこうしたルールには例外があるうえ、さらに複雑な構造上の問題があるため注意すること。本書が対象としているのは植物学者ではなくガーデナーであり、ラテン語の入門書ではないため、ここでは一般的な原則のみを述べた。本書の第一の目的は、ラテン語の学者ではなくよりよいガーデナーに増えていただくことなのである。植物の学名の命名法をよく理解すれば、ガーデナーはよりよい植物であふれたよりよい庭を作ることができるだろう。よりよい植物とは、それぞれの場所によく調和し、あたえられた条件で盛んに成長し、美的観点からいって隣接する植物ともっとも好ましい関係を生み出す形や習性や色をもつ植物である。

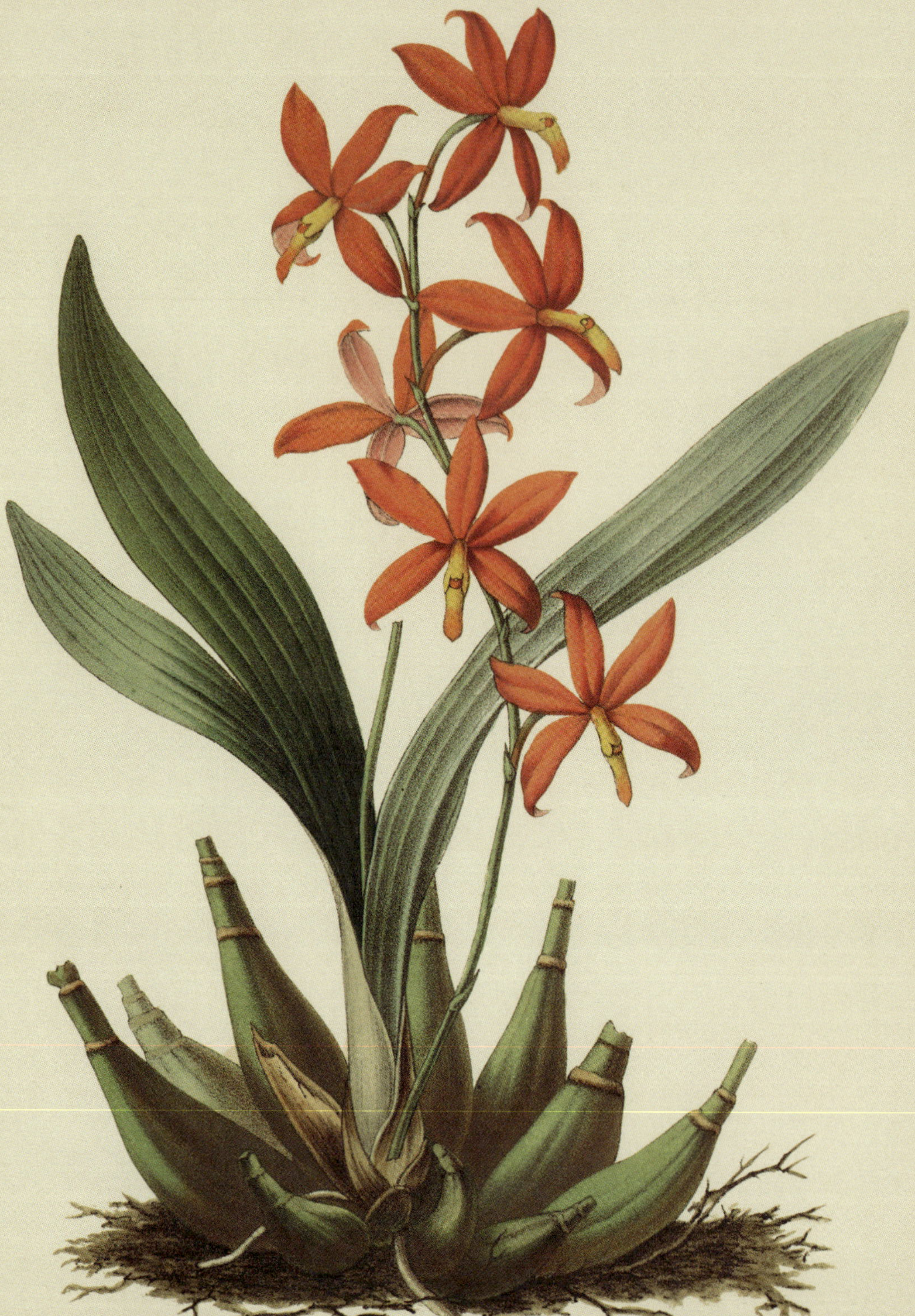

A–Zリストの手引き

次ページから、植物学で使われる3000以上のラテン語をアルファベット順に列挙する。まずラテン語、つづいて発音ガイドを記載する。次に、その語の女性形と中性形がある場合はそれらを示し、そのあとに意味を示す。その語が使われている植物名の例もあげる。たとえば次のようになる。

> **abbreviatus** *ab-bree-vee-AH-tus*
> abbreviata, abbreviatum
> 短縮された、小型の、例：*Buddleja abbreviata*（フジウツギ属の低木または小高木）

女性形が男性形から変化していなくても、明確化と一貫性をはかるため、次のようにくりかえして書く。

> **baicalensis** *by-kol-EN-sis*
> baicalensis, baicalense
> 東シベリアのバイカル湖産の、例：*Anemone baicalensis*（ヒロハイチゲ）

綴りが何種類もある場合は、次のようにまとめて記載する。

> **cashmerianus** *kash-meer-ee-AH-nus*
> cashmeriana, cashmerianum
> **cashmirianus** *kash-meer-ee-AH-nus*
> cashmiriana, cashmirianum
> **cashmiriensis** *kash-meer-ee-EN-sis*
> cashmiriensis, cashmiriense
> カシミール産の、カシミールの、
> 例：*Cupressus cashmeriana*（カシミールイトスギ）

植物学のラテン語の発音は国によって、さらには地域によって異なることがあり、ここにあげた例は絶対的な指示ではなく、指針として提示するものである。強勢をつけるべきところを大文字で示す。性によって変わる場合も男性形のみを示す。

たいていのガーデナーは、普通名を多数もつだけでなくラテン名もさまざまなものがある植物に出くわしたことがあるだろう。かつて広く使われていたのに今では廃止された小名もあり、それはおそらくその小名があてられていた植物が再分類されたためである。しかし、こうした名前も古い園芸学の書物にまだ存在する場合があるため、現代の文章やインターネットのさまざまな情報源でも完全を期すため異名として記載されていることがある。

とくに異なる情報源が矛盾する見解を述べているときは、どの名前が最新と考えられるか判断するのがむずかしいことがある。どの分類に従うかはほとんど個人の選択の問題だが、ひとつ求めるとすれば『RHSプラントファインダー（RHS Plant Finder）』が学名にかんする最新の見解についての総合的な手引き書となる。

Prosthechea vitellina（プロスゼキア属の着生ラン）。種小名（*vitellinus, vitellina, vitellinum*、卵黄色の）は唇弁の色を表現している（p.217）。

Quercus suber、cork oak（コルクガシ）（p.174）

A

a-
「〜がない」、「〜に反する」ことを意味する接頭語

abbreviatus *ab-bree-vee-AH-tus*
abbreviata, abbreviatum
短縮された、小型の、例：*Buddleja abbreviata*（フジウツギ属の低木または小高木）

abies *A-bees*
abietinus *ay-bee-TEE-nus*
abietina, abietinum
モミノキ（*Abies*）に似た、例：*Picea abies*（ドイツトウヒ）

abortivus *a-bor-TEE-vus*
abortiva, abortivum
不完全な、欠落した部分がある、例：*Oncidium abortivum*（オンシジウム属の着生ラン）

abrotanifolius *ab-ro-tan-ih-FOH-lee-us*
abrotanifolia, abrotanifolium
オキナヨモギ（*Artemisia abrotanum*）のような葉の、例：*Euryops abrotanifolius*（キク科ユリオプス属の低木）

abyssinicus *a-biss-IN-ih-kus*
abyssinica, abyssinicum
アビシニア（エチオピア）の、例：*Aponogeton abyssinicus*（レースソウ属の水草）

Gentiana acaulis、
trumpet gentian
（チャボリンドウ）

acanth-
刺や鋭くとがった部分があることを意味する接頭語

acanthifolius *a-kanth-ih-FOH-lee-us*
acanthifolia, acanthifolium
Acanthus（ハアザミ属）のような葉の、例：*Carlina acanthifolia*（チャボアザミ属の多年草）

acaulis *a-KAW-lis*
acaulis, acaule
短い茎の、無茎の、例：*Gentiana acaulis*（チャボリンドウ）

-aceae
科であることを示す接尾語

acer *AY-sa*
acris, acre
ピリッとした刺激のある味がする、例：*Sedum acre*（オウシュウマンネングサ）

acerifolius *a-ser-ih-FOH-lee-us*
acerifolia, acerifolium
カエデ（*Acer*）のような葉の、例：*Quercus acerifolia*（コナラ属の高木）

acerosus *a-seh-ROH-sus*
acerosa, acerosum
針状の、例：*Melaleuca acerosa*（コバノブラシノキ属の低木）

acetosella *a-kee-TOE-sell-uh*
葉が少し酸っぱい、例：*Oxalis acetosella*（コミヤマカタバミ）

achilleifolius *ah-key-lee-FOH-lee-us*
achilleifolia, achilleifolium
セイヨウノコギリソウ（*Achillea millefolium*）のような葉の、例：*Tanacetum achilleifolium*（ヨモギギク属の草本）

acicularis *ass-ik-yew-LAH-ris*
acicularis, aciculare
針のような形をした、例：*Rosa acicularis*（オオタカネバラ）

acinaceus *a-sin-AY-see-us*
acinacea, acinaceum
湾曲した剣すなわち三日月刀の形をした、例：*Acacia acinacea*（アカシア属の低木）

acmopetala *ak-mo-PET-uh-la*
先がとがった花弁の、例：*Fritillaria acmopetala*（バイモ属の多年草）

aconitifolius *a-kon-eye-tee-FOH-lee-us*
aconitifolia, aconitifolium
トリカブト（*Aconitum*）のような葉の、例：*Ranunculus aconitifolius*（キンポウゲ属の多年草）

acraeus *ak-ra-EE-us*
acraea, acraeum
高地に生える、例：*Euryops acraeus*（キク科ユリオプス属の矮性低木）

ACANTHUS（アカンサス）

Acanthus、bear's breeches（アカンサス）

　Acanthus（ハアザミ属）の植物の青々とした葉と複雑な構造をした背の高い穂状花序は、あらゆる庭に劇的な効果をもたらす。Acanthaceae（キツネノマゴ科）に属すこの多年草の属の名前は、刺を意味するギリシア語 *akantha* に由来する。植物の名前の一部に *acanth-* があるのを見たら、それはどこかに刺状のもの、とがった部分や鋭い部分があることだから、気をつけなければならない。たとえば *acanthocomus* (*acanthocoma, acanthocomum*) という語はその植物の葉に刺毛があることを示し、*acanthifolius* (*acanthifolia, acanthifolium*) は葉がアカンサス［ハアザミ属の植物の総称］の葉に似ていることを意味する。ギリシア神話に、ニンフのアカントスがアポロン神から強く望まれる話がある。しつこく言い寄ってくるのをしりぞけようとして、アカントスはアポロンの顔をひっかいてしまう。そんなふうにこばまれたアポロンは、仕返しにアカントスを刺だらけの植物に変えてしまった。

　うまくいかなかった恋以外に、アカンサスの刺があるという特徴はこの植物の花のこともいっている［苞葉に刺がある］。花は重なりあう藤色と白の苞葉と筒状の花弁で構成され、密生する大きな葉のあいだから優美に立ち上がる背の高い軸に穂状につく。アカンサスは bear's breech あるいは bear's breeches［直訳すると「クマの臀部」］とよばれることが多い。もっともふつうに栽培されるのが *Acanthus spinosus*（トゲハアザミ）で、葉の先がとがっていて刺があり、多数の花をつけ、簡単に1.2メートルという堂々たる高さに達する。このため普通名は spiny bear's breeches［「刺のあるアカンサス」］である（*spinosus, spinosa, spinosum*、刺がある）。*Acanthus montanus*（ヒメハアザミ）は mountain thistle［「山のアザミ」］とよばれる（*montanus, montana, montanum*、山の）。

　アカンサスは庭のなかでも乾燥した日あたりのよいところでよく生育するが、長い主根を伸ばし、その場所に合わないと思ってとりのぞこうとしても非常にむずかしいため、植える場所に気をつけること。概して耐寒性だが、植えたあと最初の2～3年は、冬のあいだ十分にマルチをして切りつめた茎を覆うとよい。

古代ギリシア・ローマの建築では、アカンサスの湾曲した葉を高度に様式化したものが、コリント式および混合式の柱頭に彫刻された装飾の要素として使われている。

ローマの詩人ウェルギリウスによれば、トロイのヘレネはアカンサスの葉がたくさん刺繍されたヴェールをかぶっていたという。もっと最近では、19世紀の芸術家でデザイナーのウィリアム・モリスの作品に、くりかえしのモチーフとしてこの植物の葉が使われている。

ACHILLEA（アキレア）

　ギリシア神話の英雄、ギリシアの戦士アキレウスにちなんで名づけられた*Achillea*（ノコギリソウ属）ほど輝かしい名前をもつ植物は少ない。アキレウスの母テティスは、のちのち攻撃から確実に身を守れるように幼い息子をステュクス川の魔法の水に浸けた。アキレウスの体のうち、母親の手につかまれていて水に浸からなかった唯一の部分がかかとだった。いうまでもないが、大人になってから敵のパリスが放った矢がここにあたって、アキレウスは死んだのである。

　この最後の戦いより前にアキレウスは多くの戦闘を指揮し、部下の兵士たちの傷から流れる血を、(かつては*herba militaris*［軍隊のハーブ］とよばれていた) yarrow（ノコギリソウ［ノコギリソウ属の植物の総称］）から作った薬で止めたことで知られている。この植物が傷を治す力をもっていると古くから信じられていたため、bloodwort［「血草」］、nosebleed［「鼻血」］、staunchgrass［「血止め草」］、woundwort［「傷草」］など、その薬効を暗示するさまざまな普通名がつけられた。

　もっと最近では、白い花が咲く*Achillea ptarmica*（オオバナノコギリソウ）がくしゃみを誘発する性質により嗅ぎ煙草として使われてきたが、同じ理由でsneezewort［「くしゃみ草」］やold man's pepper［「老人のコショウ」］といった普通名もつけられている（*ptarmica*は「くしゃみをひき起こす」という意味）。*A. millefolium*（セイヨウノコギリソウ）はdevil's nettleのほかにthousand-leafあるいはthousand-sealともよばれ、これはこの植物が生じるきわめて多数の小葉のことをいっているが、おそらく千というのは多すぎるだろう（*millefolium, millefolia, millefolium*の文字どおりの意味は「千の葉がある」だが、通常はたんに「多く

Achillea erba-rotta subsp. *moschata*、musk yarrow（ジャコウノコギリソウ）。*erba-rotta*は*herba rota*がなまって変化したもので、車輪を意味する*rota*に由来する［*herba*は草の意］。

*Achillea*の多数ある葉は強い刺激的なにおいを放ち、用心しないとくしゃみが起こることがある。

Achillea millefolium、yarrow（セイヨウノコギリソウ）

Achillea millefolium var. *rosea*という名前はそのバラ色の花のことをいっている。

の葉」を意味する）。

　耐寒性の多年草であるこのグループは、混植したときに観賞用イネ科植物と非常に相性がよく、境栽花壇に植えればある程度の高さと色、多数の長もちする花を得られるため、ふたたびガーデナーのあいだで人気が出てきた。小さな花が多数集まった平らな頭状の花序が、多数のシダのような葉のあいだから立ち上がる。日あたりがよく水はけのよい土壌のところがもっとも適している。比較的背の高い栽培品種は、晩秋に地際で強めに切りつめるとよい。

actinophyllus *ak-ten-oh-FIL-us*
actinophylla, actinophyllum
放射状の葉をもつ、例：*Schefflera actinophylla*（フカノキ属の小高木）

acu-
鋭くとがっていることを意味する接頭語

aculeatus *a-kew-lee-AH-tus*
aculeata, aculeatum
刺がある、例：*Polystichum aculeatum*（イノデ属のシダ植物）

aculeolatus *a-kew-lee-oh-LAH-tus*
aculeolata, aculeolatum
小さな刺がある、例：*Arabis aculeolata*（ハタザオ属の多年草）

acuminatifolius *a-kew-min-at-ih-FOH-lee-us*
acuminatifolia, acuminatifolium
鋭く先細になって先端が細長い葉をもつ、例：*Polygonatum acuminatifolium*（ヒナヨウラク）

acuminatus *ah-kew-min-AH-tus*
acuminata, acuminatum
先細になって先端が細長い［鋭先形の］、例：*Magnolia acuminata*（キモクレン）

acutifolius *a-kew-ti-FOH-lee-us*
acutifolia, acutifolium
急に先細になって先端がとがった葉をもつ、例：*Begonia acutifolia*（ベゴニア属の多年草）

acutilobus *a-KEW-ti-low-bus*
acutiloba, acutilobum
鋭くとがった裂片の、例：*Hepatica acutiloba*（スハマソウ属の多年草）

acutissimus *ak-yoo-TISS-ee-mum*
acutissima, acutissimum
先端が非常に鋭い、例：*Ligustrum acutissimum*（イボタノキ属の低木）

acutus *a-KEW-tus*
acuta, acutum
鋭くとがっているが先細りではない［鋭形の］、例：*Cynanchum acutum*（カモメヅル属のつる性植物）

ad-
「〜に」を意味する接頭語

aden-
その植物の一部に腺があることを意味する接頭語

adenophorus *ad-eh-NO-for-us*
adenophora, adenophorum
腺（通常は蜜腺をいう）がある、例：*Salvia adenophora*（サルビア・アデノフォラ）

adenophyllus *ad-en-oh-FIL-us*
adenophylla, adenophyllum
粘着性の（腺を有する）葉をもつ、例：*Oxalis adenophylla*（オキザリス・アデノフィラ）

adenopodus *a-den-OH-poh-dus*
adenopoda, adenopodum
粘着性の小花柄をもつ、例：*Begonia adenopoda*（ベゴニア属の多年草）

adiantifolius *ad-ee-an-tee-FOH-lee-us*
adiantifolia, adiantifolium
クジャクシダ（*Adiantum*）のような葉の、例：*Anemia adiantifolia*（アネミア属のシダ植物）

adlamii *ad-LAM-ee-eye*
イギリスの収集者で1890年代にロンドンのキュー植物園に植物を供給したリチャード・ウィルズ・アドラム（1853–1903）への献名

admirabilis *ad-mir-AH-bil-is*
admirabilis, admirabile
注目に値する、例：*Drosera admirabilis*（モウセンゴケ属の食虫植物）

adnatus *ad-NAH-tus*
adnata, adnatum
合着した、例：*Sambucus adnata*（ニワトコ属の亜低木）

Passiflora adiantifolia、
Norfolk Island passion flower
（トケイソウ属のつる性植物）

adpressus *ad-PRESS-us*
adpressa, adpressum
押しつけられた（たとえば毛が茎に押しつけられたようすをいう）、例：*Cotoneaster adpressus*（シセンシャリントウ）

adscendens *ad-SEN-denz*
斜上する、立ち上がる、例：*Aster adscendens*（シオン属の多年草）

adsurgens *ad-SER-jenz*
上方に立ち上がる、例：*Phlox adsurgens*（フロックス属の多年草）

aduncus *ad-UN-kus*
adunca, aduncum
鉤状の、例：*Viola adunca*（スミレ属の多年草）

aegyptiacus *eh-jip-tee-AH-kus*
aegyptiaca, aegyptiacum
aegypticus *eh-JIP-tih-kus*
aegyptica, aegypticum
aegyptius *eh-JIP-tee-us*
aegyptia, aegyptium
エジプトの、例：*Achillea aegyptiaca*（ノコギリソウ属の多年草）

aemulans *EM-yoo-lanz*
aemulus *EM-yoo-lus*
aemula, aemulum
まねた、匹敵する、例：*Scaevola aemula*（クサトベラ属の小低木）

aequalis *ee-KWA-lis*
aequalis, aequale
等しい、例：*Phygelius aequalis*（ゴマノハグサ科フィゲリウス属の小低木）

aequinoctialis *eek-wee-nok-tee-AH-lis*
aequinoctialis, aequinoctiale
赤道地域の、例：*Cydista aequinoctialis*（ノウゼンカズラ科キディスタ属のつる性植物）

aequitrilobus *eek-wee-try-LOH-bus*
aequitriloba, aequitrilobum
相等しい3裂片をもつ、例：*Cymbalaria aequitriloba*（ツタガラクサ属の多年草）

aerius *ER-re-us*
aeria, aerium
高地産の、例：*Crocus aerius*（クロッカス属の球茎植物）

aeruginosus *air-oo-jin-OH-sus*
aeruginosa, aeruginosum
赤さび色の、例：*Curcuma aeruginosa*（ガジュツ）

aesculifolius *es-kew-li-FOH-lee-us*
aesculifolia, aesculifolium
トチノキ（*Aesculus*）のような葉の、例：*Rodgersia aesculifolia*（ヤグルマソウ属の多年草）

aestivalis *ee-stiv-AH-lis*
aestivalis, aestivale
夏の、例：*Vitis aestivalis*（ブドウ属のつる性植物）

aestivus *EE-stiv-us*
aestiva, aestivum
夏季に成長または成熟する、例：*Leucojum aestivum*（スノーフレーク）

aethiopicus *ee-thee-OH-pih-kus*
aethiopica, aethiopicum
アフリカの、例：*Zantedeschia aethiopica*（オランダカイウ）

aethusifolius *e-thu-si-FOH-lee-us*
aethusifolia, aethusifolium
Aethusa（イヌニンジン属）のような刺激性の葉をもつ、例：*Aruncus aethusifolius*（ヤマブキショウマ属の多年草）

aetnensis *eet-NEN-sis*
aetnensis, aetnense
イタリアのエトナ山産の、例：*Genista aetnensis*（ヒトツバエニシダ属の低木）

aetolicus *eet-OH-lih-kus*
aetolica, aetolicum
ギリシアのアイトリア［ギリシア西部の地方］の、例：*Viola aetolica*（ヴィオラ・アエトリカ）

Triticum aestivum、
wheat（コムギ）

afer *a-fer*
afra, afrum
とくにアルジェリアやチュニジアのような北アフリカの沿岸国の、例：*Lycium afrum*（クコ属の低木）

affinis *uh-FEE-nis*
affinis, affine
〜と関係がある、〜に似た、例：*Dryopteris affinis*（オシダ属のシダ植物）

afghanicus *af-GAN-ih-kus*
afghanica, afghanicum

afghanistanica *af-gan-is-STAN-ee-ka*
アフガニスタンの、例：*Corydalis afghanica*（キケマン属の草本）

aflatunensis *a-flat-u-NEN-sis*
aflatunensis, aflatunense
キルギスタンのアフラトゥン産の、例：*Allium aflatunense*（ネギ属の球根植物）

africanus *af-ri-KAHN-us*
africana, africanum
アフリカの、例：*Sparrmannia africana*（ゴジカモドキ）

agastus *ag-AS-tus*
agasta, agastum
非常に魅力がある、例：*Rhododendron × agastum*（ツツジ属の低木）

agavoides *ah-gav-OY-deez*
Agave（リュウゼツラン属）に似た、例：*Echeveria agavoides*（ベンケイソウ科エチェベリア属の多肉植物）

ageratifolius *ad-jur-rat-ih-FOH-lee-us*
ageratifolia, ageratifolium
Ageratum（カッコウアザミ属）のような葉の、例：*Achillea ageratifolia*（イチゲノコギリソウ）

ageratoides *ad-jur-rat-OY-deez*
Ageratum（カッコウアザミ属）に似た、例：*Aster ageratoides*（ノコンギク）

aggregatus *ag-gre-GAH-tus*
aggregata, aggregatum
密集した花あるいはキイチゴやイチゴのような集合果のこと、例：*Eucalyptus aggregata*（ユーカリ属の高木）

agnus-castus *AG-nus KAS-tus*
Vitex agnus-castus（セイヨウニンジンボク）のギリシア語名 *agnos* と純潔を意味する *castus* より

agrarius *ag-RAH-ree-us*
agraria, agrarium
野原や耕地の、例：*Fumaria agraria*（カラクサケマン属の1年草）

agrestis *ag-RES-tis*
agrestis, agreste
野原に生えている、例：*Fritillaria agrestis*（バイモ属の多年草）

生きているラテン語

Saxifraga aizoides には yellow saxifrage（あるいは yellow mountain saxifrage）という普通名があるが、まれに花が暗赤色やオレンジ色のことがある。北米とヨーロッパで見られ、冷涼で湿潤な岩場でよく生育する。多肉質の葉に囲まれて咲く鮮やかな色の花を、昆虫がたいへん好む。

Saxifraga aizoides、yellow saxifrage（ユキノシタ属の多年草）

---

agrifolius *ag-rih-FOH-lee-us*
agrifolia, agrifolium
粗いまたはかさぶたで覆われたような手触りの葉をもつ、例：*Quercus agrifolia*（コナラ属の高木）

agrippinum *ag-rip-EE-num*
皇帝ネロの母親アグリッピナにちなむ、例：*Colchicum agrippinum*（シボリイヌサフラン）

aitchisonii *EYE-chi-soh-nee-eye*
イギリスの医師でアジアで植物標本を収集した植物学者J・E・T・エイチソン博士（1836-98）への献名、例：*Corydalis aitchisonii*（キケマン属の多年草）

aizoides *ay-ZOY-deez*
Aizoon（ハマミズナ科アイゾオン属）のような、例：*Saxifraga aizoides*（ユキノシタ属の多年草）

ajacis *a-JAY-sis*
ギリシアの英雄アイアスをたたえる種小名、例：*Consolida ajacis*（ヒエンソウ）

ajanensis *ah-yah-NEN-sis*
ajanensis, ajanense
シベリアの海岸地方アヤン産の、例：*Dryas ajanensis*（チョウノスケソウ）

alabamensis *al-uh-bam-EN-sis*
alabamensis, alabamense
alabamicus *al-a-BAM-ih-kus*
alabamica, alabamicum
アメリカのアラバマ州産の、アラバマ州の、例：*Rhododendron alabamense*（ツツジ属の低木）

alaternus *a-la-TER-nus*
Rhamnus alaternus（クロウメモドキ属の低木）の古代ローマの名前

alatus *a-LAH-tus*
alata, alatum
翼がある、例：*Euonymus alatus*（ニシキギ）

albanensis *al-ba-NEN-sis*
albanensis, albanense
イギリスのハートフォードシャー州セント・オールバンズ産の、例：*Coelogyne × albanense*（コエロギネ属の着生ラン）

alberti *al-BER-tee*
albertianus *al-ber-tee-AH-nus*
albertiana, albertianum
albertii *al-BER-tee-eye*
植物収集者アルベルト・フォン・レーゲル（1845–1908）などAlbertという名のさまざまな人物への献名、例：*Tulipa albertii*（チューリップ属の球根植物）

albescens *al-BES-enz*
白くなる、例：*Kniphofia albescens*（シャグマユリ属の宿根草）

albicans *AL-bih-kanz*
オフホワイトの、例：*Hebe albicans*（ゴマノハグサ科ヘーベ属の低木）

albicaulis *al-bih-KAW-lis*
albicaulis, albicaule
白い茎の、例：*Lupinus albicaulis*（ルピナス属の多年草）

albidus *AL-bi-dus*
albida, albidum
白い、例：*Trillium albidum*（エンレイソウ属の多年草）

albiflorus *al-BIH-flor-us*
albiflora, albiflorum
白花の、例：*Buddleja albiflora*（フジウツギ属の低木）

albifrons *AL-by-fronz*
白い葉の、例：*Cyathea albifrons*（ヘゴ属の木生シダ）

albomaculatus *al-boh-mak-yoo-LAH-tus*
albomaculata, albomaculatum
白い斑点がある、例：*Asarum albomaculatum*（シロフカンアオイ）

albomarginatus *AL-bow-mar-gin-AH-tus*
albomarginata, albomarginatum
白い縁どりがある、例：*Agave albomarginata*（リュウゼツラン属の多年生植物）

生きているラテン語

　アヤメ属 *Iris*（アヤメ科 *Iridaceae*）には多数の種や変種、雑種がある。非常に幅広い変化に富んだ色のものが入手できるため、ガーデナーはそれほど鮮やかでない微妙な色の花を見落としてしまいがちである。一例が大昔から栽培されている *Iris albicans* で、その普通名 cemetery iris［「墓地のアイリス」］はそれを墓のかたわらに植えるイスラム教徒の伝統からきている。もともとイエメンとサウジアラビアに自生していたこの植物は寒冷地を嫌うが、温暖な気候の水はけのよい場所ならよく生育して急速に広がる。種子が稔らないため、増殖は根茎の分割による。高さは40～60センチ。早咲きで、花はそのラテン名が示すように上品なオフホワイトで、よい香りがする。

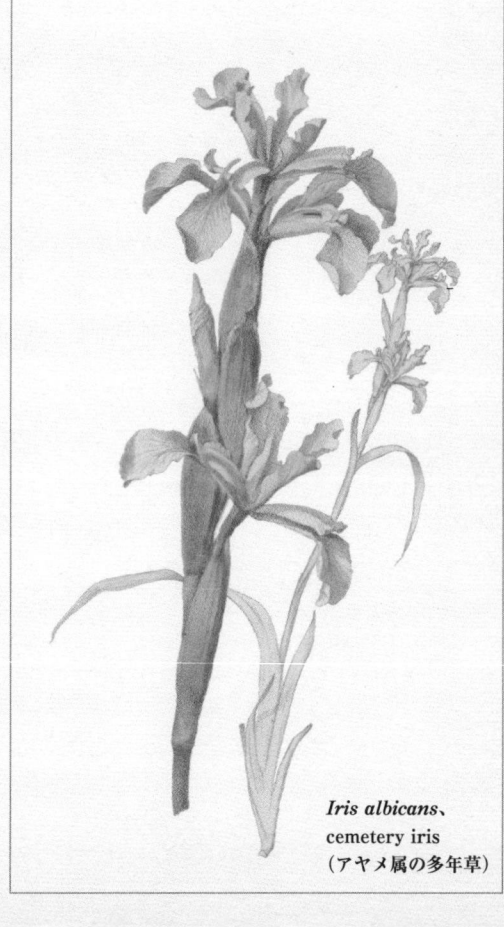

Iris albicans、cemetery iris（アヤメ属の多年草）

albopictus *al-boh-PIK-tus*
albopicta, albopictum
白い毛がある、例：*Begonia albopicta*（ギンボシベゴニア）

albosinensis *al-bo-sy-NEN-sis*
albosinensis, albosinense
白くて中国産であることを意味する、例：*Betula albosinensis*（カバノキ属の高木）

albovariegatus *al-bo-var-ee-GAH-tus*
albovariegata, albovariegatum
白い斑が入った、例：*Holcus mollis* 'Albovariegatus'（ニセシラゲガヤの園芸品種）

albulus *ALB-yoo-lus*
albula, albulum
白っぽい色の、例：*Carex albula*（スゲ属の多年草）

albus *AL-bus*
alba, album
白い、例：*Veratrum album*（バイケイソウ）

alcicornis *al-kee-KOR-nis*
alcicornis, alcicorne
ヘラジカの角に似た、例：*Platycerium alcicorne*（ビカクシダ属の着生シダ）

aleppensis *a-le-PEN-sis*
aleppensis, aleppense

aleppicus *a-LEP-ih-kus*
aleppica, aleppicum
シリアのアレッポ産の、例：*Adonis aleppica*（フクジュソウ属の多年草）

aleuticus *a-LEW-tih-kus*
aleutica, aleuticum
アラスカのアリューシャン列島の、例：*Adiantum aleuticum*（クジャクシダ属のシダ植物）

alexandrae *al-ex-AN-dry*
イングランド王エドワード7世の妃であるアレクサンドラ王妃（1844–1925）への献名、例：*Archontophoenix alexandrae*（ユスラヤシ）

alexandrinus *al-ex-an-DREE-nus*
alexandrina, alexandrinum
エジプトのアレクサンドリアの、例：*Senna alexandrina*（アレクサンドリアセンナ）

algeriensis *al-jir-ee-EN-sis*
algeriensis, algeriense
アルジェリア産の、例：*Ornithogalum algeriense*（オオアマナ属の球根植物）

algidus *AL-gee-dus*
algida, algidum
寒い、高山地域の、例：*Olearia algida*（キク科オレアリア属の低木）

alienus *a-LY-en-us*
aliena, alienum
外国から入ってきた植物、例：*Heterolepis aliena*（キク科ヘテロレピス属の低木）

alkekengi *al-KEK-en-jee*
ホオズキのアラビア語より、例：*Physalis alkekengi*（ヨウシュホオズキ）

alleghaniensis *al-leh-gay-nee-EN-sis*
alleghaniensis, alleghaniense
アメリカのアレゲーニー山脈産の、例：*Betula alleghaniensis*（キハダカンバ）

alliaceus *al-lee-AY-see-us*
alliacea, alliacum
Allium（ネギやニンニク）のような、例：*Tulbaghia alliacea*（ネギ科トゥルバキア属の球根植物）

alliariifolius *al-ee-ar-ee-FOH-lee-us*
alliariifolia, alliariifolium
Alliaria（アブラナ科アリアリア属）のような葉の、例：*Valeriana alliariifolia*（カノコソウ属の多年草）

allionii *al-ee-OH-nee-eye*
イタリアの植物学者カルロ・アリオーニ（1728–1804）への献名、例：*Primula allionii*（プリムラ・アリオニイ）

alnifolius *al-nee-FOH-lee-us*
alnifolia, alnifolium
ハンノキ（*Alnus*）のような葉の、例：*Sorbus alnifolia*（アズキナシ）

aloides *al-OY-deez*
Aloe（アロエ属）に似た、例：*Lachenalia aloides*（ケープカウスリップ）

aloifolius *al-oh-ih-FOH-lee-us*
aloifolia, aloifolium
Aloe（アロエ属）のような葉の、例：*Yucca aloifolia*（センジュラン）

alopecuroides *al-oh-pek-yur-OY-deez*
Alopecurus（スズメノテッポウ属）に似た、例：*Pennisetum alopecuroides*（チカラシバ）

alpestris *al-PES-tris*
alpestris, alpestre
比較的低いたいてい森林がある山に生える［亜高山の］、例：*Narcissus alpestris*（スイセン属の球根植物）

alpicola *al-PIH-koh-luh*
高山に生える、例：*Primula alpicola*（ムーンライトプリムラ）

alpigenus *AL-pi-GEE-nus*
alpigena, alpigenum
山地の、例：*Saxifraga alpigena*（ユキノシタ属の草本）

alpinus *al-PEE-nus*
alpina, alpinum
高いしばしば岩だらけの地域の［高山の］、ヨーロッパのアルプス地方産の、例：*Pulsatilla alpina*（オキナグサ属の多年草）

altaclerensis *al-ta-cler-EN-sis*
altaclerensis, altaclerense
イギリスのハンプシャー州ハイクレア城産の、例：*Ilex × altaclerensis*（モチノキ属の高木）

altaicus *al-TAY-ih-kus*
altaica, altaicum
中央アジアのアルタイ山脈の、例：*Tulipa altaica*（チューリップ属の球根植物）

alternans *al-TER-nans*
交互の［互生の］、例：*Chamaedorea alternans*（テーブルヤシ属のヤシ）

alternifolius *al-tern-ee-FOH-lee-us*
alternifolia, alternifolium
茎から交互に出る葉の［互生葉の］、例：*Buddleja alternifolia*（フジウツギ属の低木）

Pulsatilla alpina
（オキナグサ属の多年草）

althaeoides *al-thay-OY-deez*
タチアオイ（元*Althaea*）［現在はタチアオイ属は*Alcea*で、*Althaea*はビロードアオイ属］に似た、例：*Convolvulus althaeoides*（アオイヒルガオ）

altissimus *al-TISS-ih-mus*
altissima, altissimum
非常に背が高い、もっとも背が高い、例：*Ailanthus altissima*（ニワウルシ）

altus *AHL-tus*
alta, altum
背が高い、例：*Sempervivum altum*（クモノスバンダイソウ属の多肉多年草）

amabilis *am-AH-bih-lis*
amabilis, amabile
愛らしい、例：*Cynoglossum amabile*（ホソバルリソウ）

amanus *a-MAH-nus*
amana, amanum
トルコのアマヌス山脈の、例：*Origanum amanum*（ハナハッカ属の亜低木）

amaranthoides *am-ar-anth-OY-deez*
アマランサス（*Amaranthus*）に似た、例：*Calomeria amaranthoides*（キク科カロメリア属の２年生植物）

amarellus *a-mar-ELL-us*
amarella, amarellum

amarus *a-MAH-rus*
amara, amarum
苦い、例：*Ribes amarum*（スグリ属の低木）

amaricaulis *am-ar-ee-KAW-lis*
amaricaulis, amaricaule
苦い茎の、例：*Hyophorbe amaricaulis*（トックリヤシ属のヤシ）

amazonicus *am-uh-ZOH-nih-kus*
amazonica, amazonicum
南米のアマゾン川の、例：*Victoria amazonica*（オオオニバス）

ambi-
周囲を意味する接頭語

ambiguus *am-big-YOO-us*
ambigua, ambiguum
不確か、疑わしい、例：*Digitalis ambigua*（タイリンキバナジギタリス）

amblyanthus *am-blee-AN-thus*
amblyantha, amblyanthum
鈍形の花の、例：*Indigofera amblyantha*（コマツナギ属の低木）

ambrosioides *am-bro-zhee-OY-deez*
Ambrosia（ブタクサ属）に似た、例：*Cephalaria ambrosioides*（マツムシソウ科ケファラリア属の草本）

ALYSSUM（アリッサム）

　植物の普通名に「wort」がふくまれている場合、その植物に治療効果があると信じられていたことを示している。昔は *Alyssum*（アレチナズナ属）の植物すなわちmadwortは、狂気や狂犬病から身を守ってくれると考えられていた。このラテン名は、ギリシア語で「〜でない」とか「〜に対する」という意味の *a* と狂気を意味する *lyssa* に由来する。*Alyssoides* は「*Alyssum* に似ている」という意味で、*Alyssoides utriculata*（bladderpod、アブラナ科アリッソイデス属の多年草［丸くふくらんだ莢をつける］）がある（*utriculatus, utriculata, utriculatum*、囊状の）。アリッサムの花言葉は「美しさにまさる値打ち」である。

　このグループの植物には耐寒性の1年草、多年草、小型の常緑低木がある。いずれも日あたりがよい場所と水はけのよい土壌を必要とする。うまくいけば大量の花をつける。密生してきちんとした状態に保つには、開花期のあとで葉を強く刈りこむ必要があり、そうしないと非常にまとまりのないだらしないようすになる。黄色の花が咲く *Alyssum argenteum* の名前は、その魅力的な灰色がかった緑色の葉のことをいっている（*argenteus, argentea, argenteum*、銀色）。多くの種のまぶしいほどの純白の花の色は、'Avalanche'［『雪崩』］、'Carpet of Snow'［『雪の絨毯』］、'Snow Crystals'［『雪の結晶』］といったいくつもの園芸品種名に表現されている。

　アリッサムはロックガーデンやドライウォール［石を積み上げた壁］の隙間で育てるのにうってつけの植物である。その手がかりを *Aurinia saxatilis*（イワナズナ）の異名である *Alyssum saxatile* に見ることができる。*saxatilis*（*saxatilis, saxatile*）から、それが岩場の植物、あるいは岩場にかかわりがあることがわかるのである。このほか、*saxicola* は岩場に生えることを意味し、*saxosus*（*saxosa, saxosum*）は岩ばかりの場所のことを意味する。

　Lobularia maritima（ニワナズナ）は以前は *Alyssum* とされた植物で、同じ *Brassicaceae*（アブラナ科）に属す。このためその普通名はsweet alyssumである。アメリカではsweet Aliceの名でも通っている。これは非常に背が低く、こんもりしたかたまりを形成する植物で、白、ライラック色、あるいはピンクの花をつける。その名前は小さな莢を意味するラテン語 *lobulus* に由来し、この植物の小さな莢状の果実をさしている［ニワナズナの果実は角果（中央に仕切りがあってそれを残して左右の殻がはがれる）で、豆莢とは少し異なる］。植物の一覧表などで *Lobularia*（ニワナズナ属）と *Alyssum* が混同されていることがあるので注意すること。

Aurinia saxatilis、
gold dust（イワナズナ）

Aurinia saxatilis は東欧とロシアの比較的冷涼な地域が原産である。gold dustという普通名でよばれることもある。

Alyssum cuneifolium、
madwort（アレチナズナ属の多年草）

amelloides *am-el-OY-deez*
Aster amellus（イタリアンアスター）に似た（その古代ローマの名前より）、例：*Felicia amelloides*（ルリヒナギク）

americanus *a-mer-ih-KAH-nus*
americana, americanum
北米または南米の、例：*Lysichiton americanus*（アメリカミズバショウ）

amesianus *ame-see-AH-nus*
amesiana, amesianum
園芸家でランの栽培家フレデリック・ロスロップ・エイムズ（1835-93）、あるいはアメリカのハーヴァード大学のアーノルド樹木園の園長で植物学教授オークス・エイムズ（1874-1950）への献名、例：*Cirrhopetalum amesianum*（キルホペタルム属の着生ラン）

amethystinus *am-eth-ih-STEE-nus*
amethystina, amethystinum
スミレ色の、例：*Brimeura amethystina*（ユリ科ブリメウラ属の多年草）

ammophilus *am-oh-FIL-us*
ammophila, ammophilum
砂地の、例：*Oenothera ammophila*（マツヨイグサ属の草本）

amoenus *am-oh-EN-us*
amoena, amoenum
好ましい、気持ちのよい、例：*Lilium amoenum*（ユリ属の多年草）

amphibius *am-FIB-ee-us*
amphibia, amphibium
陸上でも水中でも生育する、例：*Persicaria amphibia*（エゾノミズタデ）

amplexicaulis *am-pleks-ih-KAW-lis*
amplexicaulis, amplexicaule
茎をだく、例：*Persicaria amplexicaulis*（イヌタデ属の多年草）

amplexifolius *am-pleks-ih-FOH-lee-us*
amplexifolia, amplexifolium
抱茎葉の、例：*Streptopus amplexifolius*（オオバタケシマラン）

ampliatus *am-pli-AH-tus*
ampliata, ampliatum
広がった、例：*Oncidium ampliatum*（オンシジウム属の着生ラン）

amplissimus *am-PLIS-ih-mus*
amplissima, amplissimum
非常に大きい、例：*Chelonistele amplissima*（ケロニステレ属の着生ラン）

amplus *AMP-lus*
ampla, amplum
大きい、例：*Epigeneium amplum*（エピゲネイウム属の着生ラン）

amurensis *am-or-EN-sis*
amurensis, amurense
アジアのアムール川流域産の、例：*Sorbus amurensis*（トウナナカマド）

amygdaliformis *am-mig-dal-ih-FOR-mis*
amygdaliformis, amygdaliforme
アーモンドのような形をした、例：*Pyrus amygdaliformis*（ナシ属の低木）

amygdalinus *am-mig-duh-LEE-nus*
amygdalina, amygdalinum
アーモンドの、例：*Eucalyptus amygdalina*（ナガバユーカリ）

amygdaloides *am-ig-duh-LOY-deez*
アーモンドに似た、例：*Euphorbia amygdaloides*（トウダイグサ属の多年草）

ananassa *a-NAN-ass-uh*
ananassae *a-NAN-ass-uh-ee*
パイナップルのような香りの、例：*Fragaria × ananassa*（イチゴ）

anatolicus *an-ah-TOH-lih-kus*
anatolica, anatolicum
トルコのアナトリアの、例：*Muscari anatolicum*（ムスカリ属の球根植物）

anceps *AN-seps*
2面がある［2稜形の］、あいまいな、例：*Laelia anceps*（レリア属の着生ラン）

Ribes americanum、
American blackcurrant
（アメリカフサスグリ）

ancyrensis *an-syr-EN-sis*
ancyrensis, ancyrense
トルコのアンカラ産の、例：*Crocus ancyrensis*（クロッカス属の球茎植物）

andersonianus *an-der-soh-nee-AH-nus*
andersoniana, andersonianum
andersonii *an-der-SON-ee-eye*
アメリカの植物学者チャールズ・ルイス・アンダーソン博士（1827–1910）への献名、例：*Arctostaphylos andersonii*（ウラシマツツジ属の低木）

andicola *an-DIH-koh-luh*
andinus *an-DEE-nus*
andina, andinum
南米のアンデス山脈の、例：*Calceolaria andina*（キンチャクソウ属の亜低木）

andrachne *an-DRAK-nee*
andrachnoides *an-drak-NOY-deez*
ギリシア語の *andrachne*（イチゴノキ）より、例：*Arbutus × andrachnoides*（イチゴノキ属の低木）

andraeanus *an-dree-AH-nus*
andraeana, andraeanum
andreanus *an-dree-AH-nus*
andreana, andreanum
フランスの探検家エドゥアール・アンドレ（1840–1911）への献名、例：*Gymnocalycium andreae*（ギムノカリキウム属のサボテン）

androgynus *an-DROG-in-us*
androgyna, androgynum
同じ花穂に雄花と雌花がつく［雌雄同花序の］、例：*Semele androgyna*（ツルナギイカダ）

androsaemifolius *an-dro-say-MEE-fol-ee-us*
androsaemifolia, androsaemifolium
Androsaemum のような葉の、例：*Apocynum androsaemifolium*（バシクルモン属の多年草）（注意：*Androsaemum* は現在では *Hypericum*［オトギリソウ属］にふくめられている）

androsaemus *an-dro-SAY-mus*
androsaema, androsaemum
血色の汁を出す、例：*Hypericum androsaemum*（コボウズオトギリ）

anglicus *AN-glih-kus*
anglica, anglicum
イギリスのイングランドの、例：*Sedum anglicum*（マンネングサ属の多年草）

angularis *ang-yoo-LAH-ris*
angularis, angulare
angulatus *ang-yoo-LAH-tus*
angulata, angulatum
角張った形の、例：*Jasminum angulare*（ソケイ属のつる性植物）

生きているラテン語

　この美しいワイルドフラワーには、rosebay willow herb、French willow、fireweed などさまざまな普通名がある。最後の fireweed は、この植物がしばしば火山の噴火のあとに土地に最初に定着する植物のひとつだという事実からきている。ラテン名はその長く細い葉のことをいっている。

Chamaenerion angustifolium、
rosebay willow herb（ヤナギラン）

---

angulosus *an-gew-LOH-sus*
angulosa, angulosum
角がいくつもある、例：*Bupleurum angulosum*（ミシマサイコ属の多年草）

angustatus *an-gus-TAH-tus*
angustata, angustatum
狭い、例：*Arisaema angustatum*（ホソバテンナンショウ）

angustifolius *an-gus-tee-FOH-lee-us*
angustifolia, angustifolium
狭い葉の、例：*Pulmonaria angustifolia*（ヒメムラサキ）

angustus *an-GUS-tus*
angusta, angustum
狭い、例：*Rhodiola angusta*（ヒメイワベンケイ）

アレクサンダー・フォン・フンボルト
(1769-1859)

　アレクサンダー・フォン・フンボルトは、自然科学の歴史においてきわめて重要な人物のひとりである。たいへん教養のある博識家で、生物学、地質学、気象学の領域の自然に対するきわめて厳密な経験的観察にもとづいて、彼が「自然の統一体」とよぶものにかんする先駆的な考えを提示した。

　当時、プロイセンの首都だったベルリンで、プロイセン軍の将校フリードリヒ・ハインリヒ・アレクサンダー・フォン・フンボルトの息子として生まれた彼は、兄のヴィルヘルムにならって政治家になってほしいという父親の希望に反して、探検家というもっと刺激的な人生を選んだ。若い頃に親交のあったドイツの博物学者で紀行作家のゲオルク・フォルスター（1754-94）から大きな影響を受け、のちのフンボルトの仕事の多くが彼との経験から着想を得ている。フォルスターはジェームズ・クック船長の第2回の航海（1772-75）に参加し、南アフリカと南極をめざすイギリスの軍艦レゾリューション号に乗船していた。フォルスターとフンボルトはつれだってヨーロッパを広く旅した。

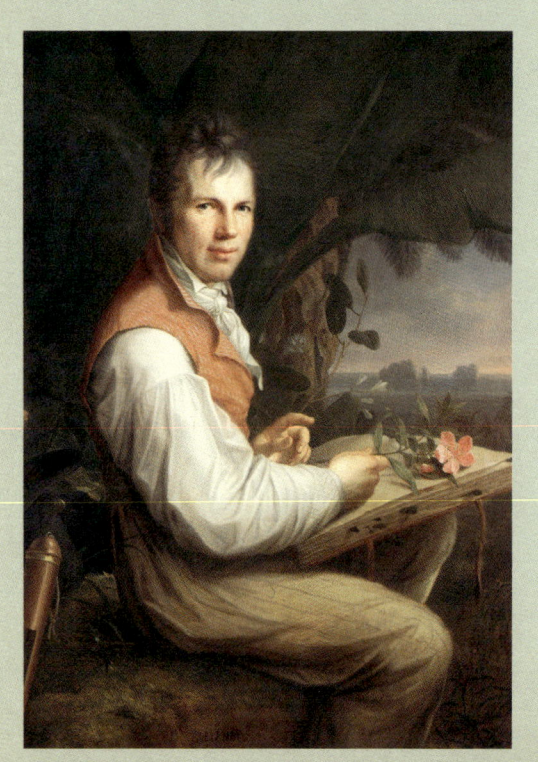

　おそれを知らぬ探検家として生きると決めたフンボルトは、準備のために解剖学、天文学、地質学、外国語といったさまざまな分野の勉強にとりかかった。そして、スペインの支配者から南米の領土へ行って探検する許しをえた。フンボルトはフランスの植物学者で探検家のエメ・ボンプラン（1773-1858）とともに旅をした。のちにボンプランは『赤道地方の植物（*Plantes equinoxiales*）』を著し、この地域でふたりが採集した植物について記述している。彼らは5年にわたって広く旅し、キューバ、メキシコ、そしてマグダレー川をさかのぼってコルディレラ山系にいたり、それからキトとリマへも行った。また、オリノコ川を旅してアマゾン川の源流へ行き、そこでこのふたつの大河がじつはいくつかの水路、とくにカシキアレ水路でつながっているとする説が正しいことを確認した。彼らの旅の多くは人の住んでいない、ほとんど調査されていない広大な未開の地を行くものだったため、探検は危険に満ちていた。生きたデンキウナギを発見して捕獲したあと、フンボルトもボンプランも死の危険もある電気ショックを受けた。ふたりはくじけることなく、地質学、動物学、植物学の標本を数多く収集し、それには1万2000点の植物標本もふくまれていた。フンボルトはこの大陸の地形にかんする研究にもとづいて、南米とアフリカの海岸線がかつてはつながっていて、ひとつの陸塊をなしていたという革新的な仮説に到達した。アメリカ大陸をあとにする前にフンボルト

アレクサンダー・フォン・フンボルトの大勢の称賛者のなかには、ダーウィン、ゲーテ、ジェファソン、シラーのような著名人もいた。

は北上してワシントンへ行き、ホワイトハウスでトマス・ジェファソン大統領とすごした。

　ようやくヨーロッパへ帰還するとフンボルトはパリに定住し、20年以上をついやして、探検で得た広範な知識を報告書にする作業に取り組んだ。これはなんと30巻におよび、彼の仕事は南米の2度目の偉大な科学的発見として広く知られることになった。フンボルトはいくつもの国から栄誉を授けられた。その後、1845年に76歳で『コスモス（Cosmos : Draft of a Physical Description of the World）』5巻を発表し、そのなかで当時知られていたあらゆる科学知識の領域を統合しようとした。的確な観察と正確な測定にもとづいた彼の方法論は「フンボルティアン科学」とよばれるようになった。また、あとから考えるとアレクサンダー・フォン・フンボルトは自然保護論者の草分けであり、自然界とその機能の仕方について相互につながったいくぶん全体論的な見方を展開した。早くも1799年に、薬のキニーネが樹皮にふくまれる南米の樹木キナノキ（Cinchona、キナ属）の広範な伐採に対して警鐘を鳴らしている。また、グアノ（乾燥した鳥の糞）の豊かな肥料効果についても調べ、それがヨーロッパで肥料として利用されるようになったのは彼のおかげである。

　フンボルトに敬意を表して命名された植物は多く、humboldtiiという種小名がつけられている。たとえばLilium humboldtii（フンボルトリリー）、Geranium humboldtii（フウロソウ属の多年草）、サボテンの一種Mammillaria humboldtii（イボサボテン属）、そして一般にSouth American oakまたはColumbian oakとよばれるQuercus humboldtii（コナラ属の高木）がある。また、今日、彼の記憶はドイツのボンにあるアレクサンダー・フォン・フンボルト財団によっても世に伝えられている。生きていた当時、フンボルトが仲間の科学者たちの仕事の強力な支持者であり後援者であったことから、この組織はフンボルトの活動の開拓精神を受け継いで、科学研究の奨学金や賞に資金を提供している。財団から助成を受けた大勢の研究者は世界中にいて、フンボルティアンとよばれている。

Lilium humboldtii、
Humboldt lily（フンボルトリリー）

カリフォルニアの丘陵地帯に自生する、独特の姿をした美しいフンボルトリリーは、現在、生育環境の破壊の危機にさらされている。

「（フンボルトは）これまでに現れたもっとも偉大な科学的旅行家だった」
　　　　チャールズ・ダーウィン（1809-82）

anisatus *an-ee-SAH-tus*
anisata, anisatum
anisodorus *an-ee-so-DOR-us*
anisodora, anisodorum
アニス（*Pimpinella anisum*）の香りがする、例：*Illicium anisatum*（シキミ）

anisophyllus *an-ee-so-FIL-us*
anisophylla, anisophyllum
大きさが異なる葉をもつ、例：*Strobilanthes anisophylla*（イセハナビ属の低木）

annamensis *an-a-MEN-sis*
annamensis, annamense
アジアの安南［ベトナム北部〜中部］産の、例：*Viburnum annamensis*（ガマズミ属の低木）

annulatus *an-yoo-LAH-tus*
annulata, annulatum
輪がある、例：*Begonia annulata*（ベゴニア属の多年草）

annuus *AN-yoo-us*
annua, annuum
1年生の、例：*Helianthus annuus*（ヒマワリ）

anomalus *ah-NOM-uh-lus*
anomala, anomalum
その属の標準と異なる、例：*Hydrangea anomala*（タイワンツルアジサイ）

anosmus *an-OS-mus*
anosma, anosmum
香りがない、例：*Dendrobium anosmum*（デンドロビウム属の着生ラン）

antarcticus *ant-ARK-tih-kus*
antarctica, antarcticum
南極地方の、例：*Dicksonia antarctica*（ディクソニア属の木生シダ）

anthemoides *an-them-OY-deez*
カモミール（ギリシア語で*anthemis*）に似た、例：*Rhodanthe anthemoides*（キク科ロダンテ属の多年草）

anthyllis *an-THILL-is*
キドニーベッチ（ギリシア語で*anthyllis*）のような、例：*Erinacea anthyllis*（マメ科エリナケア属の矮性低木）

antipodus *an-te-PO-dus*
antipoda, antipodum
antipodeum *an-te-PO-dee-um*
オーストラリアまたはニュージーランドの、例：*Gaultheria antipoda*（シラタマノキ属の低木）

antiquorum *an-ti-KWOR-um*
古代人の、例：*Helleborus antiquorum*（クリスマスローズ属の多年草）

antiquus *an-TIK-yoo-us*
antiqua, antiquum
古い、古代の、例：*Asplenium antiquum*（オオタニワタリ）

antirrhiniflorus *an-tee-rin-IF-lor-us*
antirrhiniflora, antirrhiniflorum
キンギョソウ（*Antirrhinum*）のような花の、例：*Maurandella antirrhiniflora*（オオバコ科マウランデラ属のつる性植物）

antirrhinoides *an-tee-ry-NOY-deez*
キンギョソウ（*Antirrhinum*）に似た、例：*Keckiella antirrhinoides*（オオバコ科ケッキエラ属の低木）

apenninus *ap-en-NEE-nus*
apennina, apenninum
イタリアのアペニン山脈の、例：*Anemone apennina*（イチリンソウ属の多年草）

apertus *AP-ert-us*
aperta, apertum
開いた、露出した、例：*Nomocharis aperta*（ユリ科ノモカリス属の多年草）

apetalus *a-PET-uh-lus*
apetala, apetalum
花弁がない、例：*Sagina apetala*（イトツメクサ）

aphyllus *a-FIL-us*
aphylla, aphyllum
葉をまったくもっていないかもっていないように見える、例：*Asparagus aphyllus*（アスパラガス属の多年草）

apiculatus *uh-pik-yoo-LAH-tus*
apiculata, apiculatum
先端が短くてとがっている［小尖頭の］、例：*Luma apiculata*（フトモモ科ルマ属の低木または高木）

apiferus *a-PIH-fer-us*
apifera, apiferum
ミツバチをつけた、例：*Ophrys apifera*（オフィリス属の地生ラン）

apiifolius *ap-ee-FOH-lee-us*
apiifolia, apiifolium
セロリ（*Apium*）のような葉の、例：*Clematis apiifolia*（ボタンヅル）

apodus *a-POH-dus*
apoda, apodum
無柄の、例：*Selaginella apoda*（イワヒバ属のシダ植物）

appendiculatus *ap-pen-dik-yoo-LAH-tus*
appendiculata, appendiculatum
毛などの付属物がある、例：*Caltha appendiculata*（リュウキンカ属の多年草）

applanatus *ap-PLAN-a-tus*
applanata, applanatum
平たくなった、例：*Sanguisorba applanata*（ワレモコウ属の多年草）

appressus *a-PRESS-us*
appressa, appressum
ぴったり押しつけられた、例：*Carex appressa*（スゲ属の多年草）

apricus *AP-rih-kus*
aprica, apricum
日なたの、日あたりを好む、例：*Silene aprica*（ヒメケフシグロ）

apterus *AP-ter-us*
aptera, apterum
翼がない、例：*Odontoglossum apterum*（オドントグロッスム属の着生ラン）

aquaticus *a-KWA-tih-kus*
aquatica, aquaticum
aquatalis *ak-wa-TIL-is*
aquatalis, aquatale
水中または水辺に生える、例：*Mentha aquatica*（ヌマハッカ）

aquifolius *a-kwee-FOH-lee-us*
aquifolia, aquifolium
ヒイラギの葉をした（ヒイラギのラテン語名*aquifolium*より）、例：*Mahonia aquifolium*（ヒイラギメギ）

aquilegiifolius *ak-wil-egg-ee-FOH-lee-us*
aquilegiifolia, aquilegiifolium
オダマキ（*Aquilegia*）のような葉の、例：*Thalictrum aquilegiifolium*（カラマツソウ）

aquilinus *ak-will-LEE-nus*
aquilina, aquilinum
ワシのような、ワシの、例：*Pteridium aquilinum*（ワラビ）

arabicus *a-RAB-ih-kus*
arabica, arabicum
アラビアの、例：*Coffea arabica*（コーヒーノキ）

arachnoides *a-rak-NOY-deez*
arachnoideus *a-rak-NOY-dee-us*
arachnoidea, arachnoideum
クモの巣のような、例：*Sempervivum arachnoideum*（クモノスバンダイソウ）

aralioides *a-ray-lee-OY-deez*
Aralia（タラノキ属）のような、例：*Trochodendron aralioides*（ヤマグルマ）

araucana *air-ah-KAY-nuh*
チリのアラウコ地方の、例：*Araucaria araucana*（チリマツ）

arbor-tristis *ar-bor-TRIS-tis*
「悲しみの木」という意味のラテン語、例：*Nyctanthes arbor-tristis*（ヨルソケイ）

arborescens *ar-bo-RES-senz*
arboreus *ar-BOR-ee-us*
arborea, arboreum
木質の、あるいは樹木のような植物、例：*Erica arborea*（エイジュ）

arboricola *ar-bor-IH-koh-luh*
樹上で生きる、例：*Schefflera arboricola*（ヤドリフカノキ）

arbusculus *ar-BUS-kyoo-lus*
arbuscula, arbusculum
小さな樹木のような、例：*Daphne arbuscula*（ジンチョウゲ属の低木）

arbutifolius *ar-bew-tih-FOH-lee-us*
arbutifolia, arbutifolium
イチゴノキ（*Arbutus*）のような葉の、例：*Aronia arbutifolia*（レッドチョークベリー）

archangelica *ark-an-JEL-ih-kuh*
大天使ラファエルのこと、例：*Angelica archangelica*（アンゼリカ）

archeri *ARCH-er-eye*
オーストラリアの植物学者ウィリアム・アーチャー（1820–74）への献名、例：*Eucalyptus archeri*（ユーカリ属の高木）

arcticus *ARK-tih-kus*
arctica, arcticum
北極地方の、例：*Lupinus arcticus*（ルピナス属の多年草）

Ilex aquifolium、
European holly
（セイヨウヒイラギ）

arcuatus *ark-yoo-AH-tus*
arcuata, arcuatum
弓形の、例：*Blechnum arcuatum*（ヒリュウシダ属のシダ植物）

arenarius *ar-en-AH-ree-us*
arenaria, arenarium
arenicola *ar-en-IH-koh-luh*
arenosus *ar-en-OH-sus*
arenosa, arenosum
砂地に生える、例：*Leymus arenarius*（テンキグサ）

arendsii *ar-END-see-eye*
ドイツの種苗業者ゲオルク・アレンズ（1862-1952）への献名、例：*Astilbe × arendsii*（チダケサシ属の多年草）

areolatus *ar-ee-oh-LAH-tus*
areolata, areolatum
網目状の、表面が小区画に分かれた、例：*Coprosma areolata*（タマツヅリ属の低木）

argentatus *ar-jen-TAH-tus*
argentata, argentatum
argenteus *ar-JEN-tee-us*
argentea, argenteum
銀色の、例：*Salvia argentea*（シルバーセージ）

argent-
銀色を意味する接頭語

argenteomarginatus *ar-gent-eoh-mar-gin-AH-tus*
argenteomarginata, argenteomarginatum
銀色の縁の、例：*Begonia argenteomarginata*（ベゴニア属の多年草）

argentinus *ar-jen-TEE-nus*
argentina, argentinum
アルゼンチンの、例：*Tillandsia argentina*（ハナアナナス属の多年草）

argophyllus *ar-go-FIL-us*
argophylla, argophyllum
銀色の葉の、例：*Eriogonum argophyllum*（タデ科エリオゴヌム属の多年草）

argutifolius *ar-gew-tih-FOH-lee-us*
argutifolia, argutifolium
鋭い歯がある葉をもつ、例：*Helleborus argutifolius*（クリスマスローズ属の多年草）

argutus *ar-GOO-tus*
arguta, argutum
縁がぎざぎざの、例：*Rubus argutus*（オニクロイチゴ）

argyraeus *ar-jy-RAY-us*
argyraea, argyraeum
argyreus *ar-JY-ree-us*
argyrea, argyreum
銀色の、例：*Dierama argyreum*（アヤメ科ディエラマ属の球根植物）

argyro-
銀色を意味する接頭語

argyrocomus *ar-gy-roh-KOH-mus*
argyrocoma, argyrocomum
銀色の毛がある、例：*Astelia argyrocoma*（アステリア属の多年草）

argyroneurus *ar-ji-roh-NOOR-us*
argyroneura, argyroneurum
銀色の葉脈の、例：*Fittonia argyroneura*（シロアミメグサ）

argyrophyllus *ar-ger-o-FIL-us*
argyrophylla, argyrophyllum
銀色の葉の、例：*Rhododendron argyrophyllum*（ツツジ属の低木）

生きているラテン語

　二名法の名前では*argent-*という接頭語は銀色を意味し、*argentatus*や*argenteus*がその例である。このため、緋色や黄色あるいはクリーム色の花が咲くcockscomb（ケイトウ）の正しい名前が*Celosia argentea* var. *cristata*なのはちょっと驚きである。

Celosia argentea var. *cristata*、cockscomb（ケイトウ）

aria *AR-ee-a*
ギリシア語のaria（おそらくホワイトビーム）より、例：*Sorbus aria*（ホワイトビーム）

aridus *AR-id-us*
arida, aridum
乾燥した場所に生える、例：*Mimulus aridus*（ミゾホオズキ属の低木）

arietinus *ar-ee-eh-TEEN-us*
arietina, arietinum
雄羊の頭の形をした、角がある、例：*Cypripedium arietinum*（クマガイソウ属の多年草）

arifolius *air-ih-FOH-lee-us*
arifolia, arifolium
Arum（サトイモ科アルム属）のような葉の、例：*Persicaria arifolia*（イヌタデ属の1年草）

aristatus *a-ris-TAH-tus*
aristata, aristatum
芒がある、例：*Aloe aristata*（ホソバキダチロカイ）

aristolochioides *a-ris-toh-loh-kee-OY-deez*
Aristolochia（ウマノスズクサ属）に似た、例：*Nepenthes aristolochioides*（ウツボカズラ属の食虫植物）

arizonicus *ar-ih-ZON-ih-kus*
arizonica, arizonicum
アリゾナの、例：*Yucca arizonica*（イトラン属の植物）

armandii *ar-MOND-ee-eye*
フランスの博物学者で宣教師のアルマン・ダヴィド（1826-1900）への献名、例：*Pinus armandii*（タカネゴヨウ）

armatus *arm-AH-tus*
armata, armatum
刺や針がある、例：*Dryandra armata*（ヤマモガシ科ドリアンドラ属の低木）

armeniacus *ar-men-ee-AH-kus*
armeniaca, armeniacum
アルメニアの、例：*Muscari armeniacum*（ムスカリ・アルメニアクム）

armenus *ar-MEE-nus*
armena, armenum
アルメニアの、例：*Fritillaria armena*（バイモ属の多年草）

armillaris *arm-il-LAH-ris*
armillaris, armillare
腕輪のような、例：*Melaleuca armillaris*（コバノブラシノキ属の低木）

arnoldianus *ar-nold-ee-AH-nus*
arnoldiana, arnoldianum
アメリカのマサチューセッツ州ボストンにあるアーノルド樹木園の、例：*Abies × arnoldiana*（モミ属の高木）

Sorbus aria、whitebeam（ホワイトビーム）

aromaticus *ar-oh-MAT-ih-kus*
aromatica, aromaticum
よい香りの、芳香がある、例：*Lycaste aromatica*（ニオイミツビシラン）

artemisioides *ar-tem-iss-ee-OY-deez*
Artemisia（ヨモギ属）に似た、例：*Senna artemisioides*（シルバーカッシア）

articulatus *ar-tik-oo-LAH-tus*
articulata, articulatum
茎に節がある、例：*Senecio articulatus*（シッポウジュ）

arundinaceus *a-run-din-uh-KEE-us*
arundinacea, arundinaceum
アシのような、例：*Phalaris arundinacea*（クサヨシ）

arvensis *ar-VEN-sis*
arvensis, arvense
耕地に生える、例：*Rosa arvensis*（バラ属の低木）

asarifolius *as-ah-rih-FOH-lee-us*
asarifolia, asarifolium
Asarum（フタバアオイ属）のような葉の、例：*Cardamine asarifolia*（タネツケバナ属の多年草）

ascendens *as-SEN-denz*
上方へ立ち上がる［斜上する］、例：*Calamintha ascendens*（シソ科カラミンタ属の多年草）

asclepiadeus *ass-cle-pee-AD-ee-us*
asclepiadea, asclepiadeum
トウワタ（*Asclepias*）のような、例：*Gentiana asclepiadea*（トウワタリンドウ）

aselliformis *ass-el-ee-FOR-mis*
aselliformis, aselliforme
ワラジムシのような形をした、例：*Pelecyphora aselliformis*（ペレキフォラ属のサボテン）

どこから来たのか

多くの種名がガーデナーにその植物の由来にかんする有益な情報をあたえてくれる。そうした名前はしばしばその種が最初に採集された大陸や国を示しており、したがってその本来の生育地についてなにか教えてくれる。特定の植物の本来の生育場所にかんする手がかりをひとつかふたつ知っていれば、ガーデナーがその植物を自分の畑に移植したときによく成長するかなかなか成長しないか判断するとっかかりになり、最初から見こみのない不適当な植物を選んだときに生じる悩みや出費を回避できる。しかし、こうした名前がもたらす情報の詳しさや具体性には大きなばらつきがあり、方位のように一般化されたものもあれば、植物が育成された場所のように厳密なものもある。

より広いものからはじめると、*borealis*（*borealis, boreale*）は北を意味し、*australis*（*australis, australe*）は南、*orientalis*（*orientalis, orientale*）は東、*occidentalis*（*occidentalis, occidentale*）は西である。極北を意味する*hyperborealis*のような語でさらに詳しい情報があたえられることもある。植物のラテン名にはしばしば*africacanus*（*africacana, africacanum*、アフリカ）や*europaeus*（*europaea, europaeum*、ヨーロッパ）のように大陸のほか、*hispanicus*（*hispanica, hispanicum*、スペイン）や*japonicus*（*japonica, japonicum*、日本）のように個別の国も登場する。形容語が複数ある国もあって、たとえば*nipponicus*（*nipponica, nipponicum*）も日本を表す。植物学のラテン語のルールにしたがって、これらの地名が大文字にされることはない。州、都市、町の名前もひんぱんに現れ、その例として、アメリカのミズーリ州を意味する*missouriensis*（*missouriensis, missouriense*）や、現在のルークソールにあたる古代エジプトの入植地テーバイを意味する*thebaicus*（*thebaica, thebaicum*）がある。このように地名が変化すると、植物と場所を結びつけようとするときに大きな混乱が生じかねないため、歴史の変遷に注意をはらう必要がある。国境をまたがる広い地域もよく見られ、異議が唱えられていたり変更されたりした境界に関連して生じるもっと明白な危険を回避している。そのような例のひとつが「エーゲ海地方とかかわりがある」、あるいは「エーゲ海地方の」という意味の*aegeus*（*aegea, aegeum*）である。

おそらくガーデナーにとってもっとも役立つのは、その植物がもっとも好む具体的な生育条件について教えてくれる種名である。名前の中に*ammophilus*（*ammophila, ammophilum*）がある植物の本来の生育地は砂地であるとか、*salinus*（*salina, salinum*）という植物が塩性の地域のものだということを知っていれば、それらの植物にとって都合のよい場所を見つけられる可能性が格段に増すだろう。こうしたラテン語の言葉にもう少しなじめば、特定の植物にとって最適な気候や地勢、標高のような条件につい

Digitalis canariensis、Canary Island foxglove（キツネノテブクロ属の多年草）

この植物の名前は、大西洋のカナリア諸島にちなんでつけられた。

Verbena canadensis、
rose verbena（クマツヅラ属の草本）

*canadensis*は厳密にはカナダのことだが、アメリカ北東部のことをいう場合も多い。

Baptisia australis、
silver weed pea bush（ムラサキセンダイハギ）

*australis*は南を意味するが、その植物がその属のほかの種より南に分布することを示しているにすぎない場合もある。

て有益な指針を引き出すのは簡単である。*montanus*（*montana, montanum*）という小名は山とかかわりがあることを意味し、*monticola*からは野生の状態ではこの植物は山に生えていることがわかり、どちらの語もある程度耐寒性があることを示している。ヨーロッパアルプスなど標高が高く岩の多い地域に自生する植物は、*Aster alpinus*（アルパインアスター）のように、しばしばその学名の中に*alpinus*（*alpina, alpinum*）が入っている。一方、もっと低い、たいてい森林があるような山のものは*alpestris*（*alpestris, alpestre*）とよばれる。

日中継続して日があたり土壌の水はけがかなりよい庭をもつガーデナーは、森林のラテン語*silva*を覚えておくとよく、それに似た音の名前をもつ植物の誘惑に決して負けてはならない。*sylvaticus*（*sylvatica, sylvaticum*）、*sylvestris*（*sylvestris, sylvestre*）、*sylvicola*はすべて、その植物が森林地帯や森林環境のもので、似た条件のところに植えるのが最適であることを示している。

おそらくそれほど役に立たないのが一般化された地理的指標で、たとえば*accola*はその植物の原産地がすぐ近くであることを示すだけで、具体的な場所はわからない。ときにはひとつの語が複数の意味をもっていることもある。たとえば*peregrinus*（*peregrina, peregrinum*）は、その植物が外来種つまり外国のものであることを意味する場合もあれば、*Erigeron peregrinus*（wandering daisy、チシマアズマギク）のようにあちこち移動する習性があることを意味する場合もある。

Ranunculus asiaticus、Persian buttercup（ハナキンポウゲ）

asiaticus *a-see-AT-ih-kus*
asiatica, asiaticum
アジアの、例：*Trachelospermum asiaticum*（テイカカズラ）

asparagoides *as-par-a-GOY-deez*
アスパラガスに似た、アスパラガスのような、例：*Acacia asparagoides*（アカシア属の低木）

asper *AS-per*
aspera, asperum
asperatus *as-per-AH-tus*
asperata, asperatum
ざらざらした、例：*Hydrangea aspera*（カワカミアジサイ）

asperifolius *as-per-ih-FOH-lee-us*
asperifolia, asperifolium
ざらざらした葉の、例：*Cornus asperifolia*（ミズキ属の低木）

asperrimus *as-PER-rih-mus*
asperrima, asperrimum
非常にざらざらした、例：*Agave asperrima*（リュウゼツラン属の多年生植物）

asphodeloides *ass-fo-del-oy-deez*
Asphodelus（ツルボラン属）のような、例：*Geranium asphodeloides*（ゲラニウム・アスフォデロイデス）

asplenifolius *ass-plee-ni-FOH-lee-us*
asplenifolia, asplenifolium
aspleniifolius *ass-plee-ni-eye-FOH-lee-us*
aspleniifolia, aspleniifolium
細かい羽毛状のシダのような葉をもつ、例：*Phyllocladus aspleniifolius*（エダハマキ属の低木または高木）

assa-foetida *ass-uh-FET-uh-duh*
ペルシア語の*aza*（マスティック樹脂）とラテン語の*foetidus*（悪臭を放つ）より、例：*Ferula assa-foetida*（アギ）

assimilis *as-SIM-il-is*
assimilis, assimile
類似した、同類の、例：*Camellia assimilis*（ユカリツバキ）

assurgentiflorus *as-sur-jen-tih-FLOR-us*
assurgentiflora, assurgentiflorum
斜上する花序の、例：*Lavatera assurgentiflora*（ハナアオイ属の低木）

assyriacus *ass-see-re-AH-kus*
assyriaca, assyriacum
アッシリアの、例：*Fritillaria assyriaca*（バイモ属の多年草）

asteroides *ass-ter-OY-deez*
Aster（シオン属）に似た、例：*Amellus asteroides*（キク科アメルス属の多年草）

astilboides *a-stil-BOY-deez*
Astilbe（チダケサシ属）に似た、例：*Astilbe astilboides*（チダケサシ属の多年草）

asturiensis *ass-tur-ee-EN-sis*
asturiensis, asturiense
スペインのアストゥリアス地方産の、例：*Narcissus asturiensis*（スイセン属の球根植物）

atkinsianus *at-kin-see-AH-nus*
atkinsiana, atkinsianum
atkinsii *at-KIN-see-eye*
イギリスの種苗業者ジェームズ・アトキンス（1802–84）への献名、例：*Petunia × atkinsiana*（ペチュニア属の1年草または越年草）

atlanticus *at-LAN-tih-kus*
atlantica, atlanticum
大西洋岸の、アトラス山脈産の、例：*Cedrus atlantica*（アトラスシーダー）

atriplicifolius *at-ry-pliss-ih-FOH-lee-us*
atriplicifolia, atriplicifolium
Atriplex（ハマアカザ属）のような葉の、例：*Perovskia atriplicifolia*（ロシアンセージ）

atro-
暗いことを意味する接頭語

atrocarpus *at-ro-KAR-pus*
atrocarpa, atrocarpum
黒または非常に暗い色の果実をつける、例：*Berberis atrocarpa*（メギ属の低木）

atropurpureus *at-ro-pur-PURR-ee-us*
atropurpurea, atropurpureum
暗紫色の、例：*Scabiosa atropurpurea*（セイヨウマツムシソウ）

atrorubens *at-roh-ROO-benz*
暗赤色の、例：*Helleborus atrorubens*（レンテンローズ）

atrosanguineus *at-ro-san-GWIN-ee-us*
atrosanguinea, atrosanguineum
血のような暗赤色の、例：*Rhodochiton atrosanguineus*（オオバコ科ロドキトン属のつる性植物）

atroviolaceus *at-roh-vy-oh-LAH-see-us*
atroviolacea, atroviolaceum
暗いスミレ色の、例：*Dendrobium atroviolaceum*（デンドロビウム・アトロウィオラケウム）

atrovirens *at-ro-VY-renz*
暗緑色の、例：*Chamaedorea atrovirens*（テーブルヤシ属のヤシ）

attenuatus *at-ten-yoo-AH-tus*
attenuata, attenuatum
先細になった、例：*Haworthia attenuata*（ツルボラン科ハワーシア属の多肉植物）

atticus *AT-tih-kus*
attica, atticum
ギリシアのアッティカの、例：*Ornithogalum atticum*（オオアマナ属の球根植物）

aubrietioides *au-bre-teh-OY-deez*
aubrietiodes
Aubrieta（ムラサキナズナ属）に似た、例：*Arabis aubrietiodes*（ハタザオ属の草本）

aucheri *aw-CHER-ee*
フランスの薬屋で植物学者ピエール・マルタン・レミ・オウクレロワ（1792-1838）への献名、例：*Iris aucheri*（アヤメ属の多年草）

aucuparius *awk-yoo-PAH-ree-us*
aucuparia, aucuparium
鳥を捕まえる、例：*Sorbus aucuparia*（セイヨウナナカマド）

augustinii *aw-gus-TIN-ee-eye*
augustinei
アイルランドの植物栽培家で植物学者オーガスティン・ヘンリー博士（1857-1930）への献名、例：*Rhododendron augustinii*（ツツジ属の低木）

augustissimus *aw-gus-TIS-sih-mus*
augustissima, augustissimum

augustus *aw-GUS-tus*
augusta, augustum
堂々とした、注目すべき、例：*Abroma augusta*（トゲアオイモドキ属の低木）

aurantiacus *aw-ran-ti-AH-kus*
aurantiaca, aurantiacum

aurantius *aw-RAN-tee-us*
aurantia, aurantium
オレンジ色の、例：*Pilosella aurantiaca*（コウリンタンポポ）

aurantiifolius *aw-ran-tee-FOH-lee-us*
aurantiifolia, aurantiifolium
ダイダイ（*Citrus aurantium*）のような葉の、例：*Citrus aurantiifolia*（ライム）

ASIATICUS ~ AURICOMUS

auratus *aw-RAH-tus*
aurata, auratum
金色の筋がある、例：*Lilium auratum*（ヤマユリ）

aureo-
金色を意味する接頭語

aureosulcatus *aw-ree-oh-sul-KAH-tus*
aureosulcata, aureosulcatum
黄色の溝がある、例：*Phyllostachys aureosulcata*（マダケ属のタケ）

aureus *AW-re-us*
aurea, aureum
黄金色の、例：*Phyllostachys aurea*（ホテイチク）

auricomus *aw-RIK-oh-mus*
auricoma, auricomum
金色の毛がある、例：*Ranunculus auricomus*（チシマキンポウゲ）

生きているラテン語

*atrorubens*はこのレンテンローズ（クリスマスローズともよばれる）の濃い赤紫色の花を表現しており、この花は晩冬の花壇のへりに印象的で魅力的な効果を添えるだろう。部分的あるいは明るい日陰で、湿っているが水はけのよい土壌が最適だが、クリスマスローズ属の植物はいったん定着したら移植を好まない。

Helleborus atrorubens、Lenten rose（レンテンローズ）

auriculatus *aw-rik-yoo-LAH-tus*
auriculata, auriculatum

auriculus *aw-RIK-yoo-lus*
auricula, auriculum

auritus *aw-RY-tus*
aurita, auritum
耳または耳形の付属物がある、例：*Plumbago auriculata*（ルリマツリ）

australiensis *aw-stra-li-EN-sis*
australiensis, australiense
オーストラリア産の、例：*Idiospermum autraliense*（イディオスペルムム属の高木）

australis *aw-STRAH-lis*
australis, australe
南の、例：*Cordyline australis*（ニオイシュロラン）

austriacus *oss-tree-AH-kus*
austriaca, austriacum
オーストリアの、例：*Doronicum austriacum*（キク科ドロニクム属の多年草）

austrinus *oss-TEE-nus*
austrina, austrinum
南の、例：*Rhododendron austrinum*（ツツジ属の低木）

autumnalis *aw-tum-NAH-lis*
autumnalis, autumnale
秋の、例：*Colchicum autumnale*（イヌサフラン）

avellanus *av-el-AH-nus*
avellana, avellanum
イタリアのアヴェッラの、例：*Corylus avellana*（セイヨウハシバミ）

avenaceus *a-vee-NAY-see-us*
avenacea, avenaceum
Avena（カラスムギ属）のような、例：*Agrostis avenacea*（ナンカイヌカボ）

avium *AY-ve-um*
鳥の、例：*Prunus avium*（セイヨウミザクラ）

axillaris *ax-ILL-ah-ris*
axillaris, axillare
葉腋に生じる［腋生の］、例：*Petunia axillaris*（ペチュニア・アキシラリス）

azedarach *az-ee-duh-rak*
高貴な木を意味するペルシア語より、例：*Melia azedarach*（センダン）

azoricus *a-ZOR-ih-kus*
azorica, azoricum
アゾレス諸島の、例：*Jasminum azoricum*（ツルジャスミン）

azureus *a-ZOOR-ee-us*
azurea, azureum
淡青色の、空色の、例：*Muscari azureum*（ムスカリ属の球根植物）

生きているラテン語

Boraginaceae（ムラサキ科）に属す*Anchusa*（ウシノシタグサ属）の種は、ガーデナーが栽培できるまさにもっとも美しい青色の花が咲く植物である。*Anchusa azurea*（ウシノシタグサ）の人気のある栽培品種に、濃い青色の 'Dropmore' やリンドウ色の 'Lodden Royalist' がある。原産地は中央アジアと地中海地方で、耐寒性の2年草や多年草をはじめとする多くの種がある。つねに日があたり肥沃だが水はけのよい土壌でよく成長し、重い土壌のときは植えつけ時に砂をくわえる。ウシノシタグサはその年早くに根分けしておいて秋に植えつければ容易に定着する。成長すると高さが1メートルを超える。色の純粋さを確実に保つには、種子からだとうまくいかないことがあるため、根分けが唯一の方法である。比較的小型の種はとくにロックガーデンに適し、しばしば高山植物用ハウスの浅鉢で生育しているのがみられる。

Anchusa azurea、
garden anchusa
（ウシノシタグサ）

B

babylonicus *bab-il-LON-ih-kus*
babylonica, babylonicum
メソポタミア（イラク）のバビロニアの、例：*Salix babylonica*（シダレヤナギ）、これはリンネが誤って南西アジア原産と考えた

baccans *BAK-kanz*
bacciferus *bak-IH-fer-us*
baccifera, bacciferum
漿果をつける、例：*Erica baccans*（エリカ属の低木）

baccatus *BAK-ah-tus*
baccata, baccatum
多肉質の漿果がなる、例：*Malus baccata*（シベリアリンゴ）

bacillaris *bak-ILL-ah-ris*
bacillaris, bacillare
棒状の、例：*Cotoneaster bacillaris*（シャリントウ属の低木）

backhouseanus *bak-how-zee-AH-nus*
backhouseana, backhouseanum
backhousianus *bak-how-zee-AH-nus*
backhousiana, backhousianum
backhousei *bak-HOW-zee-eye*
イギリスの種苗業者ジェームズ・バックハウス（1794-1869）への献名、例：*Correa backhouseana*（ミカン科コレア属の低木）

badius *bad-ee-AH-nus*
badia, badium
栗色の、例：*Trifolium badium*（シャジクソウ属の多年草）

baicalensis *by-kol-EN-sis*
baicalensis, baicalense
東シベリアのバイカル湖産の、例：*Anemone baicalensis*（ヒロハイチゲ）

baileyi *BAY-lee-eye*
baileyanus *bay-lee-AH-nus*
baileyana, baileyanum
次の人物のいずれかへの献名：オーストラリアの植物学者フレデリック・マンソン・ベイリー（1827-1915）、インド軍［英印軍］の軍人で1913年からチベット国境で植物を収集したフレデリック・マーシュマン・ベイリー中佐（1882-1967）、アメリカ陸軍の軍人で1900年からサボテンを収集したヴァーノン・ベイリー少佐（1864-1942）、アメリカのコーネル大学の園芸学教授で作家リバティ・ハイド・ベイリー（1858-1954）、例：*Rhododendron baileyi*（ツツジ属の低木）、これはフレデリック・マーシュマン・ベイリー中佐にちなむ

bakeri *BAY-ker-eye*
bakerianus *bay-ker-ee-AH-nus*
bakeriana, bakerianum
通例、キューのジョン・ギルバート・ベイカー（1834-1920）への献名、例：*Aloe bakeri*（アロエ属の多肉植物）、ただしイギリスの植物収集者ジョージ・パーシバル・ベイカー（1856-1951）の場合もある

baldensis *bald-EN-sis*
baldensis, baldense
baldianus *bald-ee-AN-ee-us*
baldiana, baldianum
イタリアのバルド山産の、バルド山の、例：*Gymnocalycium baldianum*（ギムノカリキウム属のサボテン）

baldschuanicus *bald-SHWAN-ih-kus*
baldschuanica, baldschuanicum
トルキスタンのバルジュアンの、例：*Fallopia baldschuanica*（ナツユキカズラ）

balearicus *bal-AIR-ih-kus*
balearica, balearicum
スペインのバレアレス諸島の、例：*Buxus balearica*（ツゲ属の低木）

balsameus *bal-SAM-ee-us*
balsamea, balsameum
バルサムのような、例：*Abies balsamea*（バルサムモミ）

balsamiferus *bal-sam-IH-fer-us*
balsamifera, balsamiferum
バルサムを生産する、例：*Aeonium balsamiferum*（ベンケイソウ科アエオニウム属の多年草）

balticus *BUL-tih-kus*
baltica, balticum
バルト海地方の、例：*Cotoneaster balticus*（シャリントウ属の低木）

bambusoides *bam-BOO-soy-deez*
ホウライチク（*Bambusa*）に似た、例：*Phyllostachys bambusoides*（マダケ）

banaticus *ba-NAT-ih-kus*
banatica, banaticum
中央ヨーロッパのバナト地域の、例：*Crocus banaticus*（クロッカス属の球茎植物）

banksianus *banks-ee-AH-nus*
banksiana, banksianum
banksii *BANK-see-eye*
イギリスの植物学者で植物収集者ジョーゼフ・バンクス（1743-1820）への献名、例：*Cordyline banksii*（センネンボク属の植物）、なお*banksiae*は夫人ドロシア・バンクス（1758-1828）を記念

bannaticus *ban-AT-ih-kus*
bannatica, bannaticum
中央ヨーロッパのバナトの、例：*Echinops bannaticus*（ヒゴタイ属の多年草）

barbarus *BAR-bar-rus*
barbara, barbarum
外国の、例：*Lycium barbarum*（クコ）

barbatulus *bar-BAT-yoo-lus*
barbatula, barbatulum
barbatus *bar-BAH-tus*
barbata, barbatum
髭がある、長い軟毛がある、例：*Hypericum barbatum*（オトギリソウ属の多年草）

barbigerus *bar-BEE-ger-us*
barbigera, barbigerum
髭あるいは（鉤状またはとがった）剛毛がある、
例：*Bulbophyllum barbigerum*（マメヅタラン属の着生ラン）

barbinervis *bar-bih-NER-vis*
barbinervis, barbinerve
葉脈に髭あるいは（鉤状またはとがった）剛毛がある、
例：*Clethra barbinervis*（リョウブ）

barbinodis *bar-bin-OH-dis*
barbinodis, barbinode
節に髭がある、例：*Bothriochloa barbinodis*（ヒメアブラススキ属の多年草）

barbulatus *bar-bul-AH-tus*
barbulata, barbulatum
短いかあまり目立たない髭がある、例：*Anemone barbulata*（イチリンソウ属の多年草）

barcinonensis *bar-sin-oh-NEN-sis*
barcinonensis, barcinonense
スペインのバルセロナ産の、例：*Galium × barcinonense*（ヤエムグラ属の草本）

baselloides *bar-sell-OY-deez*
Basella（ツルムラサキ属）に似た、例：*Boussingaultia baselloides*（アカザカズラ）

basilaris *bas-il-LAH-ris*
basilaris, basilare
基部または底の、例：*Opuntia basilaris*（ウチワサボテン属のサボテン）

basilicus *bass-IL-ih-kus*
basilica, basilicum
王侯あるいは王にふさわしい特質をもつ、例：*Ocimum basilicum*（メボウキ）

baueri *baw-WARE-eye*
bauerianus *baw-ware-ee-AH-nus*
baueriana, bauerianum
オーストリアの植物画家でフリンダースのオーストラリア遠征に参加したフェルディナント・バウアー（1760–1826）への献名、例：*Eucalyptus baueriana*（ユーカリ属の高木）

baurii *BOUR-ee-eye*
ドイツの植物収集者ゲオルク・ハーマン・カール・ルートヴィヒ・バウア博士（1859–98）への献名、例：*Rhodohypoxis baurii*（アッツザクラ）

beesianus *bee-zee-AH-nus*
beesiana, beesianum
イングランドのチェスターの種苗業者ビーズ社（Bees）にちなむ、例：*Allium beesianum*（ネギ属の多年草）

belladonna *bel-uh-DON-nuh*
美しい貴婦人、例：*Amaryllis belladonna*（ホンアマリリス）

bellidifolius *bel-lid-ee-FOH-lee-us*
bellidifolia, bellidifolium
ヒナギク（*Bellis*）のような葉の、例：*Ageratina bellidifolia*（マルバフジバカマ属の植物）

生きているラテン語

クコは栄養価の高さから、近年、「スーパーフード」として高く評価されており、以前よりずっと広く栽培されている。Chinese wolfberry、Chinese boxthorn、red medlar、matrimony vineなど、さまざまな普通名がある。

Lycium barbarum、
goji berry（クコ）

bellidiformis *bel-id-EE-for-mis*
bellidiformis, bellidiforme
ヒナギク（*Bellis*）のような、例：*Dorotheanthus bellidiformis*（リビングストンデージー）

bellidioides *bell-id-ee-OY-deez*
Bellium（キク科ベリウム属）に似た、例：*Silene bellidioides*（マンテマ属の多年草）

bellus *BELL-us*
bella, bellum
美しい、みごとな、例：*Graptopetalum bellum*（ベンケイソウ科グラプトペタルム属の多肉植物）

benedictus *ben-uh-DICK-tus*
benedicta, benedictum
神の恵みを受けた植物、好意をもって語られる、例：*Centaurea benedicta*（ヤグルマギク属の1年草）

benghalensis *ben-gal-EN-sis*
benghalensis, benghalense
*bengalensis*とも、インドのベンガル産の、例：*Ficus benghalensis*（ベンガルボダイジュ）

bermudianus *ber-myoo-dee-AH-nus*
bermudiana, bermudianum
バミューダの、例：*Juniperus bermudiana*（ビャクシン属の高木）

berolinensis *ber-oh-lin-EN-sis*
berolinensis, berolinense
ドイツのベルリン産の、例：*Populus × berolinensis*（ポプラ属の高木）

berthelotii *berth-eh-LOT-ee-eye*
フランスの博物学者サバン・ベルトロ（1794–1880）への献名、例：*Lotus berthelotii*（ツルミヤコグサ）

betaceus *bet-uh-KEE-us*
betacea, betaceum
ビート（*Beta*）のような、例：*Solanum betaceum*（コダチトマト）

betonicifolius *bet-on-ih-see-FOH-lee-us*
betonicifolia, betonicifolium
イヌゴマ（*Stachys*）のような、例：*Meconopsis betonicifolia*（ブルーポピー）

betulifolius *bet-yoo-lee-FOH-lee-us*
betulifolia, betulifolium
カバノキ（*Betula*）のような葉の、例：*Pyrus betulifolia*（マンシュウマメナシ）

betulinus *bet-yoo-LEE-nus*
betulina, betulinum

betuloides *bet-yoo-LOY-deez*
カバノキ（*Betula*）に似た、カバノキのような、例：*Carpinus betulinus*（セイヨウシデ）

bicolor *BY-kul-ur*
2色の、例：*Caladium bicolor*（ニシキイモ）

Ficus benghalensis、banyan（ベンガルボダイジュ）

bicornis *BY-korn-is*
bicornis, bicorne

bicornutus *by-kor-NOO-tus*
bicornuta, bicornutum
2本の角または角状の突起がある、例：*Passiflora bicornis*（トケイソウ属のつる性植物）

bidentatus *by-den-TAH-tus*
bidentata, bidentatum
2歯の、例：*Allium bidentatum*（スナジニラ）

biennis *by-EN-is*
biennis, bienne
2年生の、例：*Oenothera biennis*（メマツヨイグサ）

bifidus *BIF-id-us*
bifida, bifidum
2裂の、例：*Rhodophiala bifida*（ヒガンバナ科ロドフィアラ属の球根植物）

ジョーゼフ・バンクス
(1743–1820)

ジョーゼフ・バンクスの遺産は、今日、世界中に広く分布している多数の植物にはっきりと示されており、その多くにバンクスの名前がついている。Australian honeysuckle（コーストバンクシア）をはじめとする *Banksia*（バンクシア属）は、彼のもっとも有名な発見といってよいだろう。そのほかバンクスに敬意を表して命名された植物は、*banksii* か *banksianus* という種小名がついていることでわかる。

バンクスは早くから自然界に興味を示し、子どもの頃は多くの時間をイングランドのリンカーンシャー州リヴェスビーアビーにある一家の地所で植物採集をしてすごした。父親の死後、母親はロンドンのチェルシー薬草園の近くへ引っ越し、そこにあった外来の植物のコレクションに若いバンクスは大いに刺激された。彼はオックスフォード大学のクライストチャーチ・カレッジで植物学を専攻したが、学問をやりとげることなく、ニジェール号で行く発見の航海に参加するというはるかに刺激的な生き方を選択した。バンクスは1766～67年にニューファンドランド島とラブラドル［いずれもカナダ東部］を旅して、植物、岩石、動物を採集し、*Rhododendron canadense*（ツツジ属の低木）をイギリスに伝えた。興味深いことに、バンクスがアイスランドで採集したのは火山の溶岩で、チェルシー薬草園に寄贈されたこの溶岩がもとになってヨーロッパで最初のロックガーデンが造られた。

イングランドへの帰途、バンクスは翌年出発するジェームズ・クック船長のエンデヴァー号による南太平洋の探検旅行に参加するよう誘われた。すでにロイヤル・ソサエティの特別会員だったバンクスは

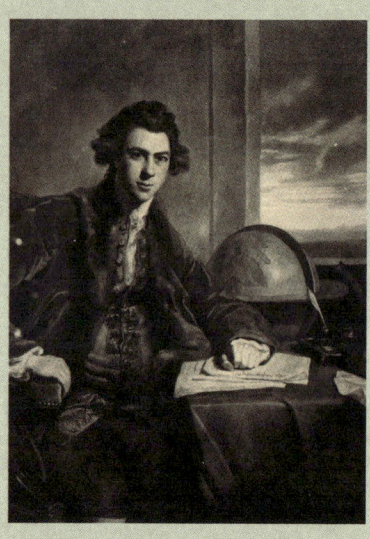

バンクスは現場においてもロイヤル・ソサエティの会長としても、植物学者としての長くきわだった経歴を有している。1804年に設立された園芸協会（現在は王立園芸協会とよばれている）の創立会員でもある。

有能な助手ダニエル・ソランダー（1733–82）とともに3年間旅を続け、南米、タヒチ、ニュージーランド、オーストラリア、ジャワの自然史を調査し記録した。この旅だけでバンクスは3500点を超える乾燥植物標本を手に入れ、そのうち1400はそれまで科学界に知られていなかった種だった。彼が紹介したことでヨーロッパで栽培されるようになった種に、ニュージーランドの *Leptospermum scoparium*（ギョリュウバイ）、オーストラリアの *Eucalyptus gummifera*（ユーカリ属の高木）と *Dianella caerulea*（パーリリー）がある。オーストラリアの東海岸を探検しているとき、バンクスはクックに植物種がとりわけ豊富な場所にボタニー湾と名づけてはどうかと提案した。*Banksia serrata*（ソーバンクシア）はこの地域で採集された種子からイングランドで育てられた最初の植物だと考えられている。バンクスは、攻撃的で人肉を食べる風習のあるマオリ族からの攻撃にあいながらも、ニュージーランドの海岸に生える植物を約400採集することさえやってのけた。バンクスの最後の探検の航海は1772年のアイスランドへの旅だった。このときもソランダーが助手として同行した。この航海でもたらされた植物に、*Koenigia islandica*（チシマミチヤナギ）や *Salix myrtilloides*（コウアンヌマヤナギ）がある。

バンクスは残りの人生の大部分を故国ですごしたが、当時の植物学の知識の拡大に大いに貢献し、世界中の植物の輸送に多大な影響をおよぼした。そして1770年代の初めから、ロンドンのキュー植物園の非公式の園長として活動した。重要なプラントハ

ンティングの遠征を何度も実施させて、フランシス・マッソンをはじめとするキューの植物学者をさまざまな国へ派遣したのは、この立場で行なったことである。こうした遠征のなかでも有名なのが、1791年のアーチボルド・メンジーズのアメリカ北西海岸への旅と、ウィリアム・カーの中国遠征である。この中国遠征の結果、*Magnolia denudata*（ハクモクレン）がもたらされた。このような航海は19世紀に入ってもしばらく続き、たとえばアラン・カニンガムとジェームズ・ボウイの1814年の航海がある。彼らは南米、オーストラリア、喜望峰で広範囲に採集した。

　バンクスがこのような探検旅行を後援したことで、おびただしい数の新しい植物がイギリスへ伝えられた。どの野菜、穀物、ハーブ、果物がオーストラリアの気候にもっとも適しているかについてのバンクスの助言は、この国の初期の入植者にとってはかりしれない価値があった。バンクスは、キューは「帝国のための一大植物交換所」になるべきだと強く感じて、セイロン（スリランカ）、インド、ジャマイカなどカリブ諸島の植物園と、種子はもちろん知識の自由な交換を奨励した。そして経済的価値がある植物をとくに重視した。たとえば、タヒチで食用になる *Artocarpus altilis*（breadfruit、パンノキ）を見たことがあった彼は、のちに飢えた奴隷に食べさせるためにその西インド諸島への導入に尽力した。

Rosa banksiae（モッコウバラ）はLady Banks's roseとよばれることも多く、それはジョーゼフ・バンクスの夫人への献名で、この植物はウィリアム・カーが1803年の中国遠征で採集した。

カール・リンネはジョーゼフ・バンクスのことを
vir sine pari──「匹敵する者がいない男」といった。

植物ラテン語事典

生きているラテン語

*bifolia*という小名は、このランの大量に咲く花がそこから出ている、基部にある2枚のつやつやした葉のことをいっている。花は黄緑がかった白で、その香りは夜に放出される。自生地は草地やヒースが生い茂る荒野である。

Platanthera bifolia、
lesser butterfly orchid（ツレサギソウ属の地生ラン）

biflorus *BY-flo-rus*
biflora, biflorum
対をなして花がつく［2花の］、例：*Geranium biflorum*（ゲラニウム・ビフロルム）

bifolius *by-FOH-lee-us*
bifolia, bifolium
対をなして葉がつく［2葉の］、例：*Scilla bifolia*（ツルボ属の球根植物）

bifurcatus *by-fur-KAH-tus*
bifurcata, bifurcatum
同じような茎または枝に分かれた［2又分岐した］、
例：*Platycerium bifurcatum*（ビカクシダ）

bignonioides *big-non-YOY-deez*
ツリガネカズラ（*Bignonia*）に似た、例：*Catalpa bignonioides*（アメリカキササゲ）

bijugus *bih-JOO-gus*
bijuga, bijugum
2対がつながった、例：*Pelargonium bijugum*（テンジクアオイ属の多年草）

bilobatus *by-low-BAH-tus*
bilobata, bilobatum
bilobus *by-LOW-bus*
biloba, bilobum
2裂片の、例：*Ginkgo biloba*（イチョウ）

bipinnatus *by-pin-NAH-tus*
bipinnata, bipinnatum
葉が2回羽状の、例：*Cosmos bipinnatus*（コスモス）

biserratus *by-ser-AH-tus*
biserrata, biserratum
葉が二重鋸歯の、例：*Nephrolepis biserrata*（ホウビカンジュ）

biternatus *by-ter-NAH-tus*
biternata, biternatum
葉が2回3出の、例：*Actaea biternata*（イヌショウマ）

bituminosus *by-tu-min-OH-sus*
bituminosa, bituminosum
瀝青のような、べたつく、例：*Bituminaria bituminosa*（マメ科ビツミナリア属の多年草）

bivalvis *by-VAL-vis*
bivalvis, bivalve
2弁の、例：*Ipheion bivalve*（ハナニラ属の多年草）

blandus *BLAN-dus*
blanda, blandum
優しい、チャーミングな、例：*Anemone blanda*（ハナアネモネ）

blepharophyllus *blef-ar-oh-FIL-us*
blepharophylla, blepharophyllum
まつ毛のような縁どりがある［縁毛がある］葉をもつ、例：*Arabis blepharophylla*（ハタザオ属の多年草）

bodinieri *boh-din-ee-ER-ee*
フランスの宣教師で中国で植物を収集したエミール＝マリ・ボディニエ（1842-1901）への献名、例：*Callicarpa bodinieri*（ムラサキシキブ属の低木）

bodnantense *bod-nan-TEN-see*
イギリスのウェールズにあるボドナントガーデンにちなむ、
例：*Viburnum × bodnantense*（ガマズミ属の低木）

bonariensis *bon-ar-ee-EN-sis*
bonariensis, bonariense
ブエノスアイレス産の、例：*Verbena bonariensis*（ヤナギハナガサ）

bonus *BOW-nus*
bona, bonum
（複合語をなして）よい、例：*Chenopodium bonus-henricus*（キノコアザ）、アンリ善良王

42

borbonicus *bor-BON-ih-kus*
borbonica, borbonicum
かつてブルボン島とよばれていたインド洋上のレユニオン島の、フランスのブルボン家の王たちのことをいう場合もある、例：*Watsonia borbonica*（ヒオウギズイセン属の球茎植物）

borealis *bor-ee-AH-lis*
borealis, boreale
北の、例：*Erigeron borealis*（ムカシヨモギ属の多年草）

borinquenus *bor-in-KAH-nus*
borinquena, borinquenum
プエルトリコの現地での呼び名ボリンケン産の、例：*Roystonea borinquena*（ダイオウヤシ属のヤシ）

borneensis *bor-nee-EN-sis*
borneensis, borneense
ボルネオ産の、例：*Gaultheria borneensis*（ニイタカシラタマ）

botryoides *bot-ROY-deez*
ブドウの房に似た、例：*Muscari botryoides*（ルリムスカリ）

bowdenii *bow-DEN-ee-eye*
植物栽培家アセルスタン・コーニッシュ＝ボーデン（1871-1942）への献名、例：*Nerine bowdenii*（ヒメヒガンバナ属の球根植物）

brachiatus *brak-ee-AH-tus*
brachiata, brachiatum
直角に枝が出た、腕状の、例：*Clematis brachiata*（センニンソウ属のつる性植物）

brachy-
短いことを意味する接頭語

brachybotrys *brak-ee-BOT-rees*
短い房の、例：*Wisteria brachybotrys*（ヤマフジ）

brachycerus *brak-ee-SER-us*
brachycera, brachycerum
短い角の、例：*Gaylussacia brachycera*（ハックルベリー属の低木）

brachypetalus *brak-ee-PET-uh-lus*
brachypetala, brachypetalum
短い花弁の、例：*Cerastium brachypetalum*（ミミナグサ属の1年草）

brachyphyllus *brak-ee-FIL-us*
brachyphylla, brachyphyllum
短い葉の、例：*Colchicum brachyphyllum*（イヌサフラン属の球根植物）

bracteatus *brak-tee-AH-tus*
bracteata, bracteatum
bracteosus *brak-tee-OO-tus*
bracteosa, bracteosum
bractescens *brak-TES-senz*
苞葉がある、例：*Veltheimia bracteata*（キジカクシ科フェルトハイミア属の多年草）

brasilianus *bra-sill-ee-AHN-us*
brasiliana, brasilianum
brasiliensis *bra-sill-ee-EN-sis*
brasiliensis, brasiliense
ブラジル産の、ブラジルの、例：*Begonia brasiliensis*（ベゴニア属の多年草）

brevifolius *brev-ee-FOH-lee-us*
brevifolia, brevifolium
短い葉の、例：*Gladiolus brevifolius*（グラジオラス属の球茎植物）

brevipedunculatus *brev-ee-ped-un-kew-LAH-tus*
brevipedunculata, brevipedunculatum
短い花柄の、例：*Olearia brevipedunculata*（キク科オレアリア属の低木）

brevis *BREV-is*
brevis, breve
短い、例：*Androsace brevis*（トチナイソウ属の多年草）

breviscapus *brev-ee-SKAY-pus*
breviscapa, breviscapum
短い花茎の、例：*Lupinus breviscapus*（ルピナス属の草本）

Rosa bracteata、
Macartney rose
（ヤエヤマノイバラ）

Cotoneaster bullatus、
hollyberry cotoneaster
（シャリントウ属の低木）

bromoides *brom-OY-deez*
スズメノチャヒキ（*Bromus*）に似た、例：*Stipa bromoides*（ハネガヤ属の多年草）

bronchialis *bron-kee-AL-lis*
bronchialis, bronchiale
かつて気管支炎の治療薬として使われた、例：*Saxifraga bronchialis*（ナガバシコタンソウ）

brunneus *BROO-nee-us*
brunnea, brunneum
濃い茶色の、例：*Coprosma brunnea*（タマツヅリ属の被覆性の低木）

bryoides *bri-ROY-deez*
コケに似た、例：*Dionysia bryoides*（サクラソウ科ディオニシア属の多年草）

buckleyi *BUK-lee-eye*
アメリカの地質学者ウィリアム・バックリーなどBuckleyという名の人物を記念、例：*Schlumbergera × buckleyi*（クリスマスカクタス）

bufonius *buf-OH-nee-us*
bufonia, bufonium
ヒキガエルの、湿地に生える、例：*Juncus bufonius*（ヒメコウガイゼキショウ）

bulbiferus *bulb-IH-fer-us*
bulbifera, bulbiferum
bulbiliferus *bulb-il-IH-fer-us*
bulbilifera, bulbiliferum
鱗茎ができる、しばしばむかごのことをいう、例：*Lachenalia bulbifera*（キジカクシ科ラシュナリア属の球根植物）

bulbocodium *bulb-oh-KOD-ee-um*
鱗茎が毛で覆われている、例：*Narcissus bulbocodium*（フエフキズイセン）

bulbosus *bul-BOH-sus*
bulbosa, bulbosum
茎が地下で成長して丸くふくれた、鱗茎に似た、例：*Ranunculus bulbosus*（タマキンポウゲ）

bulgaricus *bul-GAR-ih-kus*
bulgarica, bulgaricum
ブルガリアの、例：*Cerastium bulgaricum*（ミミナグサ属の1年草または越年草）

bullatus *bul-LAH-tus*
bullata, bullatum
葉に水疱またはしわがある、例：*Cotoneaster bullatus*（シャリントウ属の低木）

bulleyanus *bul-ee-YAH-nus*
bulleyana, bulleyanum
bulleyi *bul-ee-YAH-eye*
イギリスのチェシャー州にあるネス植物園の創設者アーサー・ブリー（1861–1942）への献名、例：*Primula bulleyana*（プリムラ・ブリーアナ）

bungeanus *bun-jee-AH-nus*
bungeana, bungeanum
bungei *bun-jee-eye*
ロシアの植物学者アレクサンダー・フォン・ブンゲ博士（1803–90）への献名、例：*Pinus bungeana*（シロマツ）

burkwoodii *berk-WOOD-ee-eye*
19世紀の育種家アーサーとアルバートのバークウッド兄弟への献名、例：*Viburnum × burkwoodii*（ガマズミ属の低木）

buxifolius *buks-ih-FOH-lee-us*
buxifolia, buxifolium
ツゲ（*Buxus*）のような葉の、例：*Cantua buxifolia*（ハナシノブ科カンツア属の小低木）

byzantinus *biz-an-TEE-nus*
byzantina, byzantinum
トルコのイスタンブールの、例：*Colchicum byzantinum*（イヌサフラン属の球根植物）

C

cacaliifolius *ka-KAY-see-eye-FOH-lee-us*
cacaliifolia, cacaliifolium
Cacalia（コウモリソウ属）のような葉の、例：*Salvia cacaliifolia*（アキギリ属の多年草）

cachemiricus *kash-MI-rih-kus*
cachemirica, cachemiricum
カシミールの、例：*Gentiana cachemirica*（リンドウ属の多年草）

cadierei *kad-ee-AIR-eye*
20世紀にベトナムで植物を収集したR・P・カディエールへの献名、例：*Pilea cadierei*（アサバソウ）

cadmicus *KAD-mih-kus*
cadmica, cadmicum
金属質の、ブリキのような、例：*Ranunculus cadmicus*（キンポウゲ属の草本）

caerulescens *see-roo-LES-enz*
青くなる、例：*Euphorbia caerulescens*（トウダイグサ属の多肉植物）

caeruleus *see-ROO-lee-us*
caerulea, caeruleum
青色の、例：*Passiflora caerulea*（トケイソウ）

caesius *KESS-ee-us*
caesia, caesium
青みがかった灰色の、例：*Allium caesium*（アリウム・カエシウム）

caespitosus *kess-pi-TOH-sus*
caespitosa, caespitosum
密集して生える、例：*Eschscholzia caespitosa*（ヒメハナビシソウ）

caffer *KAF-er*
caffra, caffrum
caffrorum *kaf-ROR-um*
南アフリカの、例：*Erica caffra*（エリカ属の低木）

calabricus *ka-LA-brih-kus*
calabrica, calabricum
イタリアのカラブリア地方の、例：*Thalictrum calabricum*（カラマツソウ属の多年草）

calamagrostis *ka-la-mo-GROSS-tis*
アシを意味するギリシア語より、例：*Stipa calamagrostis*（ハネガヤ属の多年草）

calamus *KAL-uh-mus*
アシを意味するギリシア語より、例：*Acorus calamus*（ショウブ）

calandrinioides *ka-lan-DREEN-ee-oy-deez*
Calandrinia（スベリヒユ科カランドリーニア属）に似た、例：*Ranunculus calandrinioides*（キンポウゲ属の多年草）

calcaratus *kal-ka-RAH-tus*
calcarata, calcaratum
距がある、例：*Viola calcarata*（ビオラ・カルカラータ）

calcareus *kal-KAH-ree-us*
calcarea, calcareum
石灰の、例：*Titanopsis calcarea*（ツルナ科ティタノプシス属の多肉植物）

生きているラテン語

Acorus calamus（ショウブ）の普通名は、beewort、bitter pepper root、myrtle sedge、pine root、sweet caneなど多数ある。*calamus*はこの植物のアシに似た葉のことをいっている。食材としては、その根茎を乾燥させて砕いたものがシナモンやショウガの代用品として使用できる。

Acorus calamus、
sweet flag（ショウブ）

calendulaceus *kal-en-dew-LAY-see-us*
calendulacea, calendulaceum
キンセンカ（*Calendula officinalis*）の色、例：*Rhododendron calendulaceum*（ツツジ属の低木）

californicus *kal-ih-FOR-nih-kus*
californica, californicum
アメリカのカリフォルニア州の、例：*Zauschneria californica*（カリフォルニアフクシア）

calleryanus *kal-lee-ree-AH-nus*
calleryana, calleryanum
19世紀のフランスの宣教師でフランスで植物を収集したジョゼフ＝マリ・カレリ（1810-62）への献名、例：*Pyrus calleryana*（マメナシ）

callianthus *kal-lee-AN-thus*
calliantha, callianthum
美しい花の、例：*Berberis calliantha*（メギ属の低木）

callicarpus *kal-ee-KAR-pus*
callicarpa, callicarpum
美しい果実の、例：*Sambucus callicarpa*（ニワトコ属の低木）

callizonus *kal-ih-ZOH-nus*
callizona, callizonum
美しい縞や帯がある、例：*Dianthus callizonus*（ナデシコ属の多年草）

callosus *kal-OH-sus*
callosa, callosum
皮が厚い、カルスがある、例：*Saxifraga callosa*（ユキノシタ属の多年草）

calophyllus *kal-ee-FIL-us*
calophylla, calophyllum
美しい葉の、例：*Dracocephalum calophyllum*（ムシャリンドウ属の多年草）

calvus *KAL-vus*
calva, calvum
毛がない、裸の、例：*Viburnum calvum*（ガマズミ属の低木）

calycinus *ka-lih-KEE-nus*
calycina, calycinum
萼のような、例：*Halimium calycinum*（ハンニチバナ科ハリミウム属の矮性低木）

calyptratus *kal-lip-TRA-tus*
calyptrata, calyptratum
カリプトラすなわち花または果実の帽子状の覆いがある、例：*Podalyria calyptrata*（マメ科ポダリリア属の低木）

cambricus *KAM-brih-kus*
cambrica, cambricum
ウェールズの、例：*Meconopsis cambrica*（セイヨウメコノプシス）

campanularius *kam-pan-yoo-LAH-ri-us*
campanularia, campanularium
釣鐘形の花の、例：*Phacelia campanularia*（カリフォルニアブルーベル）

campanulatus *kam-pan-yoo-LAH-tus*
campanulata, campanulatum
釣鐘形の、例：*Enkianthus campanulatus*（サラサドウダン）

campbellii *kam-BEL-ee-eye*
ダージリンの長官でフッカーに同行してヒマラヤへ行ったアーチボルド・キャンベル博士（1805-74）への献名、例：*Magnolia campbellii*（モクレン属の高木）

campestris *kam-PES-tris*
campestris, campestre
野原あるいは開けた平原の、例：*Acer campestre*（コブカエデ）

camphoratus *kam-for-AH-tus*
camphorata, camphoratum
camphora *kam-for-AH*
樟脳のような、例：*Thymus camphoratus*（イブキジャコウソウ属の亜低木）

campylocarpus *kam-plo-KAR-pus*
campylocarpa, campylocarpum
湾曲した果実がつく、例：*Rhododendron campylocarpum*（ツツジ属の低木）

camtschatcensis *kam-shat-KEN-sis*
camtschatcensis, camtschatcense
camtschaticus *kam-SHAY-tih-kus*
camtschatica, camtschaticum
ロシアのカムチャツカ半島産の、カムチャツカ半島の、例：*Lysichiton camtschatcensis*（ミズバショウ）

canadensis *ka-na-DEN-sis*
canadensis, canadense
カナダ産の、ただしかつてはアメリカの北東部もふくめられた、例：*Cornus canadensis*（ゴゼンタチバナ）

canaliculatus *kan-uh-lik-yoo-LAH-tus*
canaliculata, canaliculatum
小管または溝がある、例：*Erica canaliculata*（ジャノメエリカ）

canariensis *kuh-nair-ee-EN-sis*
canariensis, canariense
スペインのカナリア諸島産の、例：*Phoenix canariensis*（カナリーヤシ）

canbyi *KAN-bee-eye*
アメリカの植物学者ウィリアム・マリオット・キャンビー（1831-1904）への献名、例：*Quercus canbyi*（コナラ属の高木）

cancellatus *kan-sell-AH-tus*
cancellata, cancellatum
格子状の、例：*Phlomis cancellata*（オオキセワタ属の多年草）

candelabrum *kan-del-AH-brum*
枝つき燭台のように大枝分かれした、例：*Salvia candelabrum*（サルビア・カンデラブルム）

candicans *KAN-dee-kanz*
candidus *KAN-dee-dus*
candida, candidum
白く輝く、例：*Echium candicans*（シャゼンムラサキ属の亜低木）

canescens *kan-ESS-kenz*
オフホワイトまたは灰色の毛がある、例：*Populus × canescens*（ポプラ属の高木）

caninus *kay-NEE-nus*
canina, caninum
イヌの、しばしばおとっていることを意味する、例：*Rosa canina*（カニナバラ）

cannabinus *kan-na-BEE-nus*
cannabina, cannabinum
アサ（*Cannabis*）のような、例：*Eupatorium cannabinum*（ヒヨドリバナ属の多年草）

cantabricus *kan-TAB-rih-kus*
cantabrica, cantabricum
スペインのカンタブリア地方の、例：*Narcissus cantabricus*（スイセン属の球根植物）

canus *kan-nus*
cana, canum
オフホワイトの、灰白色の、例：*Calceolaria cana*（キンチャクソウ属の多年草）

capensis *ka-PEN-sis*
capensis, capense
南アフリカの喜望峰産の、例：*Phygelius capensis*（ケープフクシア）

capillaris *kap-ill-AH-ris*
capillaris, capillare
非常に細長い、細毛状の、例：*Tillandsia capillaris*（ハナアナナス属の多年草）

capillatus *kap-ill-AH-tus*
capillata, capillatum
細い毛がある、例：*Stipa capillata*（ハネガヤ属の多年草）

capillifolius *kap-ill-ih-FOH-lee-us*
capillifolia, capillifolium
毛のような葉の、例：*Eupatorium capillifolium*（イトバヒヨドリ）

capilliformis *kap-il-ih-FOR-mis*
capilliformis, capilliforme
毛のような、例：*Carex capilliformis*（スゲ属の植物）

capillipes *cap-ILL-ih-peez*
細い足（柄）の、例：*Acer capillipes*（ホソエカエデ）

capillus-veneris *KAP-il-is VEN-er-is*
ヴィーナスの髪、例：*Adiantum capillus-veneris*（ホウライシダ）

capitatus *kap-ih-TAH-tus*
capitata, capitatum
花、果実、または植物全体が密な頭状に生育する、例：*Cornus capitata*（ヒマラヤヤマボウシ）

capitellatus *kap-ih-tel-AH-tus*
capitellata, capitellatum

capitellus *kap-ih-TELL-us*
capitella, capitellum

capitulatus *kap-ih-tu-LAH-tus*
capitulata, capitulatum
小さな頭の、例：*Primula capitellata*（サクラソウ属の多年草）

生きているラテン語

美しくて非常に香りのよいマドンナリリーは、聖母マリアの持ちものとして宗教画でしばしば見られ、その白い花は彼女の純潔の象徴である。小名 *candidum* は輝く白を意味し、この花にとりわけふさわしい表現である。

Lilium candidum、
Madonna lily（マドンナリリー）

cappadocicus *kap-puh-doh-SIH-kus*
cappadocica, cappadocicum
小アジアの古代カッパドキア地方の、例：*Omphalodes cappadocica*（ルリソウ属の多年草）

capreolatus *kap-ree-oh-LAH-tus*
capreolata, capreolatum
巻きひげがある、例：*Bignonia capreolata*（ツリガネカズラ）

capreus *KAP-ray-us*
caprea, capreum
ヤギの、例：*Salix caprea*（バッコヤナギ）

capricornis *kap-ree-KOR-nis*
capricornis, capricorne
南回帰線の、南回帰線より南の、ヤギの角のような形をした、例：*Astrophytum capricorne*（ホシサボテン属のサボテン）

Lobelia cardinalis、
cardinal flower
（ベニバナサワギキョウ）

caprifolius *kap-rih-FOH-lee-us*
caprifolia, caprifolium
なんらかのヤギの特徴がある葉をもつ、例：*Lonicera caprifolium*（スイカズラ属のつる性低木）

capsularis *kap-SYOO-lah-ris*
capsularis, capsulare
蒴果をつける、例：*Corchorus capsularis*（ツナソ）

caracasanus *kar-ah-ka-SAH-nus*
caracasana, caracasanum
ベネズエラのカラカスの、例：*Serjania caracasana*（ムクロジ科セルヤニア属の植物）

cardinalis *kar-dih-NAH-lis*
cardinalis, cardinale
鮮やかな緋色の、深紅色の、例：*Lobelia cardinalis*（ベニバナサワギキョウ）

cardiopetalus *kar-dih-oh-PET-uh-lus*
cardiopetala, cardiopetalum
心臓形の花弁の、例：*Silene cardiopetala*（マンテマ属の多年草）

carduaceus *kard-yoo-AY-see-us*
carduacea, carduaceum
アザミのような、例：*Salvia carduacea*（サルビア・カルドゥアセア）

cardunculus *kar-DUNK-yoo-lus*
carduncula, cardunculum
小さなアザミのような、例：*Cynara cardunculus*（カルドン）

caribaeus *kuh-RIB-ee-us*
caribaea, caribaeum
カリブ海沿岸諸国の、例：*Pinus caribaea*（マツ属の高木）

caricinus *kar-ih-KEE-nus*
caricina, caricinum
caricosus *kar-ee-KOH-sus*
caricosa, caricosum
スゲ（*Carex*）のような、例：*Dichanthium caricosum*（オニサガヤ属の多年草）

carinatus *kar-IN-uh-tus*
carinata, carinatum
cariniferus *Kar-in-IH-fer-us*
carinifera, cariniferum
竜骨がある、例：*Allium carinatum*（ネギ属の多年草）

carinthiacus *kar-in-thee-AH-kus*
carinthiaca, carinthiacum
オーストリアのケルンテン地方の、例：*Wulfenia carinthiaca*（オオバコ科ウルフェニア属の多年草）

carlesii *KARLS-ee-eye*
在中国イギリス領事部に勤務し韓国で植物を収集したウィリアム・リチャード・カールズ（1848–1929）への献名、例：*Viburnum carlesii*（チョウジガマズミ）

carminatus *kar-MIN-uh-tus*
carminata, carminatum
carmineus *kar-MIN-ee-us*
carminea, carmineum
洋紅色（カーマイン）の、鮮やかな深紅色の、例：*Metrosideros carminea*（ムニンフトモモ属のつる性植物）

carneus *KAR-nee-us*
carnea, carneum
肉色の、濃いピンクの、例：*Androsace carnea*（トチナイソウ属の多年草）

carnicus *KAR-nih-kus*
carnica, carnicum
肉のような、例：*Campanula carnica*（ホタルブクロ属の多年草）

carniolicus *kar-nee-OH-lih-kus*
carniolica, carniolicum
現スロヴェニアの歴史的地域カルニオラの、例：*Centaurea carniolica*（ヤグルマギク属の多年草）

carnosulus *karn-OH-syoo-lus*
carnosula, carnosulum
やや多肉質の、例：*Hebe carnosula*（ゴマノハグサ科ヘーベ属の低木）

carnosus *kar-NOH-sus*
carnosa, carnosum
多肉質の、例：*Hoya carnosa*（サクララン）

carolinianus *kair-oh-lin-ee-AH-nus*
caroliniana, carolinianum
carolinensis *kair-oh-lin-ee-EN-sis*
carolinensis, carolinense
carolinus *kar-oh-LEE-nus*
carolina, carolinum
アメリカのノースまたはサウスカロライナ州産の、ノースまたはサウスカロライナ州の、例：*Halesia carolina*（アメリカアサガラ）

carota *kar-OH-tuh*
ニンジン、例：*Daucus carota*（ニンジン）

carpaticus *kar-PAT-ih-kus*
carpatica, carpaticum
カルパティア山脈の、例：*Campanula carpatica*（ニワギキョウ）

carpinifolius *kar-pine-ih-FOH-lee-us*
carpinifolia, carpinifolium
シデ（*Carpinus*）のような葉の、例：*Zelkova carpinifolia*（ケヤキ属の高木）

carthusianorum *kar-thoo-see-an-OR-um*
フランスのグルノーブル近郊にあるカルトゥジオ修道会グランド・シャルトルーズ修道院の、例：*Dianthus carthusianorum*（ホソバナデシコ）

cartilagineus *kart-ill-uh-GIN-ee-us*
cartilaginea, cartilagineum
軟骨のような、例：*Blechnum cartilagineum*（ヒリュウシダ属のシダ植物）

Hoya carnosa、
wax plant（サクララン）

cartwrightianus *kart-RITE-ee-AH-nus*
19世紀にコンスタンティノープルに駐在したイギリス領事ジョン・カートライトへの献名、例：*Crocus cartwrightianus*（クロッカス属の球茎植物）

caryophyllus *kar-ee-oh-FIL-us*
caryophylla, caryophyllum
クルミの葉の（ギリシア語の *karya* より）、そのにおいからクローブさらにはカーネーションのことをいう、例：*Dianthus caryophyllus*（カーネーション）

caryopteridifolius *kar-ee-op-ter-id-ih-FOH-lee-us*
caryopteridifolia, caryopteridifolium
Caryopteris（カリガネソウ属）のような葉の、例：*Buddleja caryopteridifolia*（フジウツギ属の低木）

caryotideus *kar-ee-oh-TID-ee-us*
caryotidea, caryotideum
Caryota（クジャクヤシ属）のような、例：*Cyrtomium caryotideum*（メヤブソテツ）

cashmerianus *kash-meer-ee-AH-nus*
cashmeriana, cashmerianum
cashmirianus *kash-meer-ee-AH-nus*
cashmiriana, cashmirianum
cashmiriensis *kash-meer-ee-EN-sis*
cashmiriensis, cashmiriense
カシミール産の、カシミールの、例：*Cupressus cashmeriana*（カシミールイトスギ）

生きているラテン語

wake robinおよびtrinity flowerともよばれる*Trillium catesbyi*（エンレイソウ属の多年草）は、イギリスの博物学者で画家でもあるマーク・ケイツビー（1682-1749）にちなんで命名された。彼は『カロライナ、フロリダ、バハマ諸島の自然誌（Natural History of Carolina, Florida and the Bahama Islands)』を書き、挿絵も描いた。この本はこれらの地域の植物相と動物相についての報告書である。

Trillium catesbyi、wood lily（エンレイソウ属の多年草）

caspicus *KAS-pih-kus*
caspica, caspicum
caspius *KAS-pee-us*
caspia, caspium
カスピ海の、例：*Ferula caspica*（オオウイキョウ属の多年草）

catalpifolius *ka-tal-pih-FOH-lee-us*
catalpifolia, catalpifolium
Catalpa（キササゲ属）のような葉の、例：*Paulownia catalpifolia*（キリ属の高木）

cataria *kat-AR-ee-uh*
ネコの、例：*Nepeta cataria*（キャットニップ）

catarractae *kat-uh-RAK-tay*
滝の、例：*Parahebe catarractae*（ゴマノハグサ科パラヘーベ属の亜低木）

catawbiensis *ka-taw-bee-EN-sis*
catawbiensis, catawbiense
アメリカのノースカロライナ州のカタウバ川産の、例：*Rhododendron catawbiense*（ツツジ属の低木）

catesbyi *KAYTS-bee-eye*
イギリスの博物学者マーク・ケイツビー（1682-1749）への献名、例：*Sarracenia × catesbyi*（ヘイシソウ属の食虫植物）

catharticus *kat-AR-tih-kus*
carthartica, catharticum
排便をうながす、下剤の、例：*Rhamnus cathartica*（セイヨウクロウメモドキ）

cathayanus *kat-ay-YAH-nus*
cathayana, cathayanum
cathayensis *kat-ay-YEN-sis*
cathayensis, cathayense
中国産の、中国の、例：*Cardiocrinum cathayana*（ウバユリ属の草本）

caucasicus *kaw-KAS-ih-kus*
caucasica, caucasicum
カフカス山脈の、例：*Symphytum caucasicum*（ヒレハリソウ属の多年草）

caudatus *kaw-DAH-tus*
caudata, caudatum
尾がある、例：*Asarum caudatum*（セイガンサイシン）

caulescens *kawl-ESS-kenz*
茎がある、例：*Kniphofia caulescens*（シャグマユリ属の宿根草）

cauliflorus *kaw-lih-FLOR-us*
cauliflora, cauliflorum
茎または幹に花をつける、例：*Saraca cauliflora*（ムユウジュ属の高木）

causticus *KAWS-tih-kus*
caustica, causticum
腐食性のあるいは焼けるような味がする、例：*Lithraea caustica*（ウルシ科リツラエア属の高木）

cauticola *kaw-TIH-koh-luh*
崖に生える、例：*Sedum cauticola*（ヒダカミセバヤ）

cautleyoides *kawt-ley-OY-deez*
Cautleya（ショウガ科カウトレイア属）に似た、例：*Roscoea cautleyoides*（ショウガ科ロスコエア属の多年草）

cavus *KA-vus*
cava, cavum
空洞の、例：*Corydalis cava*（オランダエンゴサク）

cebennensis *kae-yen-EN-sis*
cebennensis, cebennense
フランスのセヴェンヌ産の、例：*Saxifraga cebennensis*（ユキノシタ属の多年草）

celastrinus seh-lass-TREE-nus
celastrina, celastrinum
Celastrus（ツルウメモドキ属）のような、例：Azara celastrina（イイギリ科アザラ属の低木または小高木）

centifolius sen-tih-FOH-lee-us
centifolia, centifolium
多くの葉をもつ、百の葉の、例：Rosa × centifolia（キャベッジローズ）

centralis sen-tr-AH-lis
centralis, centrale
中心の（たとえば分布の中心）、例：Diplocaulobium centrale（ディプロカウロビウム属のラン）

centranthifolius sen-tran-thih-FOH-lee-us
centranthifolia, centranthifolium
カノコソウ（Centranthus）のような葉の、例：Penstemon centranthifolius（イワブクロ属の多年草）

cepa KEP-uh
タマネギの古代ローマの呼び名、例：Allium cepa（タマネギ）

cephalonicus kef-al-OH-nih-kus
cephalonica, cephalonicum
ギリシアのケファロニア島の、例：Abies cephalonica（ギリシアモミ）

cephalotes sef-ah-LOH-tees
小頭状の、例：Gypsophila cephalotes（カスミソウ属の多年草）

ceraceus ke-ra-KEE-us
ceracea, ceraceum
蝋のような手触りの、例：Wahlenbergia ceracea（ヒナギキョウ属の多年草）

ceramicus ke-RA-mih-kus
ceramica, ceramicum
陶器のような、例：Rhopaloblaste ceramica（ハケヤシ属のヤシ）

cerasiferus ke-ra-SIH-fer-us
cerasifera, cerasiferum
サクランボまたはサクランボのような果実をつける植物、例：Prunus cerasifera（ミロバランスモモ）

cerasiformis see-ras-if-FOR-mis
cerasiformis, cerasiforme
サクランボのような形をした、例：Oemleria cerasiformis（バラ科オエムレリア属の低木）

cerasinus ker-ras-EE-nus
cerasina, cerasinum
サクランボ色の、例：Rhododendron cerasinum（ツツジ属の低木）

cerastiodes ker-ras-tee-OY-deez
cerastioides
ミミナグサ（Cerastium）に似た、例：Arenaria cerastioides（ノミノツヅリ属の1年草）

cerasus KER-uh-sus
サクラを意味するラテン語、例：Prunus cerasus（スミノミザクラ）

cercidifolius ser-uh-sid-ih-FOH-lee-us
cercidifolia, cercidifolium
ハナズオウ（Cercis）のような葉の、例：Disanthus cercidifolius（マルバノキ）

cerealis ser-ee-AH-lis
cerealis, cereale
農業の、農耕の女神ケレスに由来、例：Secale cereale（ライムギ）

cerefolius ker-ee-FOH-lee-us
cerefolia, cerefolium
蝋質の葉の、例：Anthriscus cerefolium（チャービル）

cereus ker-REE-us
cerea, cereum

cerinus ker-REE-nus
cerina, cerinum
蝋質の、例：Ribes cereum（スグリ属の低木）

Rosa × centifolia 'Foliacée'、
cabbage rose
（キャベッジローズ）

ceriferus *ker-IH-fer-us*
cerifera, ceriferum
蝋を生産する、例：*Morella cerifera*（シロヤマモモ）

cerinthoides *ser-in-THOY-deez*
キバナルリソウ（*Cerinthe*）に似た、例：*Tradescantia cerinthoides*（ムラサキツユクサ属の多年草）

cernuus *SER-new-us*
cernua, cernuum
うなだれた、前かがみの、例：*Enkianthus cernuus*（シロドウダン）

ceterach *KET-er-ak*
チャセンシダ類（*Asplenium*）にあてられたアラビア語より、例：*Asplenium ceterach*（チャセンシダ属のシダ植物）

Poa chaixii、
broad-leaved meadow grass
（イネ科イチゴツナギ属の多年草）

chaixii *kay-IKX-ee-eye*
フランスの植物学者ドミニク・シェ（1730–99）への献名、例：*Verbascum chaixii*（モウズイカ属の多年草）

chalcedonicus *kalk-ee-DON-ih-kus*
chalcedonica, chalcedonicum
トルコのイスタンブールの一地区の古名カルケドンの、例：*Lychnis chalcedonica*（アメリカセンノウ）

chamaebuxus *kam-ay-BUKS-us*
矮性のツゲ、例：*Polygala chamaebuxus*（ヒメハギ属の矮性低木）

chamaecyparissus *kam-ee-ky-pah-RIS-us*
Chamaecyparis（ヒノキ属）のような、例：*Santolina chamaecyparissus*（ワタスギギク）

chamaedrifolius *kam-ee-drih-FOH-lee-us*
chamaedrifolia, chamaedrifolium
chamaedryfolius
chamaedryfolia, chamaedryfolium
*Chamaedrys*のような葉の、例：*Aloysia chamaedrifolia*（クマツヅラ科アロイシア属の低木）（注意：*Chamaedrys*は現在では*Teucrium*［ニガクサ属］とされている）

chantrieri *shon-tree-ER-ee*
フランスの種苗会社シャントリエ・フレールにちなむ、例：*Tacca chantrieri*（クロバナタシロイモ）

charianthus *kar-ee-AN-thus*
chariantha, charianthum
優美な花の、例：*Ceratostema charianthum*（ツツジ科ケラトステマ属のつる性植物）

chathamicus *chath-AM-ih-kus*
chathamica, chathamicum
南太平洋上にあるチャタム諸島の、例：*Astelia chathamica*（アステリア科アステリア属の多年草）

cheilanthus *kay-LAN-thus*
cheilantha, cheilanthum
唇弁がある花をもつ、例：*Delphinium cheilanthum*（デルフィニウム属の多年草）

cheiri *kye-EE-ee*
おそらく手を意味するギリシア語*cheir*より、例：*Erysimum cheiri*（ニオイアラセイトウ）

chelidonioides *kye-li-don-OY-deez*
クサノオウ（*Chelidonium*）に似た、例：*Calceolaria chelidonioides*（キンチャクソウ属の1年草または越年草）

chilensis *chil-ee-EN-sis*
chilensis, chilense
チリ産の、例：*Blechnum chilense*（ヒリュウシダ属のシダ植物）

chiloensis *kye-loh-EN-sis*
chiloensis, chiloense
チリのチロエ島産の、例：*Fragaria chiloensis*（チリイチゴ）

chinensis *CHI-nen-sis*
chinensis, chinense
中国産の、例：*Stachyurus chinensis*（タイワンキブシ）

chionanthus *kee-on-AN-thus*
chionantha, chionanthum
純白の花の、例：*Primula chionantha*（プリムラ・キオナンタ）

chloranthus *klor-ah-AN-thus*
chlorantha, chloranthum
緑色の花の、例：*Fritillaria chlorantha*（バイモ属の多年草）

chlorochilon *klor-oh-KY-lon*
緑色の唇弁の、例：*Cycnoches chlorochilon*（シクノチェス属の着生ラン）

chloropetalus *klo-ro-PET-al-lus*
chloropetala, chloropetalum
緑色の花弁の、例：*Trillium chloropetalum*（エンレイソウ属の多年草）

chrysanthus *kris-AN-thus*
chrysantha, chrysanthum
金色の花の、例：*Crocus chrysanthus*（クロッカス属の球茎植物）

chryseus *KRIS-ee-us*
chrysea, chryseum
金色の、例：*Dendrobium chryseum*（デンドロビウム属の着生ラン）

chrysocarpus *kris-oh-KAR-pus*
chrysocarpa, chrysocarpum
金色の果実の、例：*Crataegus chrysocarpa*（サンザシ属の低木）

chrysocomus *kris-oh-KOH-mus*
chrysocoma, chrysocomum
金色の毛がある、例：*Clematis chrysocoma*（センニンソウ属のつる性植物）

chrysographes *kris-oh-GRAF-ees*
金色の模様がある、例：*Iris chrysographes*（アヤメ属の多年草）

chrysolepis *kris-SOL-ep-is*
chrysolepis, chrysolepe
金色の鱗片がある、例：*Quercus chrysolepis*（コナラ属の高木）

chrysoleucus *kris-roh-LEW-kus*
chrysoleuca, chrysoleucum
金色と白の、例：*Hedychium chrysoleucum*（シュクシャ属の多年草）

chrysophyllus *kris-oh-FIL-us*
chrysophylla, chrysophyllum
金色の葉の、例：*Phlomis chrysophylla*（オオキセワタ属の低木）

chrysostoma *kris-oh-STO-muh*
金色の口がある、例：*Lasthenia chrysostoma*（キク科ラステニア属の1年草）

生きているラテン語

cheiri（たとえば*Erysimum cheiri*［ニオイアラセイトウ］）は由来がはっきりしなくなった小名のよい例である。一説では、手を意味するギリシア語*cheir*に由来し、ニオイアラセイトウの花束への使用をいっているという。そうではなく、赤を意味するアラビア語との関係を示唆する資料もあるが、通常、この種に赤い花は咲かない。

Erysimum cheiri、
wallflower
（ニオイアラセイトウ）

---

cicutarius *kik-u-tah-ree-us*
cicutaria, cicutarium
Cicuta（ドクゼリ属）のような、例：*Erodium cicutarium*（オランダフウロ）

ciliaris *sil-ee-AH-ris*
ciliaris, ciliare

ciliatus *sil-ee-ATE-us*
ciliata, ciliatum
葉や花弁が毛で縁どられた［縁毛がある］、例：*Tropaeolum ciliatum*（ノウゼンハレン属のつる性植物）

メリウェザー・ルイス
（1774-1809）

ウィリアム・クラーク
（1770-1838）

メリウェザー・ルイスが経験を積んだ探検家ウィリアム・クラークと出会ったのは、アメリカ陸軍で中尉として任務にあたっていたときだった。両人ともイギリスおよびアメリカ先住民と戦った北西部の作戦に従軍していたのである。ルイスはトマス・ジェファソンの個人秘書になり、ジェファソンから1804年の「発見隊」を率いてミシシッピ川から太平洋へぬけることのできるルートを見つけるよう命じられた。クラークの統率力をよく知っていたルイスは、軍隊仲間だったこの人物を、過酷な任務になることがわかっている旅の共同指揮官に選んだ。ルイスは探検の準備としてペンシルヴェニア大学で植物学を勉強して隊の正式の博物学者になり、クラークは天文学と地図製作の専門知識を修得して隊の地図製作担当になった。ルイスとクラークが地図を作ろうとした地域は、ルイジアナ購入とよばれる協定でアメリカがフランスから取得したばかりの土地であり、ほとんど未知の領域だった。ふたりはジェファソンから、この地域の地形を記録し、ルートと目標物を書きとめ、気象条件にかんするデータを集め、地質を調査し、土壌の種類を分析し、固有の植物相と動物相を観察する任務をあたえられた。

旅は苦闘の連続だった。川をカヌーで渡らなければならなかったし、山越えをしている間ずっとロッキー山脈は深い雪に埋まっていた。しかし彼らは1805年秋についに太平洋に到達した。踏み分け道にそって膨大な量の植物を採集し、それまで知られていなかった約170種の植物を確認することに成功した。草原地帯で野生のバラ *Rosa arkansana* を採集し、ミズーリ川のグレートフォールズではのちにデイヴィッド・ダグラスが *Pseudotsuga menziessii*（Douglas fir、アメリカトガサワラ）（p.111）と同定する高木を目にした。*Rhus aromatica*（skunkbush sumac、ヌルデ属の低木）も彼らが発見した植物である。また、彼らは *Pediomelum argophyllum*（silver-leaf Indian breadroot、マメ科ペディオメルム属の多年草）をはじめとしてこの地域でできる果実の豊富さについて書きとめており、アメリカ先住民の部族と穀物やカボチャを物々交換した。

ルイスとクラークはその草分け的な探検でのちの入植者に道を開き、国の英雄としてワシントンへ戻った。ジェファソンは、ルイスのことを最大級の熱烈な言葉でたたえている。

「発見隊」とよばれる探検隊を率いたこのふたりの人物は、正反対の性格をしていた。ルイス（左）は生まれつき内向的なことで知られていたのに対し、クラーク（右）は外向的だった。

困難をおそれぬ勇気の持ち主で、いったん目標を決めれば不可能以外その方向を変えることはできず…誠実で私欲がなく、偏見にとらわれず、確かな理解力をもち、真実に忠実で、非常に几帳面、報告することはすべてまるでわれわれ自身が見たかのように確かである。

ルイスはルイジアナ準州の知事になったが（この地位で大成功したというわけではない）、35歳の若さではっきりしない状況で死亡した。クラークは60代まで生き、ミズーリ準州の知事、そして先住民問題の最高責任者になり、大いに尊敬された。その後、*Lewisia rediviva*（ビタールート）、*Clarkia unguiculata*（サンジソウ）など、いくつかの植物がこの勇敢なふたりの探険家をたたえて命名された。

探検で踏破した土地の多くが極度の困難をともなうところだったため、ルイスとクラークが収集した標本は途中で多くが失われてしまった。しかし無事だったものは、記録のためにドイツ人植物学者フレデリック・プルシュに渡された。プルシュは1799年にアメリカにやってきて、フィラデルフィアに定住した。そしてウィリアム・バートラム（p.98）と出会い、彼のために収集物の管理人および収集人として働く一方で、高名な植物学者ベンジャミン・スミス・バートンの後援を受けるようになり、アメリカの植物採集旅行の資金を提供された。プルシュの名がつけられた植物に、*Frangula purshiana*（bitterbush、クロウメモドキ属の低木）などがある。

Philadelphus lewisii、
mock orange（バイカウツギ属の低木）

これはルイスとクラークが陸路太平洋をめざした探検で収集した多くの植物のひとつである。クラークに敬意を表して命名された植物のひとつに*Clarkia pulchella*（ホソバノサンジソウ）があり、deerhorn clarkia、ragged ribon、pink fairiesなどさまざまな名前でよばれている。

ドイツ人植物学者フレデリック・プルシュはルイスとクラークが収集した植物の多くを記録し、1814年に描かれたこの*Clarkia pulchella*（ホソバノサンジソウ）もそのひとつである。

1807年にルイスは、自分とクラークの探検で得られた植物の標本の目録を作るため、プルシュを雇った。しかし、プルシュがヨーロッパで『北アメリカ植物誌（*Flora Americae Septentrinalis; or, a Systematic Arrangement and Description of the Plants of North America*）』をはじめて出版したのは、1814年になってからのことである。この大著にはルイスとクラークが収集した植物が130以上記載され、彼らの発見にもとづく新しい名前が94提案されて、そのうち40は今日でもまだ使われている。ルイスとクラークが発見したものを記録しようとするプルシュの努力が少なからぬ貢献をして、彼らの遺産はいつまでも残ることになった。

「聡明で確かな識別能力［をルイスはもっていた］」
トマス・ジェファソン（1743-1826）

cilicicus *kil-LEE-kih-kus*
cilicica, cilicicum
小アルメニア王国（かつてキリキアとよばれた）の、
例：*Colchicum cilicicum*（イヌサフラン属の球根植物）

ciliicalyx *kil-LEE-kal-ux*
縁毛がある萼の、例：*Menziesia ciliicalyx*（ツリガネツツジ）

ciliosus *sil-ee-OH-sus*
ciliosa, ciliosum
小縁毛がある、例：*Sempervivum ciliosum*（クモノスバンダイソウ属の多肉多年草）

cinctus *SINK-tus*
cincta, cinctum
帯がある、例：*Angelica cincta*（シシウド属の多年草）

cinerariifolius *sin-uh-rar-ee-ay-FOH-lee-us*
cinerariifolia, cinerariifolium
Cineraria（シロタエギク属）のような葉の、例：*Tanacetum cinerariifolium*（シロバナムシヨケギク）

cinerarius *sin-uh-RAH-ree-us*
cineraria, cinerarium
灰白色の、例：*Centaurea cineraria*（シロタエギク）

cinerascens *sin-er-ASS-enz*
灰白色に変わる、例：*Senecio cinerascens*（キオン属の亜低木）

cinereus *sin-EER-ee-us*
cinerea, cinereum
灰色の、例：*Veronica cinerea*（クワガタソウ属の多年草）

cinnabarinus *sin-uh-bar-EE-nus*
cinnabarina, cinnabarinum
朱色の、例：*Echinopsis cinnabarina*（エキノプシス属のサボテン）

cinnamomeus *sin-uh-MOH-mee-us*
cinnamomea, cinnamomeum
肉桂色の、例：*Osmunda cinnamomea*（ヤマドリゼンマイ）

cinnamomifolius *sin-nuh-mom-ih-FOH-lee-us*
cinnamomifolia, cinnamomifolium
ニッケイ（*Cinnamomum*）のような葉の、例：*Viburnum cinnamomifolium*（ガマズミ属の低木）

circinalis *kir-KIN-ah-lis*
circinalis, circinale
渦巻状の、例：*Cycas circinalis*（ナンヨウソテツ）

circum-
ぐるりととりまくことを意味する接頭語

cirratus *sir-RAH-tus*
cirrata, cirratum
cirrhosus *sir-ROH-sus*
cirrhosa, cirrhosum
巻きひげがある、例：*Clematis cirrhosa*（クレマチス・シルホサ）

cissifolius *kiss-ih-FOH-lee-us*
cissifolia, cissifolium
キヅタのような葉の（ギリシア語の*kissos*より）、例：*Acer cissifolium*（ミツデカエデ）

cistena *sis-TEE-nuh*
矮性の、赤ん坊を意味するスー語より、例：*Prunus × cistena*（ベニバスモモ "システナ"）

citratus *sit-TRAH-tus*
citrata, citratum
Citrus（ミカン属）のような、例：*Mentha citrata*（オレンジミント）

citrinus *sit-REE-nus*
citrina, citrinum
レモンイエローの、*Citrus*（ミカン属）のような、
例：*Callistemon citrinus*（ハナマキ）

生きているラテン語

西ヨーロッパに広く分布し、アメリカ東部に帰化した耐寒性の*Erica cinerea*（ハイイロエリカ）の名前は、通常ピンク、ときには白いこともあるその花ではなく、灰白色の樹皮に由来する（*cinereus, cinerea, cinereum*、灰色）。

Erica cinerea、
bell heather
（ハイイロエリカ）

citriodorus *sit-ree-oh-DOR-us*
citriodora, citriodorum
レモン類の香りがする、例：*Thymus citriodorus*（レモンタイム）

citrodora *sit-roh-DOR-uh*
レモンの香りがする、例：*Aloysia citrodora*（レモンバーベナ）

cladocalyx *kla-do-KAL-iks*
枝を意味するギリシア語 *klados* より、葉のない枝につく花のこと、例：*Eucalyptus cladocalyx*（ユーカリ属の高木）

clandestinus *klan-des-TEE-nus*
clandestina, clandestinum
隠れた、覆い隠された、例：*Lathraea clandestina*（ヤマウツボ属の寄生植物）

clandonensis *klan-don-EN-sis*
イングランドのクランドン産の、例：*Caryopteris × clandonensis*（カリガネソウ属の低木）

clarkei *KLAR-kee-eye*
カルカッタ植物園の園長でリンネ協会の元会長チャールズ・バロン・クラーク（1832–1906）などClarkeという姓をもつ注目に値するさまざまな人物を記念、例：*Geranium clarkei*（ゲラニウム・クラーケイ）

clausus *KLAW-sus*
clausa, clausum
閉鎖した、閉じた、例：*Pinus clausa*（マツ属の小高木）

clavatus *KLAV-ah-tus*
clavata, clavatum
棍棒状の、例：*Calochortus clavatus*（ユリ科カロコルトゥス属の多年草）

claytonianus *klay-ton-ee-AH-nus*
claytoniana, claytonianum
アメリカのヴァージニア州の植物収集者ジョン・クレイトン（1694–1773）への献名、例：*Osmunda claytoniana*（オニゼンマイ）

clematideus *klem-AH-tee-dus*
clematidea, clematideum
Clematis（センニンソウ属）のような、例：*Agdestis clematidea*（ヤマゴボウ科アグデスティス属のつる性植物）

clethroides *klee-THROY-deez*
Clethra（リョウブ属）に似た、例：*Lysimachia clethroides*（オカトラノオ）

clevelandii *kleev-LAN-dee-eye*
19世紀のアメリカの収集家でシダの専門家ダニエル・クリーヴランドへの献名、例：*Bloomeria clevelandii*（ユリ科ブローメリア属の多年草）

clusianus *kloo-zee-AH-nus*
clusiana, clusianum
フランドルの植物学者シャルル・ド・レクリューズ（1526–1609）への献名、例：*Tulipa clusiana*（チューリップ属の球根植物）

clypeatus *klye-pee-AH-tus*
clypeata, clypeatum
古代ローマの円形の盾のような、例：*Fibigia clypeata*（アブラナ科フィビギア属の多年草）

clypeolatus *klye-pee-OH-la-tus*
clypeolata, clypeolatum
やや盾状の形をした、例：*Achillea clypeolata*（ノコギリソウ属の多年草）

cneorum *suh-NOR-um*
Daphne（ジンチョウゲ属）の一種と思われるオリーヴのような小低木をさすギリシア語より、例：*Convolvulus cneorum*（セイヨウヒルガオ属の低木）

coarctatus *koh-ARK-tah-tus*
coarctata, coarctatum
圧着された、密集した、例：*Achillea coarctata*（ノコギリソウ属の多年草）

cocciferus *koh-KIH-fer-us*
coccifera, cocciferum

coccigerus *koh-KEE-ger-us*
coccigera, coccigerum
漿果をつける、例：*Eucalyptus coccifera*（ユーカリ属の高木）

coccineus *kok-SIN-ee-us*
coccinea, coccineum
緋色の、例：*Musa coccinea*（ヒメバショウ）

Tulipa clusiana、
lady tulip（チューリップ属の球根植物）

cochlearis *kok-lee-AH-ris*
cochlearis, cochleare
スプーン状の形をした、例：*Saxifraga cochlearis*（ユキノシタ属の多年草）

cochleatus *kok-lee-AH-tus*
cochleata, cochleatum
螺旋状の形をした、例：*Lycaste cochleata*（リカステ属のラン）

cockburnianus *kok-burn-ee-AH-nus*
cockburniana, cockburnianum
中国に居住するコックバーン家への献名、例：*Rubus cockburnianus*（キイチゴ属の低木）

coelestinus *koh-el-es-TEE-nus*
coelestina, coelestinum
coelestis *koh-el-ES-tis*
coelestis, coeleste
空色の、例：*Phalocallis coelestis*（アヤメ科の多年草）

coeruleus *ko-er-OO-lee-us*
coerulea, coeruleum
青い、例：*Satureja coerulea*（キダチハッカ属の亜低木）

cognatus *kog-NAH-tus*
cognata, cognatum
近縁の、例：*Acacia cognata*（アカシア属の高木）

colchicus *KOHL-chih-kus*
colchica, colchicum
グルジアの黒海沿岸地方の、例：*Hedera colchica*（コルシカキヅタ）

colensoi *co-len-SO-ee*
ニュージーランドの植物収集者で聖職者ウィリアム・コレンソ（1811–99）への献名、例：*Pittosporum colensoi*（トベラ属の高木）

collinus *kol-EE-nus*
collina, collinum
丘陵の、例：*Geranium collinum*（ゲラニウム・コリナム）

colorans *kol-LOR-anz*
coloratus *kol-or-AH-tus*
colorata, coloratum
色のついた、例：*Silene colorata*（マンテマ属の1年草）

colubrinus *kol-oo-BREE-nus*
colubrina, colubrinum
ヘビのような、例：*Opuntia colubrina*（ウチワサボテン属のサボテン）

columbarius *kol-um-BAH-ree-us*
columbaria, columbarium
ハトのような、例：*Scabiosa columbaria*（セイヨウイトバマツムシソウ）

columbianus *kol-um-bee-AH-nus*
columbiana, columbianum
カナダのブリティッシュコロンビア州の、例：*Aconitum columbianum*（トリカブト属の多年草）

columellaris *kol-um-EL-ah-ris*
columellaris, columellare
小柱あるいは台座の、例：*Callitris columellaris*（マオウヒバ属の高木）

columnaris *kol-um-nah-ris*
columnaris, columnare
円柱形をした、例：*Eryngium columnare*（ヒゴタイサイコ属の草本）

colvillei *koh-VIL-ee-eye*
スコットランドの法律家でカルカッタで判事をしたジェームズ・ウィリアム・コルヴィル（1801–80）、または19世紀の種苗業者ジェームズ・コルヴィルへの献名、例：*Gladiolus × colvillei*（グラジオラス属の球茎植物）、これは後者にちなむ

comans *KO-manz*
comatus *kom-MAH-tus*
comata, comatum
房状の、例：*Carex comans*（スゲ属の多年草）

commixtus *kom-miks-tus*
commixta, commixtum
混合した、入り混じった、例：*Sorbus commixta*（ナナカマド）

communis *KOM-yoo-nis*
communis, commune
群生する、ふつうの、例：*Myrtus communis*（ギンバイカ）

commutatus *kom-yoo-TAH-tus*
commutata, commutatum
変化した、たとえば以前は別の種にふくめられていた場合、例：*Papaver commutatum*（モンツキヒナゲシ）

comosus *kom-OH-sus*
comosa, comosum
束毛がある、例：*Eucomis comosa*（ホシオモト）

compactus *kom-PAK-tus*
compacta, compactum
密集した、詰まった、例：*Pleiospilos compactus*（カクイシソウ属の多肉植物）

complanatus *kom-plan-NAH-tus*
complanata, complanatum
扁平な、水平な、例：*Lycopodium complanatum*（アスヒカズラ）

complexus *kom-PLEKS-us*
complexa, complexum
複雑な、とり囲まれた、例：*Muehlenbeckia complexa*（タデ科ミューレンベッキア属のつる性植物）

complicatus *kom-plih-KAH-tus*
complicata, complicatum
込み入った、複雑な、例：*Adenocarpus complicatus*（マメ科アデノカルプス属の低木）

compressus *kom-PRESS-us*
compressa, compressum
圧縮された、扁平な、例：*Conophytum compressum*（ハマミズナ科コノフィトゥム属の多肉植物）

COCHLEARIS ~ COMPRESSUS

Pyrus communis、
pear（セイヨウナシ）

comptoniana *komp-toh-nee-AH-nuh*
Compton（コンプトン）という姓をもつさまざまな人物への献名、例：*Hardenbergia comptoniana*（マメ科ハーデンベルギア属のつる性植物）

concavus *kon-KAV-us*
concava, concavum
えぐられた［凹形の］、例：*Conophytum concavum*（ハマミズナ科コノフィトゥム属の多肉植物）

conchifolius *con-chee-FOH-lee-us*
conchifolia, conchifolium
貝のような形をした葉の、例：*Begonia conchifolia*（ベゴニア属の多年草）

concinnus *KON-kin-us*
concinna, concinnum
整ったあるいは優美な形をした、例：*Parodia concinna*（パロディア属のサボテン）

concolor *KON-kol-or*
すべて同じ色の、例：*Abies concolor*（コロラドモミ）

condensatus *kon-den-SAH-tus*
condensata, condensatum
condensus *kon-DEN-sus*
condensa, condensum
密集した、例：*Alyssum condensatum*（アレチナズナ属の多年草）

confertiflorus *kon-fer-tih-FLOR-us*
confertiflora, confertiflorum
密集した花の、例：*Salvia confertiflora*（サルビア・コンフェルティフロラ）

confertus *KON-fer-tus*
conferta, confertum
密集した、例：*Polemonium confertum*（ハナシノブ属の多年草）

confusus *kon-FEW-sus*
confusa, confusum
混乱した、不確かな、例：*Sarcococca confusa*（コッカノキ属の低木）

congestus *kon-JES-tus*
congesta, congestum
いっぱいになった、集積した、例：*Aciphylla congesta*（セリ科アキフィラ属の植物）

conglomeratus *kon-glom-er-AH-tus*
conglomerata, conglomeratum
密集した、例：*Cyperus conglomeratus*（カヤツリグサ属の多年草）

conicus *KON-ih-kus*
conica, conicum
円錐形の、例：*Carex conica*（ヒメカンスゲ）

coniferus *koh-NIH-fer-us*
conifera, coniferum
球果をつける、例：*Magnolia conifera*（モクレン属の高木）

conjunctus *kon-JUNK-tus*
conjuncta, conjunctum
連結した、例：*Alchemilla conjuncta*（ハゴロモグサ属の多年草）

connatus *kon-NAH-tus*
connata, connatum
合体した、対の、相対する葉が基部で癒着した、例：*Bidens connata*（センダングサ属の1年草）

conoideus *ko-NOY-dee-us*
conoidea, conoideum
円錐状の、例：*Silene conoidea*（オオシラタマソウ）

conopseus *kon-OP-see-us*
conopsea, conopseum
ブヨのような、ギリシア語の *konops* より、例：*Gymnadenia conopsea*（テガタチドリ）

consanguineus *kon-san-GWIN-ee-us*
consanguinea, consanguineum
類縁関係のある、例：*Vaccinium consanguineum*（スノキ属の矮性低木）

conspersus *kon-SPER-sus*
conspersa, conspersum
散らばった、例：*Primula conspersa*（サクラソウ属の多年草）

conspicuus *kon-SPIK-yoo-us*
conspicua, conspicuum
目立つ、例：*Sinningia conspicua*（オオイワギリソウ属の多年草）

constrictus *kon-STRIK-tus*
constricta, constrictum
くびれた、例：*Yucca constricta*（イトラン属の植物）

contaminatus *kon-tam-in-AH-tus*
contaminata, contaminatum
汚染された、よごれた、例：*Lachenalia contaminata*（キジカクシ科ラシュナリア属の球根植物）

continentalis *kon-tin-en-TAH-lis*
continentalis, continentale
大陸の、例：*Aralia continentalis*（マンセンウド）

contortus *kon-TOR-tus*
contorta, contortum
ねじれた、回旋した、例：*Pinus contorta*（コントルタマツ）

contra-
「〜に対する」という意味の接頭語

contractus *kon-TRAK-tus*
contracta, contractum
収縮した、互いに接近した、例：*Fargesia contracta*（ファルゲシア属のタケ）

controversus *kon-troh-VER-sus*
controversa, controversum
議論の余地がある、疑わしい、例：*Cornus contraversa*（ミズキ）

COMPTONIANA ~ CORIARIUS

convallarioides kon-va-lar-ee-OY-deez
スズラン（Convallaria）に似た、例：Speirantha convallarioides（キジカクシ科スペイランタ属の多年草）

convolvulaceus kon-vol-vu-la-SEE-us
convolvulacea, convolvulaceum
やや Convolvulus（セイヨウヒルガオ属）のような、例：Codonopsis convolvulacea（ツルニンジン属のつる性植物）

conyzoides kon-ny-ZOY-deez
Conyza（イズハハコ属）に似た、例：Ageratum conyzoides（カッコウアザミ）

copallinus kop-al-EE-nus
copallina, copallinum
ゴムまたは樹脂がある、例：Rhus copallinum（ヌルデ属の低木）

coralliflorus kaw-lih-FLOR-us
coralliflora, coralliflorum
珊瑚紅色（コーラルレッド）の花の、例：Lampranthus coralliflorus（マツバギク属の多肉植物）

corallinus kor-al-LEE-nus
corallina, corallinum
珊瑚紅色（コーラルレッド）の、例：Ilex corallina（モチノキ属の低木または小高木）

coralloides kor-al-OY-deez
サンゴに似た、例：Ozothamnus coralloides（キク科オゾタムヌス属の低木）

cordatus kor-DAH-tus
cordata, cordatum
心臓の形をした、例：Pontederia cordata（ミズアオイ科ポンテデリア属の水草）

cordifolius kor-di-FOH-lee-us
cordifolia, cordifolium
心臓形の葉の、例：Crambe cordifolia（ハマナ属の多年草）

cordiformis kord-ih-FOR-mis
cordiformis, cordiforme
心臓形の、例：Carya cordiformis（ペカン属の高木）

coreanus kor-ee-AH-nus
coreana, coreanum
朝鮮の、例：Hemerocallis coreana（チョウセンキスゲ）

coriaceus kor-ee-uh-KEE-us
coriacea, coriaceum
厚い、頑丈な、革質の、例：Paeonia coriacea（ボタン属の低木）

coriarius kor-i-AH-ree-us
coriaria, coriarium
革のような、例：Caesalpinia coriaria（ジャケツイバラ属の小高木）

Silene conica、
striped corn catchfly
（ヒメシラタマソウ）

coridifolius *kor-id-ee-FOH-lee-us*
coridifolia, coridifolium
coriophyllus *kor-ee-uh-FIL-us*
coriophylla, coriophyllum
Coris（サクラソウ科コリス属）のような葉の

corifolius *kor-ee-FOH-lee-us*
corifolia, corifolium
coriifolius *kor-ee-eye-FOH-lee-us*
coriifolia, coriifolium
革質の葉の、例：*Erica corifolia*（エリカ属の低木）

corniculatus *korn-ee-ku-LAH-tus*
corniculata, corniculatum
小さな角がある、例：*Lotus corniculatus*（セイヨウミヤコグサ）

corniferus *korn-IH-fer-us*
conifera, coniferum
corniger *korn-ee-ger*
cornigera, cornigerum
角がある、例：*Coryphantha cornifera*（コリファンタ属のサボテン）

cornucopiae *korn-oo-KOP-ee-ay*
コルヌコピアイすなわち「豊饒の角」の、例：*Fedia cornucopiae*（オミナエシ科フェディア属の1年草）

cornutus *kor-NOO-tus*
cornuta, cornutum
角がある、角のような形をした、例：*Viola cornuta*（ヒメサンシキスミレ）

corollatus *kor-uh-LAH-tus*
corollata, corollatum
花冠のような、例：*Fuchsia corollata*（フクシア属の低木）

coronans *kor-OH-nanz*
coronatus *kor-oh-NAH-tus*
coronata, coronatum
冠のある、例：*Lychnis coronata*（ガンピセンノウ）

coronarius *kor-oh-NAH-ree-us*
coronaria, coronarium
花冠に使われる、例：*Anemone coronaria*（アネモネ）

coronopifolius *koh-ron-oh-pih-FOH-lee-us*
coronopifolia, coronopifolium
Coronopus（サクラカンザシ属）のような葉の、例：*Lobelia coronopifolia*（ミゾカクシ属の多年草）

corrugatus *kor-yoo-GAH-tus*
corrugata, corrugatum
ひだ状の、しわのよった、例：*Salvia corrugata*（アキギリ属の低木）

corsicus *KOR-sih-kus*
corsica, corsicum
フランスのコルシカ島の、例：*Crocus corsicus*（クロッカス属の球茎植物）

cortusoides *kor-too-SOY-deez*
Cortusa（サクラソウモドキ属）に似た、例：*Primula cortusoides*（プリムラ・コルツソイデス）

corylifolius *kor-ee-lee-FOH-lee-us*
corylifolia, corylifolium
Corylus（ハシバミ属）のような葉の、例：*Betula corylifolia*（ネコシデ）

corymbiferus *kor-im-BIH-fer-us*
corymbifera, corymbiferum
散房花序の、例：*Linum corymbiferum*（アマ属の1年草）

corymbiflorus *kor-im-BEE-flor-us*
corymbiflora, corymbiflorum
散房花序で花がつく、例：*Solanum corymbiflorum*（ナス属の植物）

Lotus corniculatus、
bird's foot trefoil
（セイヨウミヤコグサ）

corymbosus *kor-rim-BOH-sus*
corymbosa, corymbosum
散房花序の、例：*Vaccinium corymbosum*（ハイブッシュブルーベリー）

cosmophyllus *kor-mo-FIL-us*
cosmophylla, cosmophyllum
Cosmos（コスモス属）のような葉の、例：*Eucalyptus cosmophylla*（ユーカリ属の高木）

costatus *kos-TAH-tus*
costata, costatum
肋がある、例：*Aglaonema costatum*（セスジグサ）

cotinifolius *kot-in-ih-FOH-lee-us*
cotinifolia, cotinifolium
Cotinus（ハグマノキ属）のような葉の、例：*Euphorbia cotinifolia*（ケツヨウボク）

cotyledon *kot-EE-lee-don*
小さなカップ（葉のことをいって）、例：*Lewisia cotyledon*（スベリヒユ科ルイシア属の多年草）

coulteri *kol-TER-ee-eye*
アイルランドの植物学者トマス・クールター博士（1793-1843）への献名、例：*Romneya coulteri*（ケシ科ロムネヤ属の低木）

coum *KOO-um*
ギリシアのコス島の、例：*Cyclamen coum*（シクラメン・コウム）

crassicaulis *krass-ih-KAW-lis*
crassicaulis, crassicaule
太い茎の、例：*Begonia crassicaulis*（ベゴニア属の多年草）

crassifolius *krass-ih-FOH-lee-us*
crassifolia, crassifolium
厚い葉の、例：*Pittosporum crassifolium*（トベラ属の小高木）

crassipes *KRASS-ih-peez*
太い足（柄）がある、太い茎の、例：*Quercus crassipes*（コナラ属の高木）

crassiusculus *krass-ih-US-kyoo-lus*
crassiuscula, crassiusculum
かなり厚い、例：*Acacia crassiuscula*（アカシア属の低木）

crassus *KRASS-us*
crassa, crassum
厚い、多肉質の、例：*Asarum crassum*（ナンゴクアオイ）

crataegifolius *krah-tee-gi-FOH-lee-us*
crataegifolia, crataegifolium
サンザシ（*Crataegus*）のような葉の、例：*Acer crataegifolium*（ウリカエデ）

crenatiflorus *kren-at-ih-FLOR-us*
crenatiflora, crenatiflorum
丸いスカラップ状の切れこみがある花の、例：*Calceolaria crenatiflora*（キンチャクソウ属の多年草）

生きているラテン語

この美しい球根植物はギリシア原産とされる（コス島のものと考えられている）ことから、一般にeastern cyclamen［「東のシクラメン」］ともよばれる（図下）。晩冬から早春に開花し、濃いピンクから紫の花が緑または銀灰色の葉に映える。

Cyclamen coum、
round-leaved cyclamen（シクラメン・コウム）

---

crenatus *kre-NAH-tus*
crenata, crenatum
スカラップで縁どられた、円鋸歯状の、例：*Ilex crenata*（イヌツゲ）

crenulatus *kren-yoo-LAH-tus*
crenulata, crenulatum
やや円鋸歯状の、例：*Boronia crenulata*（ミカン科ボロニア属の低木）

植物の姿かたち

　何をどこに植えるか決めるとき、それが完全に成長したときにどんな姿かたちになり、どんな習性をもつか知っていることが非常に重要である。その植物を境栽花壇の奥に植えるか、花壇の前側にもってくるか、それとも窓辺の花箱に植えるか決めるとき、名前に*scandens*とある植物はよじ登るのが好きで、*repens*とよばれる植物には這う習性があることを知っていれば、ガーデナーは大いに助かる。同様に、イネ科の多年草*Miscanthus sinensis* 'Strictus'（ススキの栽培品種）は成長すると直立した背の高い草むらになり、*Melica altissima*（コメガヤ属の多年草）はゆうに1メートルを超えることに注意しなければならない（*strictus, stricta, strictum*は直立した、*altissimus, altissima, altissimum*は「非常に高い」あるいは「もっとも高い」という意味）。

　その植物が達する最終的な大きさを知っておくことも非常に重要である。背が高くて堂々としたものを探しているときは、*altus*（*alta, altum*、背が高い）、*elatus*（*elata, elatum*、背が高い）および*elatior*（より高い）、あるいは*excelsus*（*excelsa, excelsum*、背が高い）がついた名前を探すとよい。これに対し、小型であることは*brevis*（*brevis, breve*、短い）、*jejunus*（*jejuna, jejunum*、小さい）、*minutus*（*minuta, minutum*、非常に小さい）、*nanus*（*nana, nanum*、矮性の）、さらには*nanellus*（*nanella, nanellum*、きわめて矮性の）などと表現される。これらは大きさに言及する植物学のラテン語のごく一部にすぎないが、それがその植物の全体の形ではなく特定の部分のことだったり、近縁のものとの比較だったりする場合があるため、注意を要する。たとえば*macro-*という接頭語は長いことや大きいことを意味するが、*macrophyllus*（*macrophylla, macrophyllum*）の場合のように、その植物の葉が大きいことを表現しているだけで植物体は比較的小さいこともある。同様に、「小さい」という意味の*micro-*は小さな果実*microcarpus*（*microcarpa, microcarpum*）や小さな花弁*micropetalus*（*micropetala, micropetalum*）のようにさまざまな要素に使われる。もっとわかりやすい語もある。たとえばめったにないが*cyclops*と*titanus*は「巨大な」「莫大な」の意味である［それぞれギリシア神話のキュクロプス（ひとつ目の巨人）とタイタン族（巨人族）のこと］。

　大きさと同じように形もしばしば植物名で示されている。この場合も、それらの語が植物全体のことをいっていることもあれば部分のことしかいっていないこともある。たとえば*arctuatus*（*arctuata, arctuatum*）は弧あるいは弓のような形をしていることを意味し、*cruciatus*（*cruciata, cruciatum*）は十字の形、*orbicularis*（*orbicularis, orbiculare*）は円盤のように平らで丸いことを意味する。*crenatus*（*crenata, crenatum*）はスカラップ（ホタテ貝形の縁）すなわち円鋸歯をもつことを意味し、人目を引く円鋸歯状の葉をもつ高山植物*Ranunculus crenatus*（キンポウゲ属の多年草）がその例である。同様に、*crenatiflorus*（*crenatiflora, crenatiflorum*）という名前の植物の花は波打つ丸いスカラップに縁どられており、*Calceolaria crenatiflora*（キンチャクソウ属の多年草）がその例である。

　「軟毛で覆われた」あるいは「毛が多い」という

Cobaea scandens、
cup and saucer plant（ツルコベア）

この植物は、夏に条件がよければ
簡単に3メートルに達する。

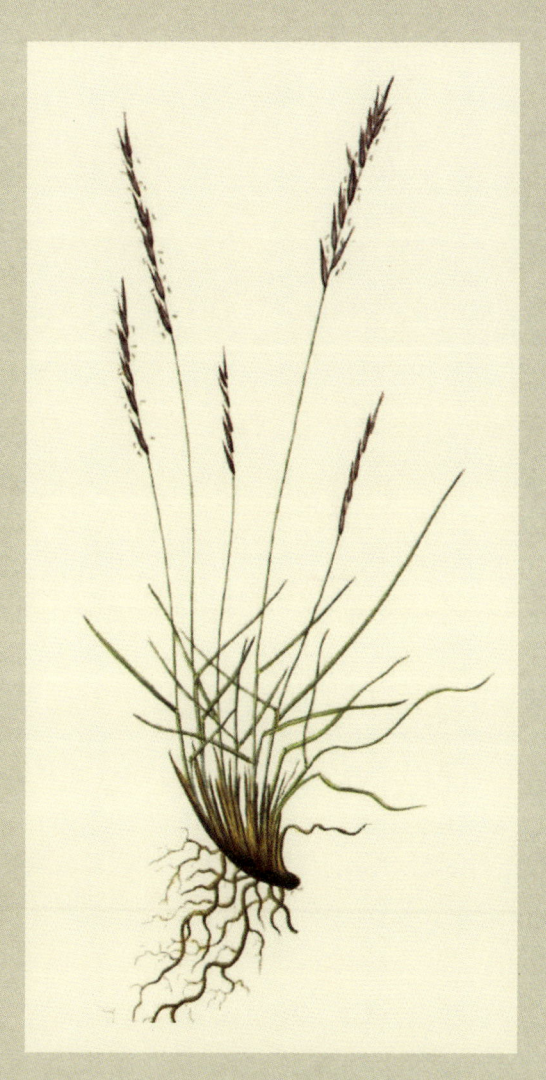

Nardus stricta、
mat grass（イネ科の草本）

その名にふさわしい直立した茎に目を引く黄色の葯がつき、白に変わる。

Rosa tomentosa、
harsh downy rose（バラ属の低木）

*tomentosa*は綿毛に覆われたとか密生したとかいう意味で、したがってこのバラのもうひとつの普通名はwhitewoolly roseであり、*Pelargonium tomentosum*（ペパーミントゼラニウム）と同様、美しい軟らかい葉をもつ。

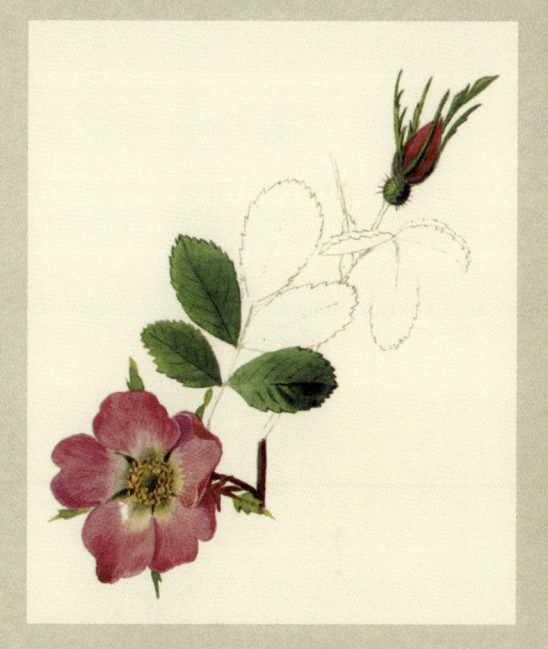

植物の性質にかんする語が驚くほどたくさんある。*eri*-も*lasi*-も軟毛で覆われていることを意味する接頭語である。*eriantherus*（*erianthera, eriantherum*）という植物には毛で覆われた葯があり、これに対し軟毛の生えた刺がある植物は*lasiacanthus*（*lasiacantha, lasiacanthum*）とよばれる。*mollis*（*mollis, molle*）は「軟らかい」または「軟毛がある」という意味で、多くの植物の軟らかいか毛の生えた葉のことをいい、*Geranium molle*（ヤワゲフウロ）や*Alchemilla mollis*（ハゴロモグサ属の多年草）がその例である。ただし、*Astragalus mollissimus*（ゲンゲ属の多年草）の場合は、その花茎の軟毛のことをいっている（*mollissimus, mollissima, mollissimum*、非常に軟らかい）。

説明的な語のなかには非常に詩的なものもある。たとえば、*nebulosus*（*nebulosa, nebulosum*）は「雲のような」という意味で、*nubicola*は「雲の高さで生育する」という意味である。しかし、これはそびえ立つ植物の高さのことをいっているのではなく、*Salvia nubicola*（サルビア・ヌビコラ）のように標高の高いところに生えていることをいっている。植物名の言葉がいくらか擬人化の傾向をおびている場合、助けになるどころか空想がすぎるように思えることもある。たとえば*superciliaris*（*superciliaris, superciliare*）は「眉のような」という意味で、おそらく傲慢な（supercilious）態度で上げる眉のことをいっており、*Cypripedium* × *superciliare*というランがその例である。

植物ラテン語事典

crepidatus *krep-id-AH-tus*
crepidata, crepidatum
サンダルかスリッパのような形をした、例：*Dendrobium crepidatum*（デンドロビウム属の着生ラン）

crepitans *KREP-ih-tanz*
ガサガサ音がする、パリパリ音がする、例：*Hura crepitans*（サルノトウナス）

cretaceus *kret-AY-see-us*
cretacea, cretaceum
白亜の、例：*Dianthus cretaceus*（ナデシコ属の多年草）

creticus *KRET-ih-kus*
cretica, creticum
ギリシアのクレタ島の、例：*Pteris cretica*（オオバノイノモトソウ）

Hippeastrum striatum（syn. *H. crocatum*）
（アマリリス属の球根植物）

crinitus *krin-EE-tus*
crinita, crinitum
長くて弱い毛がある、例：*Acanthophoenix crinita*（オニトゲノヤシ）

crispatus *kriss-PAH-tus*
crispata, crispatum
crispus *KRISP-us*
crispa, crispum
縮れた、例：*Mentha spicata* var. *crispa*（チリメンハッカ）

cristatus *kris-TAH-tus*
cristata, cristatum
先が房飾りのようになった［鶏冠状の］、例：*Iris cristata*（アヤメ属の多年草）

crithmifolius *krith-mih-FOH-lee-us*
crithmifolia, crithmifolium
Crithmum（セリ科クリツムム属）のような葉の、例：*Achillea crithmifolia*（ノコギリソウ属の多年草）

crocatus *kroh-KAH-tus*
crocata, crocatum
croceus *KRO-kee-us*
crocea, croceum
サフラン黄色の、例：*Tritonia crocata*（アカバナヒメアヤメ）

crocosmiiflorus *kroh-koz-mee-eye-FLOR-us*
crocosmiiflora, crocosmiiflorum
Crocosmia（アヤメ科クロコスミア属）のような花の。*Crocosmia × crocosmiiflora*（ヒメヒオウギズイセン）の属はもともとは *Montbretia* だったため、クロコスミアの花をつけるモントブレチアという意味だった

cruciatus *kruks-ee-AH-tus*
cruciata, crusiatum
十字形をした、例：*Gentiana cruciata*（リンドウ属の多年草）

cruentus *kroo-EN-tus*
cruenta, cruentum
血のような、例：*Lycaste cruenta*（リカステ属のラン）

crus-galli *krus GAL-ee*
鶏の蹴爪、例：*Crataegus crus-galli*（サンザシ属の小高木）

crustatus *krus-TAH-tus*
crustata, crustatum
外皮で覆われた、例：*Saxifraga crustata*（ユキノシタ属の多年草）

crystallinus *kris-tal-EE-nus*
crystallina, crystallinum
水晶のような、例：*Anthurium crystallinum*（シロシマウチワ）

cucullatus *kuk-yoo-LAH-tus*
cucullata, cucullatum
頭巾のような、例：*Viola cucullata*（スミレ属の多年草）

cucumerifolius *ku-ku-mer-ee-FOH-lee-us*
cucumerifolia, cucumerifolium
キュウリのような葉の、例：*Cissus cucumerifolia*（セイシカズラ属のつる性植物）

生きているラテン語

sun roseやrock roseといった普通名でもよばれる *Helianthemum*（ハンニチバナ属）の植物は、開けた日あたりのよい場所なら夏じゅう花が咲く。とくにロックガーデンに適しているが、はびこりすぎることもある。その名が示すようにこの種は、赤みをおびた銅色で中心に向かってしだいに濃い色あいのオレンジに変わる花を咲かせる。多くのハンニチバナ属の植物と同様、日差しに耐える灰緑色の葉をもつ。

Helianthemum cupreum、rock rose（ハンニチバナ属の亜低木）

---

cucumerinus *ku-ku-mer-EE-nus*
cucumerina, cucumerinum
キュウリのような、例：*Trichosanthes cucumerina*（カラスウリ属のつる性植物）

cultorum *kult-OR-um*
園芸家の、例：*Trollius × cultorum*（キンバイソウ属の交配で育成された園芸品種群）

cultratus *kul-TRAH-tus*
cultrata, cultratum

cultriformis *kul-tre-FOR-mis*
cultriformis, cultriforme
ナイフのような形をした、例：*Angraecum cultriforme*（アングレクム属の着生ラン）

cuneatus *kew-nee-AH-tus*
cuneata, cuneatum
楔形の、例：*Prostanthera cuneata*（シソ科プロスタンテラ属の低木）

cuneifolius *kew-nee-FOH-lee-us*
cuneifolia, cuneifolium
楔形をした葉の、例：*Primula cuneifolia*（エゾコザクラ）

cuneiformis *kew-nee-FOR-mis*
cuneiformis, cuneiforme
楔形をした、例：*Hibbertia cuneiformis*（ビワモドキ科ヒバーティア属の低木）

cunninghamianus *kun-ing-ham-ee-AH-nus*
cunninghamiana, cunninghamianum
cunninghamii *kun-ing-ham-eye*
イギリスの植物収集者で植物学者アラン・カニンガム（1791–1839）などCunninghamという名のさまざまな人物を記念、例：*Archontophoenix cunninghamiana*（シマケンチャヤシ）

cupreatus *kew-pree-AH-tus*
cupreata, cupreatum

cupreus *kew-pree-US*
cuprea, cupreum
銅の、例：*Alocasia cuprea*（キッコウダコ）

cupressinus *koo-pres-EE-nus*
cupressina, cupressinum

cupressoides *koo-press-OY-deez*
イトスギに似た、例：*Fitzroya cupressoides*（ヒノキ科フィツロヤ属の高木）

67

curassavicus *ku-ra-SAV-ih-kus*
curassavica, curassavicum
小アンティル諸島のキュラソー島産の、例：*Asclepias curassavica*（トウワタ）

curtus *KUR-tus*
curta, curtum
短くなった、例：*Ixia curta*（アヤメ科イクシア属の小球茎植物）

curvatus *KUR-va-tus*
curvata, curvatum
湾曲した、例：*Adiantum curvatum*（クジャクシダ属のシダ植物）

curvifolius *kur-vi-FOH-lee-us*
curvifolia, curvifolium
湾曲した葉をもつ、例：*Ascocentrum curvifolium*（アスコケントルム属のラン）

cuspidatus *kus-pi-DAH-tus*
cuspidata, cuspidatum
先端が堅くとがった［突形の］、例：*Taxus cuspidata*（イチイ）

cuspidifolius *kus-pi-di-FOH-lee-us*
cuspidifolia, cuspidifolium
先端が堅くとがった葉をもつ、例：*Passiflora cuspidifolia*（トケイソウ属のつる性植物）

cyananthus *sy-an-NAN-thus*
cyanantha, cyananthum
青い花の、例：*Penstemon cyananthus*（イワブクロ属の多年草）

cyaneus *sy-AN-ee-us*
cyanea, cyaneum
cyanus *sy-AH-nus*
青い、例：*Allium cyaneum*（ネギ属の多年草）

cyanocarpus *sy-an-o-KAR-pus*
cyanocarpa, cyanocarpum
青い果実をつける、例：*Rhododendron cyanocarpum*（ツツジ属の低木）

cyatheoides *sigh-ath-ee-OY-deez*
Cyathea（ヘゴ属）に似た、例：*Sadleria cyatheoides*（シシガシラ科サドレリア属のシダ植物）

cyclamineus *SIGH-kluh-min-ee-us*
cyclaminea, cyclamineum
Cyclamen（シクラメン属）のような、例：*Narcissus cyclamineus*（スイセン属の球根植物）

cyclocarpus *sigh-klo-KAR-pus*
cyclocarpa, cyclocarpum
円形にならんだ果実の、例：*Enterolobium cyclocarpum*（アメリカネムノキ属の高木）

cylindraceus *sil-in-DRA-see-us*
cylindracea, cylindraceum
cylindricus *sil-IN-drih-kus*
cylindrica, cylindricum
長い円柱状の、例：*Vaccinium cylindraceum*（スノキ属の低木）

cylindrostachyus *sil-in-dro-STAK-ee-us*
cylindrostachya, cylindrostachyum
円柱状の穂がつく、例：*Betula cylindrostachya*（カバノキ属の高木）

cymbalaria *sim-buh-LAR-ee-uh*
とくに葉が *Cymbalaria*（ツタガラクサ属）のような、例：*Ranunculus cymbalaria*（キンポウゲ属の多年草）

cymbiformis *sim-BIH-for-mis*
cymbiformis, cymbiforme
舟形の、例：*Haworthia cymbiformis*（ツルボラン科ハワーシア属の多肉植物）

cymosus *sy-MOH-sus*
cymosa, cymosum
花房の中心から外へ向かって開花する［集散花序の］、例：*Rosa cymosa*（トウエンイバラ）

cynaroides *sin-nar-OY-deez*
Cynara（チョウセンアザミ属）に似た、例：*Protea cynaroides*（キングプロテア）

cyparissias *sy-pah-RIS-ee-as*
トウダイグサの一種のラテン語の名前、例：*Euphorbia cyparissias*（マツバトウダイ）

cyprius *SIP-ree-us*
cypria, cyprium
キプロス島の、例：*Cistus × cyprius*（ゴジアオイ属の低木）

cytisoides *sit-iss-OY-deez*
エニシダ（*Cytisus*）に似た、例：*Lotus cytisoides*（ミヤコグサ属の多年草）

D

dactyliferus *dak-ty-LIH-fer-us*
dactylifera, dactyliferum
指がある、指状の、例：Phoenix dactylifera（ナツメヤシ）

dactyloides *dak-ty-LOY-deez*
指に似た、例：Hakea dactyloides（ヤマモガシ科ハケア属の低木）

dahuricus *da-HYUR-ih-kus*
dahurica, dahuricum
シベリアとモンゴルの一部をふくむダウリヤ地方の、例：Codonopsis dahurica（ツルニンジン属のつる性植物）

dalhousiae *dal-HOO-zee-ay*
dalhousieae
ダルハウジー侯爵夫人スーザン・ジョージアナ・ラムジー（1817-53）への献名、例：Rhododendron dalhousiae（ツツジ属の低木）

dalmaticus *dal-MAT-ih-kus*
dalmatica, dalmaticum
クロアチアのダルマチアの、例：Geranium dalmaticum（ゲラニウム・ダルマティクム）

damascenus *dam-ASK-ee-nus*
damascena, damascenum
シリアのダマスカスの、例：Nigella damascena（クロタネソウ）

dammeri *DAM-mer-ee*
ドイツの植物学者カール・レブレヒト・ウド・ダマー（1860-1920）への献名、例：Cotoneaster dammeri（シャリントウ属の低木）

danfordiae *dan-FORD-ee-ay*
19世紀の旅行家C・G・ダンフォード夫人への献名、例：Iris danfordiae（アヤメ属の多年草）

danicus *DAN-ih-kus*
danica, danicum
デンマーク産の、例：Erodium danicum（オランダフウロ属の1年草または越年草）

daphnoides *daf-NOY-deez*
Daphne（ジンチョウゲ属）に似た、例：Salix daphnoides（セイヨウエゾヤナギ）

darleyensis *dar-lee-EN-sis*
イギリスのダービーシャー州ダーリーデールの種苗園（James Smith & Sons）の、例：Erica × darleyensis（エリカ属の低木）

darwinii *dar-WIN-ee-eye*
イギリスの博物学者チャールズ・ダーウィン（1809-82）への献名、例：Berberis darwinii（メギ属の低木）

生きているラテン語

多くのガーデナーが、ダマスクローズはあらゆるオールドローズのなかでもっともよい香りがすると主張する。古来、香り高いエッセンシャルオイル、つまりバラ油がダマスクの花から抽出されてきた。このバラがペルシアからヨーロッパへ公式にもちこまれたのは13世紀だが、ローマのフレスコ画に描かれていると考えられるため、もっとずっと早くやってきたのかもしれない。'Bella Donna'の美しい淡いピンクの花は房になってつき、散開する傾向がある。この植物の葉は灰緑色で、茎には非常に密生した刺がある。生育旺盛でじょうぶな耐寒性のある低木で、ほかの多くのバラに比べてはるかに栽培しやすい。サマー・ダマスクスとよばれるグループは年に1度しか咲かないが、オータム・ダマスクスは年内にふたたび開花する。花が咲いたのち、秋に細長い実がなる。

Rosa 'Bella Donna'、
Damask rose（ダマスクローズ）

---

dasyacanthus *day-see-uh-KAN-thus*
dasyacantha, dasyacanthum
密生した刺がある、例：Escobaria dasyacantha（エスコバリア属のサボテン）

dasyanthus *day-see-AN-thus*
dasyantha, dasyanthum
毛で覆われた花をつける、例：Spiraea dasyantha（イブキシモツケ）

dasycarpus *day-see-KAR-pus*
dasycarpa, dasycarpum
毛で覆われた果実をつける、例：Angraecum dasycarpum（アングラエクム属の着生ラン）

dasyphyllus *das-ee-FIL-us*
dasyphylla, dasyphyllum
毛で覆われた葉をもつ、例：*Sedum dasyphyllum*（ヒメホシビジン）

dasystemon *day-see-STEE-mon*
毛で覆われた雄ずいをもつ、例：*Tulipa dasystemon*（チューリップ属の球根植物）

生きているラテン語

1753年の『植物の種（*Species Plantarum*）』のなかでリンネが命名したこのツツジは、シベリア、モンゴル、中国北部、日本に自生する。非常に耐寒性が強く、コンパクトな落葉低木だが、葉は一部冬のあいだも残る（このため常緑を意味する*sempervirens*と名づけられた）。種小名はシベリア南東部のダウリヤ地方のことをいっている。

Rhododendron ledebourii（syn. *R. dauricum* var. *sempervirens*）（エゾムラサキツツジの変種）

---

daucifolius *daw-ke-FOH-lee-us*
daucifolia, daucifolium
ニンジン（*Daucus*）のような葉の、例：*Asplenium daucifolium*（チャセンシダ属のシダ植物）

daucoides *do-KOY-deez*
ニンジン（*Daucus*）に似た、例：*Erodium daucoides*（オランダフウロ属の多年草）

dauricus *DOR-ih-kus*
daurica, dauricum
シベリアの、例：*Lilium dauricum*（エゾスカシユリ）

davidianus *duh-vid-ee-AH-nus*
davidiana, davidianum
davidii *duh-vid-ee-eye*
フランスの博物学者で宣教師アルマン・ダヴィド神父（1826-1900）への献名、例：*Buddleja davidii*（フサフジウツギ）

davuricus *dav-YUR-ih-kus*
davurica, davuricum
シベリアの、例：*Juniperus davurica*（ダフリアビャクシン）

dawsonianus *daw-son-ee-AH-nus*
dawsoniana, dawsonianum
アメリカのボストンにあるアーノルド樹木園の初代園長ジャクソン・T・ドーソン（1841-1916）への献名、例：*Malus* × *dawsoniana*（リンゴ属の低木）

dealbatus *day-al-BAH-tus*
dealbata, dealbatum
不透明な白い粉で覆われた、例：*Acacia dealbata*（モミザアカシア）

debilis *deb-IL-is*
debilis, debile
弱く壊れやすい、例：*Asarum debile*（フタバアオイ属の多年草）

decaisneanus *de-kane-ee-AY-us*
decaisneana, decaisneanum
decaisnei *de-KANE-ee-eye*
フランスの植物学者ジョゼフ・ドケーヌ（1807-82）への献名、例：*Aralia decaisneana*（タイワンタラノキ）

decandrus *dek-AN-drus*
decandra, decandrum
10雄ずいの、例：*Combretum decandrum*（ヨツバネカズラ属のつる性木本）

decapetalus *dek-uh-PET-uh-lus*
decapetala, decapetalum
10花弁の、例：*Caesalpinia decapetala*（ジャケツイバラ）

deciduus *dee-SID-yu-us*
decidua, deciduum
落葉性の、例：*Larix decidua*（オウシュウカラマツ）

decipiens *de-SIP-ee-enz*
人をだますような、まぎらわしい、例：*Sorbus decipiens*（ナナカマド属の低木または小高木）

declinatus dek-lin-AH-tus
declinata, declinatum
下方へ曲がった、例：*Cotoneaster declinatus*（シャリントウ属の低木）

decompositus de-kom-POZ-ee-tus
decomposita, decompostitum
何度も分かれた、例：*Paeonia decomposita*（ボタン属の低木）

decoratus dek-kor-RAH-tus
decorata, decoratum
decorus dek-kor-RUS
decora, decorum
装飾的な、例：*Rhododendron decorum*（ツツジ属の低木）

decumanus dek-yoo-MAH-nus
decumana, decumanum
非常に大きい、例：*Phlebodium decumanum*（ダイオウウラボシ属のシダ植物）

decumbens de-KUM-benz
先端を上に向けて地を這う［傾伏の］、例：*Correa decumbens*（ミカン科コレア属の低木）

decurrens de-KUR-enz
茎にそって下がった［沿下の］、例：*Calocedrus decurrens*（オニヒバ）

decussatus de-KUSS-ah-tus
decussata, decussatum
葉が対になって互いに直角についた［十字対生の］、例：*Microbiota decussata*（ウスリーヒバ）

deflexus de-FLEKS-us
deflexa, deflexum
急に下方へ曲がった、例：*Enkianthus deflexus*（ドウダンツツジ属の低木または小高木）

deformis de-FOR-mis
deformis, deforme
奇形の、不格好な、例：*Haemanthus deformis*（マユハケオモト属の球根植物）

degronianum de-gron-ee-AH-num
1865〜80年にフランス横浜郵便局長をつとめたアンリ・ジョゼフ・デグロンへの献名、例：*Rhododendron degronianum*（アズマシャクナゲ）

dejectus dee-JEK-tus
dejecta, dejectum
落下した、例：*Opuntia dejecta*（ウチワサボテン属のサボテン）

delavayi del-uh-VAY-ee
フランスの宣教師で探検家および植物学者でもあるジャン・マリ・デラヴェ神父（1834-95）への献名、例：*Magnolia delavayi*（モクレン属の小高木）

delicatus del-ih-KAH-tus
delicata, delicatum
優美な、例：*Dendrobium × delicatum*（デンドロビウム属の着生ラン）

Ceratophyllum demersum、hornwort（マツモ）

deliciosus de-lis-ee-OH-sus
deliciosa, deliciosum
美味しい、例：*Monstera deliciosa*（ホウライショウ）

delphiniifolius del-fin-uh-FOH-lee-us
delphiniifolia, delphiniifolium
Delphinium（デルフィニウム属）のような葉の、例：*Aconitum delphiniifolium*（トリカブト属の多年草）

deltoides del-TOY-deez
deltoideus el-TOY-dee-us
deltoidea, deltoideum
三角形の、例：*Dianthus deltoides*（ヒメナデシコ）

demersus DEM-er-sus
demersa, demersum
水中で生きる、例：*Ceratophyllum demersum*（マツモ）

deminutus dee-MIN-yoo-tus
deminuta, deminutum
小さい、減少した、例：*Rebutia deminuta*（レブティア属のサボテン）

demissus dee-MISS-us
demissa, demissum
垂れ下がる、弱い、例：*Cytisus demissus*（エニシダ属の低木）

dendroides den-DROY-deez
dendroideus den-DROY-dee-us
dendroidea, dendroideum
樹木に似た、例：*Sedum dendroideum*（セイタカアツバベンケイ）

フランシス・マッソン
(1741-1805)

カール・ペーター・トゥーンベリ
(1743-1828)

スコットランド生まれのフランシス・マッソンは、ロンドンのキュー植物園で地位の低い園丁として働く身から、そこで最初の正式な植物収集人になるという出世を果たした。マッソンはジョーゼフ・バンクス（p.40）の指示で、1772年に喜望峰へ向かって出港するジェームズ・クック船長のレゾリューション号に乗船した。船が南アフリカのケープタウンに着くと、マッソンは南極圏へ向かって航海する船を降り、その後の3年をキューのために植物や種子を収集してすごした。1回目の内陸への採集旅行では、ケープフラッツを横断してパール、ステレンボッシュ、ホランド山脈、そしてスワルトベルグとスウェレンダムの温泉へ行った。マッソンは武装した傭兵に守られながら牛が引く荷車に乗って旅し、未知の心躍る植物種が豊富にある地域を発見した。ぶじにケープタウンに戻ると、発見したばかりの重要な標本を、鑑識眼のあるキューのバンクスのもとへ発送した。次の探検に出発する前に、マッソンはスウェーデンの植物学者カール・ペーター・トゥーンベリと知りあった。ふたりは一緒に探検することにし、このときは馬に乗り、物資を運ぶ荷車と4人の助手とともに出発した。彼らが横断した地方は危険なことも多かったが、発見した植物の数と種類はそれをするだけの価値が十分にあった。遭遇した種には、*Brabejum stellatifolium*（ヤマモガシ科ブラベユム属の高木）、*Kiggelaria africana*（アカリア科キッゲラリア属の低木）、*Metrosideros angustifolia*（ムニンフトモモ属の低木または小高木）のほか、それまでに記述されていない多数の山地生の植物があった。正規の教育をほとんど受けていないにもかかわらず、マッソンは1796年に『スタペリア属の新種（*Stapeliae novae*）』を発表し、文章を書いただけでなく挿絵も入れた。

今日、庭や温室を飾っている植物の多くが、マッソンの危険をかえりみない旅のおかげでそこにある。彼はケープの探検から、*Amaryllis*（ホンアマリリス属）、*Erica*（エリカ属）、*Oxalis*（カタバミ属）、*Pelargonium*（テンジクアオイ属）、*Protea*（プロテア属）の植物にくわえ、多肉植物や*Gladiolus*（グ

イングランドのシャーロット王妃にちなんで名づけられたエキゾティックな*Strelitzia reginae*（bird-of-paradise、ゴクラクチョウカ）は、マッソンがイギリスにもたらした多数の南アフリカの植物のひとつである。彼は*Kniphofia rooperi*（red-hot poker、シャグマユリ属の宿根草）や何種類ものペラルゴニウムも発見した。

ラジオラス属）などの球根ももち帰った。葉が2枚で甘い香りのする*Massonia*（マッソニア属）の名前は、彼に敬意を表してつけられたものである。マッソンはアゾレス諸島、マデイラ、北アフリカ、テネリフェ島、西インド諸島も旅した。テーブルマウンテンで囚人から逃げ、グレナダ島でフランスの派遣軍の捕虜になり、大西洋でフランスの海賊に捕らえられるといった危険な目にあいながらも、マッソンは1000以上の新種をイギリスに伝えることに成功した。長く驚くような働きをしたあと、彼が出かけた最後の旅は北米探検だった。多数の旅行のひとつでは、北西会社の交易商人とともにオタワ川とスペリオル湖にそって進んだ。そしていくつかの水生植物をふくめ生きた植物や種子を採集してイングランドへ送った。マッソンは1805年にカナダのモントリオールで死亡した。

　2回目のケープの探検でマッソンに同行したカール・ペーター・トゥーンベリは、ウプサラ大学で医学を勉強し、かつてリンネ（p.132）に師事し、一緒に植物採集の旅を楽しんだこともあった。1770年、さらに医学を勉強するためにパリへ行き、そこで日本へ行ってオランダの収集家ヨハンネス・ビュルマンのために植物を集めないかと誘われたが、当時、外国人が日本へ入りこむのはむずかしかった。ひとつの解決策が、オランダ東インド会社の社員になることだった。出発に先立ち、会社はトゥーンベリがケープタウンに滞在してオランダ語を上達させられるように手配した。そこであわせて3年すごしたのだが、このときにマッソンに出会って一緒に採集をしたのである。*Thunbergia*（ヤハズカズラ属）という属名はトゥーンベリに敬意を表してつけられたものである。

　最終的にトゥーンベリは日本へたどりつき、そこで多くの新種の植物を収集した。外国人の旅行は制限されていたが、トゥーンベリは非公式に、自分のもっているヨーロッパの医学の知識と交換に植物を手に入れた。彼が日本で収集した標本のリストは、1784年の『日本植物誌（*Flora Japonica*）』に掲載されている。21の新しい属と数百の新種について説明し、それによって「日本のリンネ」と称されるようになった。また、のちにドイツ人植物学者ヨーゼフ・シュルテスとともに編集した『喜望峰植物誌（*Flora Capensis*）』には、ケープで見た花の多くが記載されている。スウェーデンに戻ったトゥーンベリは、ウプサラでリンネの息子のカール・フォン・リンネ（1741-83）のあとを継ぐ形で植物学の教授になった。

Huernia campanulata
（ガガイモ科フェルニア属の多肉植物）

フランシス・マッソンの『スタペリア属の新種（*Stapeliae novae: or, a collection of several new species of that genus; discovered in the interior parts of Africa*）』に掲載された*Huernia campanulata*（syn. *Stapelia campanulata*）の挿絵。

「遠く離れた国でたまたま彼に出会った旅行者たち…そして彼の植物学への不断の努力を知っていてその才能を推し量ることができる科学者たちは、口をそろえて彼の優秀さを証言し、彼らが書いたものを見れば彼が並はずれた成功をおさめたことは明白である」
　　　　　　　フランシス・マッソンの死亡記事、モントリオール新聞

Fuchsia denticulata
（フクシア属の低木）

dendrophilus *den-dro-FIL-us*
dendrophila, dendrophilum
樹木を好む、例：*Tecomanthe dendrophila*（ノウゼンカズラ科テコマンテ属のつる性植物）

dens-canis *denz KAN-is*
「イヌの歯」という意味、例：*Erythronium dens-canis*（セイヨウカタクリ）

densatus *den-SA-tus*
densata, densatum
densus *den-SUS*
densa, densum
密集した、詰まった、例：*Trichodiadema densum*（ツルナ科トリコディアデマ属の多肉小低木）

densiflorus *den-see-FLOR-us*
densiflora, densiflorum
密に花がつく、例：*Verbascum densiflorum*（モウズイカ属の多年草）

densifolius *den-see-FOH-lee-us*
densifolia, densifolium
密に葉がつく、例：*Gladiolus densifolius*（グラジオラス属の球茎植物）

dentatus *den-TAH-tus*
dentata, dentatum
歯がある［歯状突起がある］、例：*Ligularia dentata*（マルバダケブキ）

denticulatus *den-tik-yoo-LAH-tus*
denticulata, denticulatum
わずかに歯がある［小歯状突起がある］、例：*Primula denticulata*（タマザキサクラソウ）

denudatus *dee-noo-DAH-tus*
denudata, denudatum
露出した、裸の、例：*Magnolia denudata*（ハクモクレン）

deodara *dee-oh-DAR-uh*
ヒマラヤスギのインド名より、例：*Cedrus deodara*（ヒマラヤスギ）

depauperatus *de-por-per-AH-tus*
depauperata, depauperatum
成長しきっていない、矮性の、例：*Carex depauperata*（スゲ属の多年草）

dependens *de-PEN-denz*
垂れ下がった、例：*Celastrus dependens*（ツルウメモドキ属のつる性植物）

deppeanus *dep-ee-AH-nus*
deppeana, deppeanum
ドイツの植物学者フェルディナント・デッペ（1794–1861）への献名、例：*Juniperus deppeana*（ビャクシン属の高木）

depressus *de-PRESS-us*
depressa, depressum
扁平な、押しつぶされた、例：*Gentiana depressa*（リンドウ属の多年草）

deserti *DES-er-tee*
砂漠の、例：*Agave deserti*（リュウゼツラン属の多年生植物）

desertorum *de-zert-OR-um*
砂漠の、例：*Alyssum desertorum*（アレチナズナ属の1年草）

detonsus *de-TON-sus*
detonsa, detonsum
裸の、刈りとられた、例：*Gentianopsis detonsa*（シロウマリンドウ属の草本）

deustus *dee-US-tus*
deusta, deustum
焼け焦げた、例：*Tritonia deusta*（ヒメトウショウブ属の球茎植物）

diabolicus *dy-oh-BOL-ih-kus*
diabolica, diabolicum
悪魔のような、例：*Acer diabolicum*（オニモミジ）

diacanthus *dy-ah-KAN-thus*
diacantha, diacanthum
2本刺の、例：*Ribes diacanthum*（トゲスグリ）

diadema *dy-uh-DEE-ma*
冠、王冠、例：*Begonia diadema*（ベゴニア属の多年草）

diandrus *dy-AN-drus*
diandra, diandrum
2雄ずいの、例：*Bromus diandrus*（ヒゲナガスズメノチャヒキ）

dianthiflorus *die-AN-thuh-flor-us*
dianthiflora, dianthiflorum
ナデシコ（*Dianthus*）のような花の、例：*Episcia dianthiflora*（ベニギリソウ属の多年草）

diaphanus *dy-AF-a-nus*
diaphana, diaphanum
透きとおった、例：*Berberis diaphana*（メギ属の低木）

dichotomus *dy-KAW-toh-mus*
dichotoma, dichotomum
二またに分岐した、例：*Iris dichotoma*（ヒオウギモドキ）

dichroanthus *dy-kroh-AN-thus*
dichroantha, dichroanthum
まったく異なる２色の花の、例：*Rhododendron dichroanthum*（ツツジ属の低木）

dichromus *dy-Kroh-mus*
dichroma, dichromum

dichrous *dy-KRUS*
dichroa, dichroum
異なる２色の、例：*Gladiolus dichrous*（グラジオラス属の球茎植物）

dictyophyllus *dik-tee-oh-FIL-us*
dictyophylla, dictyophyllum
網目模様がある葉の、例：*Berberis dictyophylla*（メギ属の低木）

didymus *DID-ih-mus*
didyma, didymum
ふたつ一組の、対をなす、例：*Monarda didyma*（タイマツバナ）

difformis *dif-FOR-mis*
difformis, difforme
その属のほかのものと異なるめずらしい形の、例：*Vinca difformis*（ツルニチニチソウ属の亜低木）

diffusus *dy-FEW-sus*
diffusa, diffusum
広がる習性がある、例：*Cyperus diffusus*（カヤツリグサ属の多年草）

digitalis *dij-ee-TAH-lis*
digitalis, digitale
指状の、例：*Penstemon digitalis*（シロバナツリガネヤナギ）

digitatus *dig-ee-TAH-tus*
digitata, digitatum
開いた手の形のような［掌状の］、例：*Schefflera digitata*（フカノキ属の高木）

dilatatus *di-la-TAH-tus*
dilatata, dilatatum
広がった、例：*Dryopteris dilatata*（オシダ属のシダ植物）

dilutus *di-LOO-tus*
diluta, dilutum
薄められた（すなわち色が薄い）、例：*Alstroemeria diluta*（ユリズイセン属の多年草）

dimidiatus *dim-id-ee-AH-tus*
dimidiata, dimidiatum
ふたつの異なるまたは等しくない部分に分かれた、例：*Asarum dimidiatum*（クロフネサイシン）

dimorphus *dy-MOR-fus*
dimorpha, dimorphum
葉や花または果実にふたつの異なる形がある、例：*Ceropegia dimorpha*（キョウチクトウ科ケロペギア属の植物）

dioicus *dy-OY-kus*
dioica, dioicum
雌雄異株の、例：*Aruncus dioicus*（ヤマブキショウマ属の多年草）

dipetalus *dy-PET-uh-lus*
dipetala, dipetalum
２花弁の、例：*Begonia dipetala*（ベゴニア属の多年草）

diphyllus *dy-FIL-us*
diphylla, diphyllum
２葉の、例：*Bulbine diphylla*（ツルボラン科ブルビネ属の植物）

生きているラテン語

Corydalis（キケマン属）は耐寒性の多年草で、*Papaveraceae*（ケシ科）に属す。異名の小名 *digitata* は「開いた手のような形をしている」という意味。*Corydalis* の花は長い筒状をしているため、シダのような葉の形をいったのが由来だろう。

Corydalis solida (syn. *C. digitata*)、fingered corydalis（キケマン属の多年草）

DIGITALIS（ジギタリス）

　この植物にキツネと関係ある名前がついた理由には出所の怪しい説明がいくつもあるが、そのひとつが、妖精が仲良しのキツネたちのためにfoxglove（キツネノテブクロ）の独特の指の形をした花を縫って手袋を作り、キツネたちが鶏小屋に証拠になる前足の跡を残さないですむようにしたという話である。もうひとつの話は「folks' gloves」［「人々の手袋」］のことだというもので、この場合のfolksはこの花を手袋として身につける妖精である。こうした物語に森に住む妖精がよく出てくるのは、おそらく*Digitalis*（キツネノテブクロ属）が自然の森林の環境を好むことに起因しているのだろう。このラテン名は指を意味する*digitus*に由来し、背の高い茎につく指に似た花のことをいっている。フランス人は*gant de Notre Dame*つまり「聖母マリアの手袋」とよび、これに対しアイルランド人は、やはり衣服に関係あるもののfairy's cap［「妖精の帽子」］とよぶ。

　キツネノテブクロ属の植物はPlantaginaceae（オオバコ科）に属し、成長すると1.5メートルにもなることがある。庭で栽培する場合、とくに色が重要なときは、時がたつにつれてふつうの紫の系統に戻ってしまう傾向があるため、2年草として扱うのがよい。ちょっとまぎらわしいが、*D. purpurea*（ジギタリス）は紫だけでなく白やクリーム、ピンクのこともある（*purpureus, purpurea, purpureum*、紫）。純白のものがほしいときは、薄明かりのなかで美しく見える*D. purpurea* f. *albiflora* 'Camelot White' か 'Dalmatian White' を選ぶとよい（*albiflorus, albiflora, albiflorum*、白花の）。*D. purpurea*は何世紀ものあいだ、心臓病の治療薬として用いられてきた。しかし使用量をまちがえると有毒なこともあるため、

Digitalis purpurea、
common foxglove（ジギタリス）

もうひとつの普通名dead man's bells［「死者の鐘」］がついた。

　ほかの属にも指と関連づけられた植物種がいくつかある。*digitatus, digitata, digitatum*はすべて5本の指と関係があり、文字どおりの意味は「開いた手の形をした」である。アフリカの高木*Adansonia digitata*（バオバブ）の5枚の小葉は、上向きに開いた手の指に似ている。fan clubmoss［「扇ヒカゲノカズラ」］とよばれる*Diphasiastrum digitatum*（アスヒカズラ属のシダ植物）の茎は扇や手のひらのように横方向に枝分かれしており、*Cyperus digitatus*（オオホウキガヤツリ）は一般に finger flatsedge［「指カヤツリグサ」］とよばれる。

Digitalis lutea、
yellow foxglove
（キバナジギタリス）

dipsaceus *dip-SAK-ee-us*
dipsacea, dipsaceum
Dipsacus（ナベナ属）のような、例：*Carex dipsacea*（スゲ属の多年草）

dipterocarpus *dip-ter-oh-KAR-pus*
dipterocarpa, dipterocarpum
2翼の果実をつける、例：*Thalictrum dipterocarpum*（カラマツソウ属の多年草）

dipterus *DIP-ter-us*
diptera, dipterum
2翼の、例：*Halesia diptera*（アメリカアサガラ属の低木または小高木）

dipyrenus *dy-pie-REE-nus*
dipyrena, dipyrenum
2個の種子または仁ができる、例：*Ilex dipyrena*（モチノキ属の高木）

dis-
離れていることを意味する接頭語

disciformis *disk-ee-FOR-mis*
disciformis, disciforme
円盤形の、例：*Medicago disciformis*（ウマゴヤシ属の1年草）

discoideus *dis-KOY-dee-us*
discoidea, discoideum
舌状花がない、例：*Matricaria discoidea*（コシカギク）

discolor *DIS-kol-or*
まったく異なる2色の、例：*Salvia discolor*（サルビア・ディスコロル）

dispar *DIS-par*
不等の、その属としてはふつうでない、例：*Restio dispar*（サンアソウ科レスティオ属の植物）

dispersus *dis-PER-sus*
dispersa, dispersum
散らばった、例：*Paranomus dispersus*（ヤマモガシ科パラノムス属の低木）

dissectus *dy-SEK-tus*
dissecta, dissectum
深く切れた、裂開した、例：*Cirsium dissectum*（アザミ属の多年草）

dissimilis *dis-SIM-il-is*
dissimilis, dissimile
特定の属にとっての標準と異なる、例：*Columnea dissimilis*（イワタバコ科コルムネア属の植物）

distachyus *dy-STAK-yus*
distachya, distachyum
2穂の、例：*Billbergia distachya*（ツツアナナス属の着生草本）

distans *DIS-tanz*
広くへだたった、例：*Watsonia distans*（ヒオウギズイセン属の球茎植物）

distichophyllus *dis-ti-koh-FIL-us*
distichophylla, distichophyllum
2列または2段で葉が生じる、例：*Buckleya distichophylla*（ツクバネ属の半寄生性低木）

distichus *DIS-tih-kus*
disticha, distichum
2列の、2段の、例：*Taxodium distichum*（ラクショウ）

distortus *DIS-tor-tus*
distorta, distortum
形がくずれた、例：*Adonis distorta*（フクジュソウ属の多年草）

distylus *DIS-sty-lus*
distyla, distylum
2花柱の、例：*Acer distylum*（マルバカエデ）

diurnus *dy-YUR-nus*
diurna, diurnum
昼間に開花する、例：*Cestrum diurnum*（キチョウジ属の低木）

divaricatus *dy-vair-ih-KAH-tus*
divaricata, divaricatum
まとまりなく広がる習性がある、例：*Phlox divaricata*（ブルーフロックス）

divergens *div-VER-jenz*
中心から遠くへ広がる、例：*Ceanothus divergens*（ソリチャ属の低木）

Ranunculus asiaticus var. *discolor*、Persian buttercup（ハナキンボウゲの変種）

diversifolius *dy-ver-sih-FOH-lee-us*
diversifolia, diversifolium
多様な葉がある、例：*Hibiscus diversifolius*（フヨウ属の低木）

diversiformis *dy-ver-sih-FOR-mis*
diversiformis, diversiforme
多様な形がある、例：*Romulea diversiformis*（アヤメ科ロムレア属の球茎植物）

divisus *div-EE-sus*
divisa, divisum
分かれた、例：*Pennisetum divisum*（チカラシバ属の多年草）

dodecandrus *doh-DEK-an-drus*
dodecandra, dodecandrum
12雄ずいの、例：*Cordia dodecandra*（カキバチシャノキ属の高木）

doerfleri *DOOR-fleur-eye*
ドイツの植物学者イグナツ・デルフラー（1866-1950）への献名、例：*Colchicum doerfleri*（イヌサフラン属の球根植物）

dolabratus *dol-uh-BRAH-tus*
dolabrata, dolabratum
dolabriformis *doh-la-brih-FOR-mis*
dolabriformis, dolabriforme
手斧のような形をした、例：*Thujopsis dolabrata*（アスナロ）

dolosus *do-LOH-sus*
dolosa, dolosum
人をだます、別の植物のように見える、例：*Cattleya × dolosa*（カトレア属のラン）

dombeyi *DOM-bee-eye*
フランスの植物学者ジョゼフ・ドンベイ（1742-94）への献名、例：*Nothofagus dombeyi*（ナンキョクブナ属の高木）

domesticus *doh-MESS-tih-kus*
domestica, domesticum
栽培植物化された、例：*Malus domestica*（セイヨウリンゴ）

douglasianus *dug-lus-ee-AH-nus*
douglasiana, douglasianum
douglasii *dug-lus-ee-eye*
スコットランドのプラントハンターであるデイヴィッド・ダグラス（1799-1834）への献名、例：*Limnanthes douglasii*（ポーチドエッグプラント）

drabifolius *dra-by-FOH-lee-us*
drabifolia, drabifolium
Draba（イヌナズナ属）のような葉の、例：*Centaurea drabifolia*（ヤグルマギク属の多年草）

draco *DRAY-koh*
ドラゴン、例：*Dracaena draco*（リュウケツジュ）

dracunculus *dra-KUN-kyoo-lus*
小さなドラゴン、例：*Artemisia dracunculus*（タラゴン）

drummondianus *drum-mond-ee-AH-nus*
drummondiana, drummondianum
drummondii *drum-mond-EE-eye*
それぞれオーストラリアと北米で植物を収集した兄弟ジェームズ・ドラモンド（1786-1863）かトマス・ドラモンド（1793-1835）への献名、例：*Phlox drummondii*（キキョウナデシコ）

drupaceus *droo-PAY-see-us*
drupacea, drupaceum
drupiferus *droo-PIH-fer-us*
drupifera, drupiferum
モモやサクランボのような多肉質の果実をつける、例：*Hakea drupacea*（ヤマモガシ科ハケア属の低木または小高木）

drynarioides *dri-nar-ee-OY-deez*
Drynaria（ハカマウラボシ属）に似た、例：*Aglaomorpha drynarioides*（カザリシダ属のシダ植物）

dubius *DOO-bee-us*
dubia, dubium
疑わしい、その属のほかの植物と似ていない、例：*Ornithogalum dubium*（オオアマナ属の球根植物）

dulcis *DUL-sis*
dulcis, dulce
甘い、例：*Prunus dulcis*（アーモンド）

dumetorum *doo-met-OR-um*
生垣の、藪の、例：*Fallopia dumetorum*（ソバカズラ属のつる性植物）

dumosus *doo-MOH-sus*
dumosa, dumosum
潅木状の、低木状の、例：*Alluaudia dumosa*（カナボウノキ科アルアウディア属の多肉低木）

duplicatus *doo-plih-KAH-tus*
duplicata, duplicatum
二重の、重複の、例：*Brachystelma duplicatum*（ガガイモ科ブラキステルマ属の多肉植物）

durus *DUR-us*
dura, durum
硬い、例：*Blechnum durum*（ヒリュウシダ属のシダ植物）

dyeri *DY-er-eye*
dyerianus *dy-er-ee-AH-nus*
dyeriana, dyerianum
イギリスの植物学者でロンドンにあるキュー植物園の園長ウィリアム・ターナー・ティスルトン＝ダイアー（1843-1928）への献名、例：*Strobilanthes dyeriana*（ウラムラサキ）

E

e-, ex-
「〜がない」、「〜から外へ」を意味する接頭語

ebeneus *eb-en-NAY-us*
ebenea, ebeneum
ebenus *eb-en-US*
ebena, ebenum
真っ黒な、例：*Carex ebenea*（スゲ属の多年草）

ebracteatus *e-brak-tee-AH-tus*
ebracteata, ebracteatum
苞葉がない、例：*Eryngium ebracteatum*（ヒゴタイサイコ属の多年草）

eburneus *eb-URN-ee-us*
eburnea, eburneum
象牙色の、例：*Angraecum eburneum*（アングラエクム属の着生ラン）

echinatus *ek-in-AH-tus*
echinata, echinatum
ハリネズミのような刺がある、例：*Pelargonium echinatum*（テンジクアオイ属の亜低木）

echinosepalus *ek-in-oh-SEP-uh-lus*
echinosepala, echinosepalum
刺がある萼片の、例：*Begonia echinosepala*（ベゴニア属の多年草）

echioides *ek-ee-OY-deez*
Echium（シャゼンムラサキ属）に似た、例：*Picris echioides*（コウゾリナ属の1年草）

ecornutus *ek-kor-NOO-tus*
ecornuta, ecornutum
角がない、例：*Stanhopea ecornuta*（スタノペア属の着生ラン）

edgeworthianus *edj-wor-thee-AH-nus*
edgeworthiana, edgeworthianum
edgeworthii *edj-WOR-thee-eye*
東インド会社のマイケル・パケナム・エッジワース（1812-81）への献名、例：*Rhododendron edgeworthii*（ツツジ属の低木）

edulis *ED-yew-lis*
edulis, edule
食用になる、例：*Dioon edule*（サゴソテツ属の植物）

effusus *eff-YOO-sus*
effusa, effusum
まばらに広がる、例：*Juncus effusus*（イグサ）

elaeagnifolius *el-ee-ag-ne-FOH-lee-us*
elaeagnifolia, elaeagnifolium
Elaeagnus（グミ属）のような葉の、例：*Brachyglottis elaeagnifolia*（キク科ブラキグロッティス属の低木）

elasticus *ee-LASS-tih-kus*
elastica, elasticum
弾力がある、ラテックス［ゴムの原料になる乳液］を生産する、例：*Ficus elastica*（インドゴムノキ）

elatus *el-AH-tus*
elata, elatum
背が高い、例：*Aralia elata*（タラノキ）

elegans *el-ee-GANS*
elegantulus *el-eh-GAN-tyoo-lus*
elegantula, elegantulum
優美な、例：*Desmodium elegans*（ハナヌスビトハギ）

elegantissimus *el-ee-gan-TISS-ih-mus*
elegantissima, elegantissimum
非常に優美な、例：*Schefflera elegantissima*（モミジバアラリア）

elephantipes *ell-uh-fan-TY-peez*
ゾウの足に似た、例：*Yucca elephantipes*（メキシコチモラン）

生きているラテン語

この耐寒性の多年生植物はたしかにその名前 *elatum*「背が高い」にふさわしく、その長く優美な花穂は高さ2メートルに達することもある。硬くて直立する習性をもち、しばしば八重または半八重の大きな花をつける。

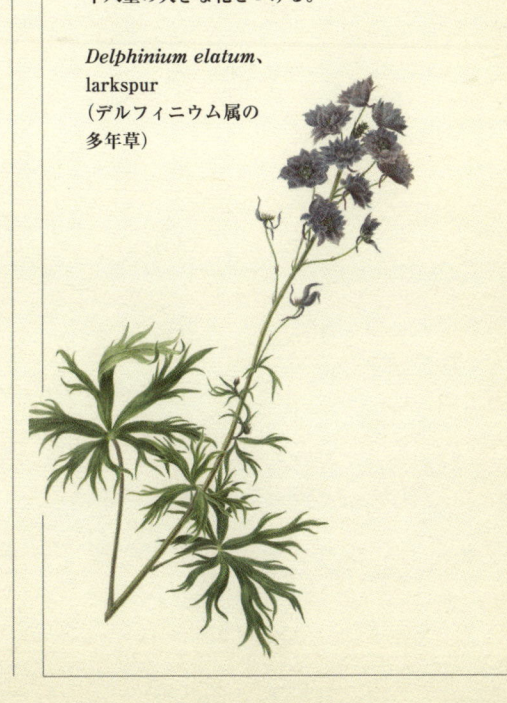

Delphinium elatum、
larkspur
（デルフィニウム属の多年草）

elliottianus *el-ee-ot-ee-AH-nus*
elliottiana, elliottianum
ジョージ・ヘンリー・エリオット大尉（1813-92）への献名、
例：*Zantedeschia elliottiana*（キバナカイウ）

elliottii *el-ee-ot-EE-eye*
アメリカの植物学者スティーヴン・エリオット（1771-1830）への献名、例：*Eragrostis elliottii*（カゼクサ属の多年草）

ellipsoidalis *e-lip-soy-DAH-lis*
ellipsoidalis, ellipsoidale
楕円の、楕円体の、例：*Quercus ellipsoidalis*（コナラ属の高木）

ellipticus *ee-LIP-tih-kus*
elliptica, ellipticum
楕円形の、例：*Garrya elliptica*（ガリア属の低木）

elongatus *ee-long-GAH-tus*
elongata, elongatum
伸びた、細長い、例：*Mammillaria elongata*（イボサボテン属のサボテン）

elwesii *el-WEZ-ee-eye*
イギリスの植物収集者で王立園芸協会のヴィクトリア・メダル創設時の受賞者のひとりであるヘンリー・ジョン・エルウィズ（1846-1922）への献名、例：*Galanthus elwesii*（オオマツユキソウ）

emarginatus *e-mar-jin-NAH-tus*
emarginata, emarginatum
縁にわずかに切れこみがある［花弁や葉の先端が凹形の］、例：*Pinguicula emarginata*（ムシトリスミレ属の食虫植物）

eminens *EM-in-enz*
卓越した、目立つ、例：*Sorbus eminens*（ナナカマド属の高木）

empetrifolius *em-pet-rih-FOH-lee-us*
empetrifolia, empetrifolium
Empetrum（ガンコウラン属）のような葉の、例：*Berberis empetrifolia*（メギ属の低木）

encliandrus *en-klee-AN-drus*
encliandra, encliandrum
雄ずいが半分花の筒状部の中にある、例：*Fuchsia encliandra*（フクシア属の低木）

endresii *en-DRESS-ee-eye*
endressii
ドイツの植物収集者フィリップ・アントーン・クリストフ・エンドレス（1806-31）への献名、例：*Geranium endressii*（フウロソウ属の多年草）

engelmannii *en-gel-MAH-nee-eye*
ドイツ生まれの医師で植物学者ゲオルク・エンゲルマン（1809-84）への献名、例：*Picea engelmannii*（アリゾナトウヒ）

enneacanthus *en-nee-uh-KAN-thus*
enneacantha, enneacanthum
9本刺の、例：*Echinocereus enneacanthus*（エビサボテン属のサボテン）

Eugenia elliptica
（フトモモ属の高木）

enneaphyllus *en-nee-a-FIL-us*
enneaphylla, ennephyllum
9葉または9小葉の、例：*Oxalis enneaphylla*（カタバミ属の多年草）

ensatus *en-SA-tus*
ensata, ensatum
剣形の、例：*Iris ensata*（ハナショウブ）

ensifolius *en-see-FOH-lee-us*
ensifolia, ensifolium
剣形の葉の、例：*Kniphofia ensifolia*（シャグマユリ属の宿根草）

ensiformis *en-see-FOR-mis*
ensiformis, ensiforme
剣形の、例：*Pteris ensiformis*（ホコシダ）

epipactis *ep-ih-PAK-tis*
乳を凝固させると考えられた植物のギリシア語名、例：*Hacquetia epipactis*（セリ科ハククエティア属の多年草）

epiphyllus *ep-ih-FIL-us*
epiphylla, epiphyllum
葉上にある（たとえば花が）、例：*Saxifraga epiphylla*（ユキノシタ属の多年草）

epiphyticus *ep-ih-FIT-ih-kus*
epiphytica, epiphyticum
別の植物上で生育する、例：*Cyrtanthus epiphyticus*（ヒガンバナ科キルタントゥス属の植物）

equestris *e-KWES-tris*
equestris, equestre

equinus *e-KWEE-nus*
equina, equinum
ウマの、騎士の、例：*Phalaenopsis equestris*（ヒメコチョウラン）

equisetifolius *ek-wih-set-ih-FOH-lee-us*
equisetifolia, equisetifolium

equisetiformis *eck-kwiss-ee-tih-FOR-mis*
equisetiformis, equisetiforme
Equisetum（トクサ属）に似た、例：*Russelia equisetiformis*（ハナチョウジ）

erectus *ee-RECK-tus*
erecta, erectum
直立した、例：*Trillium erectum*（エンレイソウ属の多年草）

eri-
軟毛で覆われていることを意味する接頭語

eriantherus *er-ee-AN-ther-uz*
erianthera, eriantherum
軟毛で覆われた葯をもつ、例：*Penstemon eriantherus*（イワブクロ属の多年草）

erianthus *er-ee-AN-thus*
eriantha, erianthum
軟毛で覆われた花をつける、例：*Kohleria eriantha*（ベニギリ属の多年草）

ericifolius *er-ik-ih-FOH-lee-us*
ericifolia, ericifolium
Erica（エリカ属）のような葉の、例：*Banksia ericifolia*（ヒースバンクシア）

ericoides *er-ik-OY-deez*
Erica（エリカ属）に似た、例：*Aster ericoides*（シオン属の多年草）

erinaceus *er-in-uh-SEE-us*
erinacea, erinaceum
ハリネズミのような、例：*Dianthus erinaceus*（ナデシコ属の多年草）

erinus *er-EE-nus*
おそらくバジルと考えられる植物のギリシア語名、例：*Lobelia erinus*（ルリミゾカクシ）

eriocarpus *er-ee-oh-KAR-pus*
eriocarpa, eriocarpum
軟毛で覆われた果実をつける、例：*Pittosporum eriocarpum*（トベラ属の低木または小高木）

eriocephalus *er-ri-oh-SEF-uh-lus*
eriocephala, eriocephalum
軟毛で覆われた先端部をもつ、例：*Lamium eriocephalum*（オドリコソウ属の多年草）

eriostemon *er-ree-oh-STEE-mon*
軟毛で覆われた雄ずいをもつ、例：*Geranium eriostemon*（グンナイフウロソウ）

erosus *e-ROH-sus*
erosa, erosum
ぎざぎざの、例：*Cissus erosa*（セイシカズラ属のつる性植物）

erubescens *er-oo-BESS-enz*
赤くなる、赤らむ、例：*Philodendron erubescens*（サトイモカズラ）

erythro-
赤を意味する接頭語

erythrocarpus *er-ee-throw-KAR-pus*
erythrocarpa, erythrocarpum
赤い果実の、例：*Actinidia erythrocarpa*（マタタビ属のつる性植物）

erythropodus *er-ee-THROW-pod-us*
erythropoda, erythropodum
赤い柄の、例：*Alchemilla erythropoda*（ハゴロモグサ属の多年草）

erythrosorus *er-rith-roh-SOR-us*
erythrosora, erythrosorum
赤い胞子嚢をもつ、例：*Dryopteris erythrosora*（ベニシダ）

esculentus *es-kew-LEN-tus*
esculenta, esculentum
食用になる、例：*Colocasia esculenta*（サトイモ）

etruscus *ee-TRUSS-kus*
estrusca, estruscum
イタリアのトスカナの、例：*Crocus etruscus*（クロッカス属の球茎植物）

eucalyptifolius *yoo-kuh-lip-tih-FOH-lee-us*
eucalyptifolia, eucalyptifolium
Eucalyptus（ユーカリ属）のような葉の、例：*Leucadendron eucalyptifolium*（ギンヨウジュ属の低木）

euchlorus *YOO-klor-us*
euchlora, euchlorum
健康そうな緑色の、例：*Tilia × euchlora*（セイヨウシナノキ）

eugenioides *yoo-jee-nee-OY-deez*
Eugenia（フトモモ属）に似た、例：*Pittosporum eugenioides*（レモンウッド）

eupatorioides *yoo-puh-TOR-ee-oy-deez*
Eupatorium（ヒヨドリバナ属）に似た、例：*Agrimonia eupatoria*（セイヨウキンミズヒキ）

ERYNGIUM（エリンギウム）

その普通名sea hollyとラテン名を考えれば意外ではないだろうが、*Eryngium maritimum*（ヒイラギサイコ）の原産地は海岸地域で、開けた日あたりのよい場所の水はけがよい砂質土壌で非常によく育つ。*maritimus*（*maritima, maritimum*）は「海の」あるいは「海と関係がある」という意味である。銀灰色の群葉から優美に立ち上がって高さ30センチに達し、メタリックブルーの花をつけるこの植物は、海辺の庭にとって申し分のない植物である。高くそびえる*E. giganteum*（ヒゴタイサイコ）は1〜1.2メートルという堂々とした高さにまで成長する（*giganteus, gigantea, giganteum*、並はずれて大きいあるいは高い）。イギリスの園芸家エレン・ウィルモット（1858-1934）はこの植物を非常に愛し、ポケットをその種子でいっぱいにして、疑うことを知らない園芸仲間の境栽花壇に勝手にまいたという。このため、この植物は今日、Miss Willmott's ghostという普通名でよばれている。

ゲリラ・ガーデナーの草分けとしての行動のほかに、ウィルモットは故郷のエセックス州ワーレイプレイスに大規模な庭園を造り、アーネスト・ヘンリー・ウィルソンなどのプラントハンターの遠征を後援した。一度に100人もの庭師を雇ったのではないかといわれている。実際、彼女の造園熱（フランスやイタリアの所有地にもおよんだ）のために最後には家族の財産は失われ、ウィルモットは大きな負債を抱えて亡くなった。ウィルモットの名前がつけら

Eryngium maritimum、
sea holly（ヒイラギサイコ）

18世紀までは、この植物の甘くてよい香りのする根は砂糖漬けにして食べられていた。美味しいだけでなく、催淫効果があると考えられていた。

れた植物はいくつもあり、*Potentilla nepalensis* 'Miss Willmott'（ベニバナロウゲ 'ミス・ウィルモット'）や*Lilium davidii* var. *willmottiae*（ユリ属の多年草）がその例である。

エリンギウム［ヒゴタイサイコ属の植物の総称］は*Apiaceae*（セリ科）に属し、2年草と多年草がある。大部分が耐寒性で刺のある葉をもち、頭状花が刺のある苞葉に囲まれている。*E. giganteum*は初年目に厚くて軟らかい緑色の葉を密生し、2年目には葉はもっと硬く刺が多くなって、花茎が出てくる。そして花が咲いたのち、その植物は枯れる。乾燥させると長もちする感じのよい室内装飾になるため、花茎が枯れだす前に切るとよい。

葉にある独特の白い葉脈に注目してほしい。

euphorbioides *yoo-for-bee-OY-deez*
トウダイグサ（*Euphorbia*）に似た、例：*Neobuxbaumia euphorbioides*（ネオブクスバウミア属のサボテン）

europaeus *yoo-ROH-pay-us*
europaea, europaeum
ヨーロッパの、例：*Euonymus europaeus*（セイヨウマユミ）

evansianus *eh-vanz-ee-AH-nus*
evansiana, evansianum
evansii *eh-VANS-ee-eye*
トマス・エヴァンス（1751–1814）などEvansという名のさまざまな人物への献名、例：*Begonia grandis* subsp. *evansiana*（シュウカイドウ）

exaltatus *eks-all-TAH-tus*
exaltata, exaltatum
非常に背が高い、例：*Nephrolepis exaltata*（セイヨウタマシダ）

exaratus *ex-a-RAH-tus*
exarata, exaratum
彫りこまれた、溝のある、例：*Agrostis exarata*（チシマヌカボ）

excavatus *ek-ska-VAH-tus*
excavata, excavatum
くぼんだ、例：*Calochortus excavatus*（ユリ科カロコルトゥス属の多年草）

excellens *ek-SEL-lenz*
立派な、例：*Sarracenia* × *excellens*（ヘイシソウ属の食虫植物）

excelsior *eks-SEL-see-or*
より背が高い、例：*Fraxinus excelsior*（セイヨウトネリコ）

excelsus *ek-SEL-sus*
excelsa, excelsum
背が高い、例：*Araucaria excelsa*（コバノナンヨウスギ）

excisus *eks-SIZE-us*
excisa, excisum
切りとられた、切りぬかれた、例：*Adiantum excisum*（クジャクシダ属のシダ植物）

excorticatus *eks-kor-tih-KAH-tus*
excorticata, excorticatum
樹皮を欠く、樹皮がはがれた、例：*Fuchsia excorticata*（フクシア属の低木または小高木）

exiguus *eks-IG-yoo-us*
exigua, exiguum
非常に小さい、貧弱な、例：*Salix exigua*（ヤナギ属の低木）

eximius *eks-IM-mee-us*
eximia, eximium
抜群の、例：*Eucalyptus eximia*（ユーカリ属の高木）

exoniensis *eks-oh-nee-EN-sis*
exoniensis, exoniense
イギリスのイングランドのエクセター産の、例：*Passiflora* × *exoniensis*（トケイソウ属のつる性植物）

expansus *ek-SPAN-sus*
expansa, expansum
広がった、例：*Catasetum expansum*（カタセトゥム属の着生ラン）

exsertus *ek-SER-tus*
exserta, exsertum
つき出た、例：*Acianthus exsertus*（アキアンサス属のラン）

extensus *eks-TEN-sus*
extensa, extensum
拡張した、例：*Acacia extensa*（アカシア属の低木）

eyriesii *eye-REE-see-eye*
フランスの19世紀のサボテン収集家アレクサンドル・エリエスへの献名、例：*Echinopsis eyriesii*（エキノプシス属のサボテン）

Euonymus europaeus、spindle（セイヨウマユミ）

EUCALYPTUS（ユーカリ）

　Myrtaceae（フトモモ科）に属するEucalyptus（ユーカリ属）の名前は、ギリシア語で「良い」という意味のeuと「覆う」という意味のkalyptoに由来する。これは、この植物の非常に特徴的な花を覆う、蓋か帽子のように見える萼のことをいっている。ユーカリ属の植物は大部分がオーストラリアとタスマニア原産であるが、現在では世界中で広く栽培されている。何百種もあって、なかにはあらゆる樹木のなかで最大級の高さに成長するものもある。普通名にはblue tree、gum tree、string bark treeなどがある。Eucalyptus globulus（ユーカリ）はblue gumあるいはTasmanian gumとよばれる。1790年代初めにフランスの植物学者ジャック＝ジュリアン・ラビヤルディエール（1755–1834）がタスマニア島の南東海岸で最初に採集し、現在ではタスマニアの州花になっている。

　ユーカリ属の植物は非常に華やかで、花や芳香のある葉が目的で栽培される。多くの種は樹皮も魅力的で、とくに注目に値するのがE. dalrympleanaである。その若い樹皮は白かクリーム色をしているが、その後、成熟するにつれてピンクや淡褐色に変わる。樹皮が細長くはがれるのがこの属の特徴である。Murray red gumあるいはriver red gumとよばれるE. camaldulensis（セキザイユーカリ）は乾燥によく耐え、ユーカリ属のたいていの種と同様、非常に速く成長する。creeping mistletoe［「這うヤドリギ」］ともよばれるMuellerina eucalyptoides（ヤドリギ科ムエレリナ属の寄生植物）はユーカリに似た葉をもち、E. camaldulensisに寄生する（eucalyptoidesは「Eucalyptusに似ている」という意味）。気候が温暖なら、芳香を目的にE. citriodora（レモンユーカリ）を栽培できる（citriodorus, citriodora, citriodorum、レモンの香りがする）。E. camphora（camphorus, camphora, camphorum、樟脳のにおいがする）の赤みをおびた葉は、かすかに樟脳のにおいがする油を多くふくんでいる。この高木はしばしばbroad-leaf Sallyあるいはmountain swamp gumとよばれる。

　ユーカリ属の植物は十分な日照と水はけのよい土壌を必要とし、本来の生育地がそうなので多くが旱魃によく耐えるが、湿った冷たい土壌には耐えられない。背の高いものは風によって簡単に倒れることがあるため、吹きさらしの風の強い場所は避けること。あまりうまく移植できないため、旺盛に成長させたいなら、適した場所を慎重に選ぶことが重要である。

Eucalyptus pulverulenta（コマルバユーカリ）、その種小名は「埃に覆われているように見える」という意味。

Eucalyptusというラテン名の由来となった帽子状の萼。

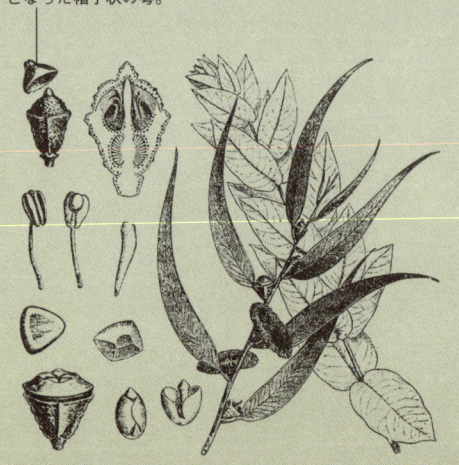

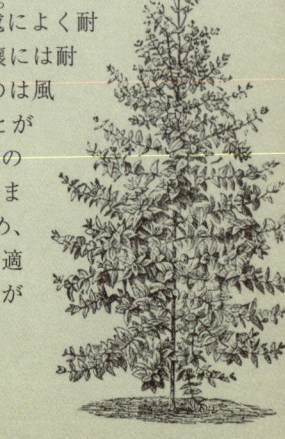

Eucalyptus globulus、Tasmanian gum（ユーカリ）

F

fabaceus *fab-AY-see-us*
fabacea, fabaceum
ソラマメのような、例：*Marah fabacea*（ウリ科マラー属のつる性植物）

facetus *fa-CEE-tus*
faceta, facetum
優美な、例：*Rhododendron facetum*（ツツジ属の低木）

fagifolius *fag-ih-FOH-lee-us*
fagifolia, fagifolium
ブナ（*Fagus*）のような葉の、例：*Clethra fagifolia*（リョウブ属の小高木）

falcatus *fal-KAH-tus*
falcata, falcatum
鎌形の、例：*Cyrtanthus falcatus*（ヒガンバナ科キルタントゥス属の球根植物）

falcifolius *fal-sih-FOH-lee-us*
falcifolia, falcifolium
鎌形の葉の、例：*Allium falcifolium*（ネギ属の多年草）

falciformis *fal-sif-FOR-mis*
falciformis, falciforme
鎌形の、例：*Falcatifolium falciforme*（マキ科ファルカティフォリウム属の高木）

falcinellus *fal-sin-NELL-us*
falcinella, falcinellum
小さな鎌状の、例：*Polystichum falcinellum*（イノデ属のシダ植物）

fallax *FAL-laks*
人をあざむく、偽の、例：*Crassula fallax*（ベンケイソウ科クラッスラ属の多肉植物）

farinaceus *far-ih-NAH-kee-us*
farinacea, farinaceum
澱粉を生じる、小麦粉のような粉状の、例：*Salvia farinacea*（ブルーサルビア）

farinosus *far-ih-NOH-sus*
farinosa, farinosum
粉状の、粉だらけの、例：*Rhododendron farinosum*（ツツジ属の低木）

farnesianus *far-nee-zee-AH-nus*
farnesiana, farnesianum
イタリアのローマにあるファルネーゼ庭園の、例：*Acacia farnesiana*（キンゴウカン）

farreri *far-REY-ree*
イギリスの植物ハンターで植物学者レジナルド・ファラー（1880–1920）への献名、例：*Viburnum farreri*（ガマズミ属の低木）

fasciatus *fash-ee-AH-tus*
fasciata, fasciatum
束状の、例：*Aechmea fasciata*（シマサンゴアナナス）

fascicularis *fas-sik-yoo-LAH-ris*
fascicularis, fasciculare

fasciculatus *fas-sik-yoo-LAH-tus*
fasciculata, fasciculatum
束状に群生あるいは寄り集まった、例：*Ribes fasciculatum*（ヤブサンザシ）

fastigiatus *fas-tij-ee-AH-tus*
fastigiata, fastigiatum
（しばしば束状になった）直立した枝をもつ、例：*Cotoneaster fastigiatus*（シャリントウ属の低木）

fastuosus *fast-yoo-OH-sus*
fastuosa, fastuosum
堂々とした、例：*Cassia fastuosa*（センナ属の高木）

fatuus *FAT-yoo-us*
fatua, fatuum
味のない、質が悪い、例：*Avena fatua*（カラスムギ）

febrifugus *feb-ri-FEW-gus*
febrifuga, febrifugum
熱を下げることができる、例：*Dichroa febrifuga*（ジョウザン）

fecundus *feh-KUN-dus*
fecunda, fecundum
多産な、実りの多い、例：*Aeschynanthus fecundus*（イワタバコ科アエスキナントゥス属の植物）

fejeensis *fee-jee-EN-sis*
fejeensis, fejeense
南太平洋のフィジー諸島産の、例：*Davallia fejeensis*（シノブ属のシダ植物）

Gentiana farreri（リンドウ属の匍匐性多年草）

植物の色

ラテン名のかなりの割合が、植物の色を表現するのに使われる言葉のグループに属す。古代ローマ人は、植物、動物、海洋生物、昆虫など自然の原料から染料を作った。さまざまな色あいの赤や黄色のようにかなり容易に作ることのできる色には数多くの名前があり、やや広い範囲をふくむ名前も多い。これに対し青や緑の染料は作るのがもっともむずかしく、灰色や褐色についても少ししか言葉がなかった。このため、現代科学の要求に対して古典的な語彙では少なすぎ、植物学者は、褐色を意味する brunneus のようにドイツ語にルーツをもつものなど、色を表す新しい言葉を多数導入してきた。

各植物に大昔に最初にあてられた色の表現はかならずしも信頼できるほど正確ではなく、色のように微妙なものを表現するときにはつねに主観の要素が入りこむ。ある植物学者がローズピンクとみなしたものが、別の人がフレッシュピンクとするものとよく似た色だったということもありうるのである。特定の植物にあたえられた色の名前が実際にはおおよその色にすぎないということもよくある。

黄色にはラテン語の表現が多数ある。ことを容易にするため、ガーデナーは flav- ではじまる語はたいていある種の黄色を示していると覚えておくとよい。たとえば Aquilegia flavescens は yellow columbine [「黄色のオダマキ」] である。色を表す語をもっと細かく覚えておこうとしたら、途方にくれてしまうかもしれない。たとえば flavens、flaveolus (flaveola, flaveolum)、flavescens、flavidus (flavida, flavidum) はみな黄色っぽいことを意味するのに対し、flavus (flava, flavum) は純粋な黄色を意味する。別のアルファベットに移って、luteus (lutea, luteum) も黄色を意味し、luridus (lurida, luridum) は薄い黄色、luteolus (luteola, luteolum) は黄色っぽいことを示すもうひとつの語である。さらに複雑なことには xanth- という接頭語も黄色のものを示し、たとえば xanthocarpus (xanthocarpa, xanthocarpum、黄色の果実をつける植物)、xanthonervis (xanthonervis, xanthonerve、黄色の葉脈)、xanthorrhizus (xanthorrhiza, xanthorrhizum、黄色の根) がある。

緑に関係のある色を示す語もいくつもある。viri- が最初にある言葉は多くの場合、緑を表し、たとえば virens (緑色の)、virescens (淡緑色の)、viridescens (緑がかった) などがある。Narcissus viridiflorus (スイセン属の球根植物) は独特の緑色の色あいをしためずらしい花をつける (viridiflorus, viridiflora, viridiflorum、緑色の花の)。viridifuscus (viridifusca, viridifuscum) は緑褐色を意味する。青緑にもさまざまな語がある。glaucescens は「ブルーム [白い蝋状の粉] がある」あるいは「青緑色の」という意味である。葉が青みがかった緑に見えたり、白い粉で覆われていたりする場合、その植物は glaucophyllus (glaucophylla, glaucophyllum) とよばれ、Clematis glaucophylla (センニンソウ属のつる性植物) がその例である。

Pelargonium bicolor,
two-colour storksbill (テンジクアオイ属の多年草)

その普通名が示しているように、この植物は2色の花をつける植物の例である。

Ixia viridiflora、
turquoise ixia（グリーンイキシア）

緑色の花が咲く植物は庭で使うにはおそらくあまり無難な選択肢とはいえないだろうが、この植物はきわめて美しい。

Nymphaea alba、
white water lily（セイヨウスイレン）

このスイレンの純白の花の場合のように、
*alba*は白を意味する。

　かなり微妙なところまで表現される色もあり、とくに顕著なのが白色と銀色である。*albidus*（*albida*, *albidum*）と*albus*（*alba*, *album*）のように白を示すさまざまな言葉にくわえ、雪のように白い植物あるいは雪の近くに生えることを表現する言葉もある。*nivalis*（*nivalis*, *nivale*）、*niveus*（*nivea*, *niveum*）、*nivosus*（*nivosa*, *nivosum*）である。*argent-*と*argyro-*という接頭語はどちらも銀を意味する。したがって、*argenteoguttatus*（*argenteoguttata*, *argenteoguttatum*）は銀色の斑点がある植物を、*argyroneurus*（*argyroneura*, *argyroneurum*）は銀色の葉脈がある植物を示す。これらの形容語が栽培品種名になっている場合もあり、たとえば*Begonia arborescens* var. *arborescens* 'Argenteoguttata'（ベゴニアの栽培品種）は葉に独特の白い斑点がある魅力的な植物である。

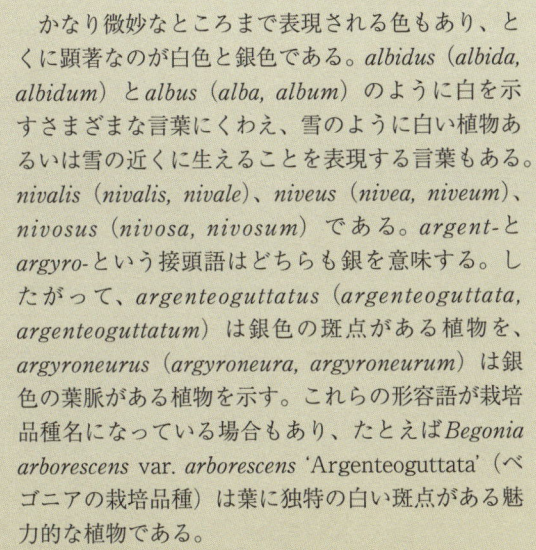

　配色にかんするもっと全般的な語もあり、たとえば*bicolor*は2色の植物を意味する。その例である*Rosa foetida* 'Bicolor'（フォエテダバラの園芸品種）の花は緋色で裏側が黄色である。同様に、*discolor*はその植物の一部が2色であることを示し、たとえば*Cissus discolor*（rex begonia vine、セイシカズラ）の緑と銀色の葉の裏側は赤い。これに対し*concolor*はすべて同じ色であることを意味し、*Abies concolor*（white fir、コロラドモミ）がその例である。*tinctorius*（*tinctoria*, *tinctorium*）は染料とかかわりがあり、たとえば*Carthamus tinctorius*（safflower、ベニバナ）の花を乾燥させたものは黄色の天然染料を作るのに使われる。

fenestralis *fen-ESS-tra-lis*
fenestralis, fenestrale
窓のような開口部がある、例：*Vriesea fenestralis*（インコアナナス属の多年草）

fennicus *FEN-nih-kus*
fennica, fennicum
フィンランドの、例：*Picea fennica*（トウヒ属の高木）

ferax *FER-aks*
実りの多い、例：*Fargesia ferax*（ファルゲシア属のタケ）

ferox *FER-oks*
凶暴な、刺が多い、例：*Datura ferox*（ツノミチョウセンアサガオ）

ferreus *FER-ee-us*
ferrea, ferreum
鉄の、鉄のように硬い、例：*Caesalpinia ferrea*（ジャケツイバラ属の高木）

ferrugineus *fer-oo-GIN-ee-us*
ferruginea, ferrugineum
鉄さび色の、例：*Digitalis ferruginea*（サビイロジギタリス）

fertilis *fer-TIL-is*
fertilis, fertile
豊富に果実がつく、種子が多い、例：*Robinia fertilis*（ハリエンジュ属の低木）

festalis *FES-tuh-lis*
festalis, festale
festivus *fes-TEE-vus*
festiva, festivum
楽しい、快活な、例：*Hymenocallis × festalis*（ヒメノカリス属の球根植物）

fibrillosus *fy-BRIL-oh-sus*
fibrillosa, fibrillosum
fibrosus *fy-BROH-sus*
fibrosa, fibrosum
繊維質の、例：*Dicksonia fibrosa*（ディクソニア属の木生シダ）

ficifolius *fik-ee-FOH-lee-us*
ficifolia, ficifolium
イチジクのような葉の、例：*Cucumis ficifolius*（キュウリ属のつる性植物）

ficoides *fy-KOY-deez*
ficoideus *fy-KOY-dee-us*
ficoidea, ficoideum
イチジク（*Ficus*）に似た、例：*Senecio ficoides*（キオン属の多肉植物）

filamentosus *fil-uh-men-TOH-sus*
filamentosa, filamentosum
filarius *fil-AH-ree-us*
filaria, filarium
繊維または糸がある、例：*Yucca filamentosa*（イトラン）

filicifolius *fil-ee-kee-FOH-lee-us*
filicifolia, filicifolium
シダのような葉の、例：*Polyscias filicifolia*（キレハアラリア）

filicinus *fil-ih-SEE-nus*
filicina, filicinum
filiculoides *fil-ih-kyu-LOY-deez*
シダに似た、例：*Asparagus filicinus*（アスパラガス属の多年草）

fili-
糸状であることを意味する接頭語

filicaulis *fil-ee-KAW-lis*
filicaulis, filicaule
糸状の茎の、例：*Alchemilla filicaulis*（ハゴロモグサ属の多年草）

filipendulus *fil-ih-PEN-dyoo-lus*
filipendula, filipendulum
シモツケソウ（*Filipendula*）のような、例：*Oenanthe filipendula*（セリ属の多年草）

filipes *fil-EE-pays*
糸状の柄の、例：*Rosa filipes*（バラ属のつる性低木）

fimbriatus *fim-bry-AH-tus*
fimbriata, fimbriatum
長縁毛で飾られた、例：*Silene fimbriata*（マンテマ属の多年草）

firmatus *fir-MAH-tus*
firmata, firmatum
firmus *fir-MUS*
firma, firmum
強い、例：*Abies firma*（モミ）

fissilis *FISS-ill-is*
fissilis, fissile
fissus *FISS-us*
fissa, fissum
fissuratus *fis-zhur-RAH-tus*
fissurata, fissuratum
割れ目がある、例：*Alchemilla fissa*（ハゴロモグサ属の多年草）

fistulosus *fist-yoo-LOH-sus*
fistulosa, fistulosum
中空の、例：*Asphodelus fistulosus*（ハナツルボラン）

flabellatus *fla-bel-AH-tus*
flabellata, flabellatum
開いた扇のような、例：*Aquilegia flabellata*（オダマキ）

flabellifer *fla-BEL-lif-er*
flabellifera, flabelliferum
扇状の構造物をつける、例：*Borassus flabellifer*（オウギヤシ）

flabelliformis *fla-bel-ih-FOR-mis*
flabelliformis, flabelliforme
扇形の、例：*Erythrina flabelliformis*（デイゴ属の低木）

flaccidus *FLA-sih-dus*
flaccida, flaccidum
弱い、軟らかい、弱々しい、例：*Yucca flaccida*（イトラン属の植物）

flagellaris *fla-gel-AH-ris*
flagellaris, flagellare

flagelliformis *fla-gel-ih-FOR-mis*
flagelliformis, flagelliforme
鞭状の、長く細いシュートがある、例：*Celastrus flagellaris*（イワウメヅル）

flammeus *FLAM-ee-us*
flammea, flammeum
炎のような色の、炎のような、例：*Tigridia flammea*（トラユリ属の多年草）

flavens *flav-ENZ*
flaveolus *fla-VEE-oh-lus*
flaveola, flaveolum
flavescens *flav-ES-enz*
flavidus *FLA-vid-us*
flavida, flavidum
さまざまな種類の黄色 (p.86)、例：*Anigozanthos flavidus*（イエローカンガルーポー）

flavicomus *flay-vih-KOH-mus*
flavicoma, flavicomum
黄色の毛がある、例：*Euphorbia flavicoma*（トウダイグサ属の草本）

flavissimus *flav-ISS-ih-mus*
flavissima, flavissimum
濃い黄色の、例：*Zephyranthes flavissima*（タマスダレ属の多年草）

flavovirens *fla-voh-VY-renz*
緑がかった黄色の、例：*Callistemon flavovirens*（マキバブラシノキ属の低木）

flavus *FLA-vus*
flava, flavum
鮮黄色の、例：*Crocus flavus*（イエロークロッカス）

flexicaulis *fleks-ih-KAW-lis*
flexicaulis, flexicaule
しなやかな茎の、例：*Strobilanthes flexicaulis*（アリサンアイ）

flexilis *FLEKS-il-is*
flexilis, flexile
柔軟な、例：*Pinus flexilis*（マツ属の高木）

flexuosus *fleks-yoo-OH-sus*
flexuosa, flexuosum
まっすぐでない、ジグザグの、例：*Corydalis flexuosa*（キケマン属の多年草）

生きているラテン語

*fistulosum*という形容語は中空であることを意味し、この場合はこの植物の茎についていっている。属名の*Oenanthe*（セリ属）はギリシア語に由来し、「ワインの花」という意味で、この植物の茎をつぶすとワインに似た香りを放つ。花は密な散形花序をしていて、遠くから見るとちょっとマツムシソウの花のように見える。常緑で耐寒性の*Oenanthe fistulosa*はブリテン諸島に自生するワイルドフラワーで、その本来の生育場所は湿地、浅い水、あるいは沼地である。その灰緑色の葉はニンジンの葉に似ており、成長すると高さ60センチになる。*O. fistulosa*は感じのよい池畔の植物になる。セリ属の植物はほとんどが有毒なので注意すること。事実、*O. crocata*は一般にhemlock water dropwort［「ドクニンジンのセリ」］とよばれ、イギリスの植物のなかでもっとも有毒な植物かもしれない。

Oenanthe fistulosa、
tubular dropwort（セリ属の多年草）

floccigerus *flok-KEE-jer-us*
floccigera, floccigerum

floccosus *flok-KOH-sus*
floccosa, floccosum
羊毛のような手触りの、例：*Rhipsalis floccosa*（リプサリス属のサボテン）

florentinus *flor-en-TEE-nus*
florentina, florentinum
イタリアのフィレンツェの、例：*Malus florentina*（リンゴ属の小高木）

flore-pleno *FLOR-ee PLEE-no*
八重咲きの花の、例：*Aquilegia vulgaris* var. *flore-pleno*（セイヨウオダマキの変種）

floribundus *flor-ih-BUN-dus*
floribunda, floribunium

floridus *flor-IH-dus*
florida, floridum
花が非常に多く咲く、例：*Wisteria floribunda*（フジ）

floridanus *flor-ih-DAH-nus*
floridana, floridanum
アメリカのフロリダ州の、例：*Illicium floridanum*（シキミ属の低木）

floriferus *flor-IH-fer-us*
florifera, floriferum
花が非常に多く咲く、例：*Townsendia florifera*（ジギク属の１年草）

flos *flos*
花を意味する複合語で使われる、例：*Lychnis flos-cuculi*（カッコウセンノウ）（*flos-cuculi*は「カッコウの花」）

fluitans *FLOO-ih-tanz*
浮遊する、例：*Glyceria fluitans*（ヒロハウキガヤ）

fluminensis *floo-min-EN-sis*
fluminensis, fluminense
ブラジルのリオデジャネイロ産の、例：*Tradescantia fluminensis*（トキワツユクサ）

fluvialis *floo-vee-AHL-is*
fluvialis, fluviale

fluviatilis *floo-vee-uh-TIL-is*
fluviatilis, fluviatile
川または流水中に生える、例：*Isotoma fluviatilis*（キキョウ科イソトマ属の多年草）

foeniculaceus *fen-ee-kul-ah-KEE-us*
foeniculacea, foeniculaceum
ウイキョウ（*Foeniculum*）のような、例：*Argyranthemum foeniculaceum*（モクシュンギク属の多年草）

foetidus *FET-uh-dus*
foetida, foetidum
悪臭がする、例：*Vestia foetida*（ナス科ウェスティア属の低木）

foetidissimus *fet-uh-DISS-ih-mus*
foetidissima, foetidissimum
ひどい悪臭がする、例：*Iris foetidissima*（ミナリアヤメ）

foliaceus *foh-lee-uh-SEE-us*
foliacea, foliaceum
葉状の、例：*Aster foliaceus*（シオン属の多年草）

foliatus *fol-ee-AH-tus*
foliata, foliatum
葉がある、例：*Aletris foliata*（ネバリノギラン）

foliolotus *foh-lee-oh-LOH-tus*
foliolota, foliolotum

foliolosus *foh-lee-oh-LOH-sus*
foliolosa, foliolosum
小葉がある、例：*Thalictrum foliolosum*（カラマツソウ属の多年草）

Pultenaea flexilis、
graceful bush pea
（マメ科プルテナエア属の低木）

FOENICULUM（フェンネル）

フェンネルは、ひとつの普通名が同じ属のまったく異なるふたつの植物にあいまいに使われているときに生じうる混乱のよい例である。*Foeniculum vulgare* var. *dulce*（イタリアウイキョウ）は鱗茎を形成する背の低い1年草で、しばしばフローレンスフェンネルとよばれ、イタリア料理にはなくてはならない野菜である（*vulgaris, vulgaris, vulgare*は「ふつうの」、*dulcis, dulcis, dulce*は「甘い」という意味）。背が高く優美な多年草のフェンネルは*F. vulgare* var. *sativum*で、葉と種子を料理に使用するために栽培される。緑色のものと銅緑色のものが手に入り、シーズン後期にセリ科独特の花が咲き、非常に美しいため、ハーブガーデンだけでなく境栽花壇でも同じくらいよく見かける。ふたつの変種のあいだで受粉して交雑するのを避けるため、いくらか距離をあけて植えること。*F. vulgare* var. *sativum*は驚くほど多くの種子を自然播種し、実生苗はすぐに強い主根を発達させるため、現れしだいすぐにとりのぞく。

フェンネルのギリシア語は*marathon*である。紀元前490年にマラトンの戦いでペルシア軍が敗北したとき、ギリシア軍の使者がアテナイまでの42キロの道のりを走ってそのニュースを知らせた。この戦いはフェンネル（種類は不明）の群生地で戦われた。こうして*Foeniculum*（ウイキョウ属）と長距離走が永久に結びついたのである。ちなみに、あまり英雄的ではないが、民間伝承によれば、フェンネルの種子を鍵穴に入れておけば、幽霊が入ってこないという。

foeniculaceus（*foeniculacea, foeniculaceum*）は「フェンネルに似ている」という意味である。*Agastache foeniculum*（anise hyssop、アニスヒソップ）や*Lomatium foeniculaceum*（desert biscuitroot、セリ科ロマティウム属の多年草）など、

Foeniculum vulgare（ウイキョウ）の葉も種子もアニスの実の味がする。厳密にはその葉はハーブで種子はスパイスである。

この語が使われている植物がいくつもある。しかし、nutmeg flowerやRoman corianderといったさまざまな普通名にくわえfennel flowerという普通名ももつ植物は、じつは*Nigella hispanica*（クロタネソウ属の1年草）で本物のフェンネルとは関係ない。

鱗茎がふくらんで多汁になるには多量の水が必要である。

Foeniculum vulgare var. *dulce*（Florence fennel、イタリアウイキョウ）は、十分に暖かくしないと、とうが立って花が咲く傾向がある。

foliosus *foh-lee-OH-sus*
foliosa, foliosum
葉が多い、葉が茂った、例：*Dactylorhiza foliosa*（ハクサンチドリ属の地生ラン）

follicularis *fol-lik-yoo-LAY-ris*
follicularis, folliculare
袋果をつける、例：*Cephalotus follicularis*（フクロユキノシタ）

fontanus *FON-tah-nus*
fontana, fontanum
流れの速い水中に生える、例：*Cerastium fontanum*（ミミナグサ）

formosanus *for-MOH-sa-nus*
formosana, formosanum
台湾（フォルモサとよばれていた）の、例：*Pleione formosana*（タイリントキソウ）

formosus *for-MOH-sus*
formosa, formosum
整った、美しい、例：*Pieris formosa*（ヒマラヤアセビ）

forrestianus *for-rest-ee-AH-nus*
forrestiana, forrestianum
forrestii *for-rest-EE-eye*
スコットランドの植物収集者ジョージ・フォレスト（1873-1932）への献名、例：*Hypericum forrestii*（オトギリソウ属の低木）

fortunei *for-TOO-nee-eye*
スコットランドの植物ハンターで園芸家ロバート・フォーチュン（1812-80）への献名、例：*Trachycarpus fortunei*（シュロ）

foveolatus *foh-vee-oh-LAH-tus*
foveolata, foveolatum
わずかなくぼみがある、例：*Chionanthus foveolatus*（ヒトツバタゴ属の高木）

Pieris formosa
（ヒマラヤアセビ）

fragarioides *fray-gare-ee-OY-deez*
イチゴ（*Fragaria*）に似た、例：*Waldsteinia fragarioides*（コキンバイ属の多年草）

fragilis *FRAJ-ih-lis*
fragilis, fragile
もろい、すぐに萎れる、例：*Salix fragilis*（ポッキリヤナギ）

fragantissimus *fray-gran-TISS-ih-mus*
fragrantissima, fragrantissimum
非常によい香りの、例：*Lonicera fragrantissima*（ツシマヒョウタンボク）

fragrans *FRAY-granz*
よい香りの、例：*Osmanthus fragrans*（モクセイ）

fraseri *FRAY-zer-ee*
スコットランドの植物収集者で種苗業者ジョン・フレーザー（1750-1811）への献名、例：*Magnolia fraseri*（モクレン属の小高木）

fraxineus *FRAK-si-nus*
fraxinea, fraxineum
トネリコ（*Fraxinus*）のような、例：*Blechnum fraxineum*（ヒリュウシダ属のシダ植物）

fraxinifolius *fraks-in-ee-FOH-lee-us*
fraxinifolia, fraxinifolium
トネリコ（*Fraxinus*）のような葉の、例：*Pterocarya fraxinifolia*（サワグルミ属の高木）

frigidus *FRIH-jih-dus*
frigida, frigidum
寒冷な地方に生える、例：*Artemisia frigida*（ヨモギ属の亜低木）

frondosus *frond-OH-sus*
frondosa, frondosum
非常に葉が茂った、例：*Primula frondosa*（プリムラ・フロンドーサ）

frutescens *froo-TESS-enz*
fruticans *FROO-tih-kanz*
fruticosus *froo-tih-KOH-sus*
fruticosa, fruticosum
低木状の、藪状の、例：*Argyranthemum frutescens*（モクシュンギク）

fruticola *froo-TIH-koh-luh*
叢林地に生える、例：*Chirita fruticola*（イワタバコ科キリタ属の多年草）

fruticulosus *froo-tih-koh-LOH-sus*
fruticulosa, fruticulosum
矮性低木の、例：*Matthiola fruticulosa*（アラセイトウ属の低木）

fucatus *few-KAH-tus*
fucata, fucatum
色が塗られた、染められた、例：*Crocosmia fucata*（アヤメ科クロコスミア属の植物）

生きているラテン語

Rubus fruticosus（セイヨウヤブイチゴ）は耐寒性がある開張性の低木で、小果樹を栽培する人に変わらぬ人気がある（*fruticosus*は「低木の」という意味）。豊作にするためには、実がなったらそのあとすぐに古い着果枝を切りとる。これで空間が確保でき、そこに新梢が伸びて冬が来る前に成熟できる。

Rubus fruticosus、blackberry（セイヨウヤブイチゴ）

fuchsioides *few-shee-OY-deez*
Fuchsia（フクシア属）に似た、例：*Iochroma fuchsioides*（ナス科イオクロマ属の低木）

fugax *FOO-gaks*
すぐに萎れる、はかない、例：*Urginea fugax*（カイソウ属の球根植物）

fulgens *FUL-jenz*
fulgidus *FUL-jih-dus*
fulgida, fulgidum
輝く、光沢がある、例：*Rudbeckia fulgida*（トウゴウギク）

fuliginosus *few-lih-gin-OH-sus*
fuliginosa, fuliginosum
汚い褐色あるいはすすけた色の、例：*Carex fuliginosa*（スゲ属の多年草）

fulvescens *ful-VES-enz*
黄褐色になる、例：*Masdevallia fulvescens*（マスデバリア属の着生ラン）

fulvidus *FUL-vee-dus*
fulvida, fulvidum
わずかに黄褐色の、例：*Cortaderia fulvida*（シロガネヨシ属の多年草）

fulvus *FUL-vus*
fulva, fulvum
褐色がかった橙色の、例：*Hemerocallis fulva*（ホンカンゾウ）

fumariifolius *foo-mar-ee-FOH-lee-us*
fumariifolia, fumariifolium
カラクサケマン（*Fumaria*）のような葉の、例：*Scabiosa fumariifolia*（マツムシソウ属の草本）

funebris *fun-EE-bris*
funebris, funebre
墓地の、例：*Cupressus funebris*（シダレイトスギ）

fungosus *fun-GOH-sus*
fungosa, fungosum
菌類のような、海綿状の、例：*Borinda fungosa*（ボリンダ属のタケ）

furcans *fur-kanz*
furcatus *fur-KA-tus*
furcata, furcatum
二またに分かれた、例：*Pandanus furcatus*（タコノキ属の木本性植物）

fuscatus *fus-KA-tus*
fuscata, fuscatum
褐色がかった、例：*Sisyrinchium fuscatum*（ニワゼキショウ属の多年草）

fuscus *FUS-kus*
fusca, fuscum
くすんだあるいは黒ずんだ褐色の、例：*Nothofagus fusca*（ナンキョクブナ属の高木）

futilis *FOO-tih-lis*
futilis, futile
用途がない、例：*Salsola futilis*（オカヒジキ属の草本）

植物ラテン語事典

G

gaditanus *gad-ee-TAH-nus*
gaditana, gaditanum
スペインのカディスの、例：*Narcissus gaditanus*（スイセン属の球根植物）

galacifolius *guh-lay-sih-FOH-lee-us*
galacifolia, galacifolium
Galax（イワウメ科ガラクス属）のような葉の、例：*Shortia galacifolia*（イワウチワ属の多年草）

galanthus *guh-LAN-thus*
galantha, galanthum
乳白色の花の、例：*Allium galanthum*（ネギ属の多年草）

生きているラテン語

Adriatic bellflower（イタリアギキョウ）はイタリアの山岳地域原産で、イギリス国内ではロックガーデンでの栽培に非常に適している。夏に愛らしい星形の青い花をつけ、日なたまたは明るい日陰の湿り気があるが水はけのよい土壌でよく生育し、高さ10センチまで伸びてまとまった塊を作る。

Campanula garganica、
Adriatic bellflower
（イタリアギキョウ）

galeatus *ga-le-AH-tus*
galeata, galeatum

galericulatus *gal-er-ee-koo-LAH-tus*
galericulata, galericulatum
兜のような形をした、例：*Sparaxis galeata*（スイセンアヤメ属の球茎植物）

galegifolius *guh-lee-gih-FOH-lee-us*
galegifolia, galegifolium
Galega（マメ科ガレガ属）のような葉の、例：*Swainsona galegifolia*（マメ科スウァインソナ属の多年草）

gallicus *GAL-ih-kus*
gallica, gallicum
フランスの、例：*Rosa gallica*（ガリカバラ）

gangeticus *gan-GET-ih-kus*
gangetica, gangeticum
インドおよびバングラデシュのガンジス川地域の、例：*Asystasia gangetica*（キツネノマゴ科アシスタシア属の多年草）

garganicus *gar-GAN-ih-kus*
garganica, garganicum
イタリアのガルガーノ山の、例：*Campanula garganica*（イタリアギキョウ）

gelidus *JEL-id-us*
gelida, gelidum
凍るほど寒冷な地方の、例：*Rhodiola gelida*（イワベンケイ科の植物）

gemmatus *jem-AH-tus*
gemmata, gemmatum
宝石で飾られた、例：*Wikstroemia gemmata*（アオガンピ属の低木）

gemmiferus *jem-MIH-fer-us*
gemmifera, gemmiferum
芽がある、例：*Primula gemmifera*（プリムラ・ゲンミフェラ）

generalis *jen-er-RAH-lis*
generalis, generale
標準的な、例：*Canna* × *generalis*（ハナカンナ）

genevensis *gen-EE-ven-sis*
genevensis, genevense
スイスのジュネーヴ産の、例：*Ajuga genevensis*（キランソウ属の多年草）

geniculatus *gen-ik-yoo-LAH-tus*
geniculata, geniculatum
膝のように急に折れた、例：*Thalia geniculata*（ミズカンナ属の多年草）

genistifolius *jih-nis-tih-FOH-lee-us*
genistifolia, genistifolium
Genista（ヒトツバエニシダ属）のような葉の、例：*Linaria genistifolia*（ウンラン属の多年草）

GERANIUM（ゲラニウム）

　ラテン語の属名 *Geranium*（フウロソウ属）がよく使われ、普通名の cranesbill [「ツルのくちばし」] はほとんど使われなくなったため、小文字のローマン体で書かれた geranium（ゲラニウム）という語をよく見かける。この名前はツルを意味するギリシア語 *geranos* に由来し、この植物のツルの長くとがったくちばしに似た優美な蒴果のことをいっている。非常に魅力的で有用なうえ栽培しやすいため、これほど多くの種が庭で栽培されるようになったのは驚くにあたらないし、どの種にもうっとりするような栽培品種があって、どれを栽培するか決めるとなるとガーデナーは迷ってしまって困るほどである。

　選択にあたってはラテン名が非常に役に立つ。明るい日陰には *Geranium sylvaticum*（*sylvaticus, sylvatica, sylvaticum*、森林に生える）を試してみるとよい。これに対し *G. pratense*（*pratensis, pratensis, pratense*、草原の）は meadow cranesbill（ノハラフウロ）で、この植物は制約が少なくあまり自然条件にしばられないため、ほかの多くの種に比べて広く分布している。ほかに herb robert という普通名もある。これは通常、*G. robertianum*（ヒメフウロ）のことをいい、ロベルトというフランスの修道院長にちなんで命名されたと考えられている。そのほかの呼び名として、cuckoo's eye、death come quickly、red robin、stinking Robert がある。

　一般用語としてのゲラニウムは、意図せず誤ってペラルゴニウムと混同されることがよくある。どちらも *Geraniaceae*（フウロソウ科）に属すが、*Pelargonium*（テンジクアオイ属）は *Geranium*（フウロソウ属）とはまったく異なる属である。それは霜に耐えられず、耐寒性のあるいとこに比べて冷涼な地域では温室栽培か露地なら夏の鉢栽培に向いている。この属名もギリシア語の鳥の名に由来するが、この場合はコウノトリすなわち *pelargos* で、果実の突起がこの鳥のくちばしに似ているからである（普通名は storksbill [「コウノトリのくちばし」]）。*Pelargonium peltatum*（タテバテンジクアオイ）はしばしば ivy-leaved pelargonium [「キヅタの葉をもつペラルゴニウム」] とよばれ、それはその葉が盾のような形をしているからである（*peltatus, peltata, peltatum*、*pelta* すなわち盾の）。これに対して *P. zonale*（モンテンジクアオイ）の葉には独特の模様がある（*zonalis, zonalis, zonale*、帯の）。

ペラルゴニウムは耐霜性がなく、温室栽培をしたほうがよい。

Pelargonium zonale の葉には独特の模様がある。

生きているラテン語

bearded iris（ドイツアヤメ）は初夏に驚くほどさまざまな色の花を咲かせる。水はけのよい場所に根茎が土壌表面のすぐ下になるように植えると根が広がる。込みあってきたら、開花期のあとに株分けして植えかえる。これを数年ごとに行なえば、つづけてよく花を咲かせることができる。下側の花弁［正確にいうと外花被片］に髭とよばれる軟毛がある。

Iris germanica、bearded iris（ドイツアヤメ）

geoides *jee-OY-deez*
ダイコンソウ（*Geum*）のような、例：*Waldsteinia geoides*（コキンバイ属の多年草）

geometrizans *jee-oh-MET-rih-zanz*
幾何学模様がある、例：*Myrtillocactus geometrizans*（リュウジンボク）

georgianus *jorj-ee-AH-nus*
georgiana, georgianum
アメリカのジョージア州の、例：*Quercus georgiana*（コナラ属の高木）

georgicus *JORJ-ih-kus*
georgica, georgicum
（ユーラシアの）グルジアの、例：*Pulsatilla georgica*（オキナグサ属の多年草）

geranioides *jer-an-ee-OY-deez*
Geranium（フウロソウ属）に似た、例：*Saxifraga geranioides*（ユキノシタ属の多年草）

germanicus *jer-MAN-ih-kus*
germanica, germanicum
ドイツの、例：*Iris germanica*（ドイツアヤメ）

gibberosus *gib-er-OH-sus*
gibberosa, gibberosum
片側に瘤がある、例：*Scaphosepalum gibberosum*（スカホセパルム属のラン）

gibbiflorus *gib-bih-FLOR-us*
gibbiflora, gibbiflorum
片側に瘤がある花の、例：*Echeveria gibbiflora*（ベンケイソウ科エチェベリア属の多肉植物）

gibbosus *gib-OH-sus*
gibbosa, gibbosum
gibbus *gib-us*
gibba, gibbum
片側にふくらみがある、例：*Fritillaria gibbosa*（バイモ属の多年草）

gibraltaricus *jib-ral-TAH-rih-kus*
gibraltarica, gibraltaricum
ヨーロッパのジブラルタルの、例：*Iberis gibraltarica*（オニマガリバナ）

giganteus *jy-GAN-tee-us*
gigantea, giganteum
並はずれて背が高いか大きい、例：*Stipa gigantea*（ハネガヤ属の多年草）

giganthus *jy-GAN-thus*
gigantha, giganthum
大きな花の、例：*Hemsleya giganth*a（ウリ科ヘムスレイア属のつる性草本）

gilvus *GIL-vus*
gilva, gilvum
くすんだ黄色の、例：*Echeveria × gilva*（ベンケイソウ科エチェベリア属の多肉植物）

GEOIDES ~ GLOMERATUS

glabellus *gla-BELL-us*
glabella, glabellum
なめらかな、例：*Epilobium glabellum*（アカバナ属の亜低木）

glaber *glay-ber*
glabra, glabrum
なめらかな、無毛の、例：*Bougainvillea glabra*（テリハイカダカズラ）

glabratus *GLAB-rah-tus*
glabrata, glabratum
glabrescens *gla-BRES-senz*
glabriusculus *gla-bree-US-kyoo-lus*
glabriuscula, glabriusculum
やや無毛の、例：*Corylopsis glabrescens*（キリシマミズキ）

glacialis *glass-ee-AH-lis*
glacialis, glaciale
凍るほど寒冷な氷河地域の、例：*Dianthus glacialis*（ヒョウガナデシコ）

gladiatus *glad-ee-AH-tus*
gladiata, gladiatum
剣のような、例：*Coreopsis gladiata*（ハルシャギク属の多年草）

glanduliferus *glan-doo-LIH-fer-us*
glandulifera, glanduliferum
腺がある、例：*Impatiens glandulifera*（ロイルツリフネソウ）

glanduliflorus *gland-yoo-LIH-flor-us*
glanduliflora, glanduliflorum
腺がある花をつける、例：*Stapelia glanduliflora*（ガガイモ科スタペリア属の多肉植物）

glandulosus *glan-doo-LOH-sus*
glandulosa, glandulosum
腺質の、例：*Erodium glandulosum*（オランダフウロ属の多年草）

glaucescens *glaw-KES-enz*
ブルーム［白い蝋状の粉］がある、青緑色の、例：*Ferocactus glaucescens*（オウカンリュウ）

glaucifolius *glau-see-FOH-lee-us*
glaucifolia, glaucifolium
灰緑色の葉の、ブルームがある葉の、例：*Diospyros glaucifolia*（カキノキ属の高木）

glaucophyllus *glaw-koh-FIL-us*
glaucophylla, glaucophyllum
灰緑色のあるいはブルームがある葉の、例：*Rhododendron glaucophyllum*（ツツジ属の低木）

glaucus *GLAW-kus*
glauca, glaucum
葉にブルームがある、例：*Festuca glauca*（ウシノケグサ属の多年草）

globiferus *glo-BIH-fer-us*
globifera, globiferum
小球が球状に集まった、例：*Pilularia globifera*（デンジソウ科ピルラリア属のシダ植物）

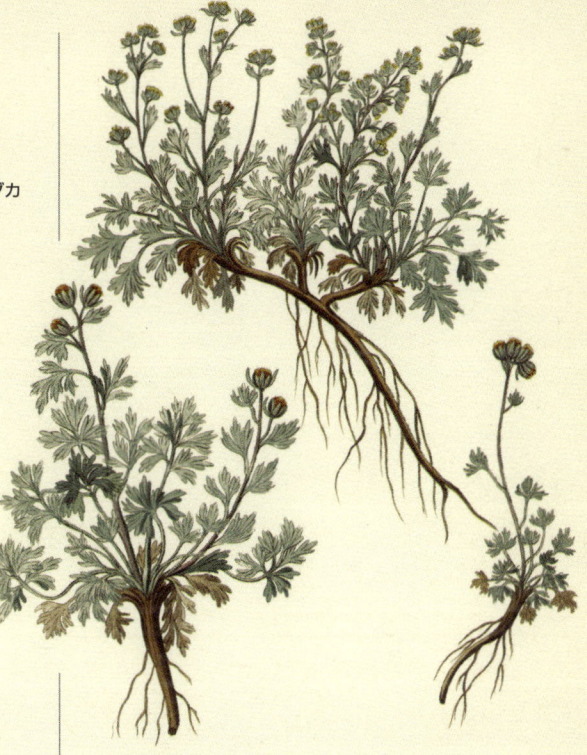

Artemisia glacialis、
Alpine mugwort（ヨモギ属の多年草）

globosus *glo-BOH-sus*
globosa, globosum
球形の、例：*Buddleja globosa*（タマフジウツギ）

globularis *glob-YOO-lah-ris*
globularis, globulare
小球の、例：*Carex globularis*（トナカイスゲ）

globuliferus *glob-yoo-LIH-fer-us*
globulifera, globuliferum
小球状に集まった、例：*Saxifraga globulifera*（ユキノシタ属の草本）

globuligemma *glob-yoo-lih-JEM-uh*
球形の芽がある、例：*Aloe globuligemma*（アロエ属の多肉植物）

globulosus *glob-yoo-LOH-sus*
globulosa, globulosum
小さくて球形の、例：*Hoya globulosa*（サクララン属のつる性植物）

glomeratus *glom-er-AH-tus*
glomerata, glomeratum
球状に集まった、例：*Campanula glomerata*（ヤツシロソウ）

97

ジョン・バートラム
(1699–1777)

ウィリアム・バートラム
(1739–1823)

　1730年代中頃以降、注意深く体系的な植物の収集と同定と記録というリンネのやり方を、北米の植物学者や博物学者が実践しはじめた。非凡な独学の植物学者ジョン・バートラムは、この厳格なやり方を推進する動きの最前線にいた。正規の教育をほとんど受けていないひかえめな農夫で地主の彼がフィラデルフィア近郊の地元キングセッシングに造った庭園は、今ではアメリカで最初の植物園とみなされている。バートラムはクエーカー教徒で、当時、フィラデル地域のフレンド会は植物と園芸の研究の促進に非常に積極的だった

　バートラムの影響は驚くほど急速に空前の規模で海外に広がった。彼はイギリスの羊毛商人ピーター・コリンソンのもとへ自生の植物の種子を送り、その結果、アメリカ原産の約200種類の新しい高木、低木、植物がイギリスにもたらされた。バートラムは生涯、多数の標本と種子を、ロンドンのチェルシー薬草園とキュー植物園をはじめとするヨーロッパの有名な植物学者のもとへ送った。1735年から南東部の諸州を広く旅して収集し、発見したものを正確かつ明確に記録した。バートラムはカール・リンネ（p.132）に師事したフィンランド人のペール・カルムに紹介され、すぐにバートラムとリンネのあいだで科学的発見についての意見交換がなされるようになった。バートラムのほかに類を見ない野生植物のコレクションは有名になり、イギリス国王ジョージ3世は1765年4月に彼を年俸50ポンドで国王の植物学者に任命した。また、1760年代末にはバートラムはストックホルムの王立科学アカデミーの会員に選ばれた。彼が発見した植物は多く、*Magnolia acuminata*（cucumber tree、キモクレン）、*Nyssa sylvatica*（tupelo、ヌマミズキ）、*Dionaea muscipula*（Venus fly trap、ハエジゴク）などがある。

　家族に著名な植物学者がひとりでは不足だとでもいうかのように、ジョン・バートラムの5人目の子どもウィリアムは著名な博物学者、探検家、そして作家として今日でも尊敬されている。若いときに父親に同行して多く

ジョン・バートラムは植物採集に夢中になった。

チャールズ・ウィルソン・ピールによるこの肖像画でウィリアム・バートラムの服を飾っている花に注目してほしい。

の探検に行き、それには1765〜66年の600キロを超えるセントジョンズ川の探検もふくまれている。フロリダでインディゴ栽培の農園主になろうとして不成功に終わったのちフィラデルフィアに戻り、それから南部の入植地をめぐる旅に出たが、これは4年におよぶひとり旅になった。その結果、1791年に出版された『旅行記 (Travels Through North and South Carolina, Georgia, East and West Florida, the Cherokee Country etc.)』は、これらの地域の地理と自然史を明確かつ感性豊かに報告し、そこに住んでいた先住民の生活や習慣を新たな切り口で描いている。また、アメリカ固有の鳥にかんする権威でもあり、Bartramia (マキバシギ属) という鳥の属名は彼にちなんでつけられた。なお、彼は健康上の理由からペンシルヴェニア大学の植物学教授の地位を引き受けることができなかった。また同様に、視力がよくなかったため、ルイスとクラークの遠征 (p.54) に公式の博物学者として参加しないかという申し出も受諾しなかった。

ウィリアム・バートラムの共感的なものの見方はとくにヨーロッパで高く評価され、彼の著作が広く読まれた。19世紀にイギリスのロマン派詩人ウィリアム・ワーズワースとサミュエル・テイラー・コールリッジに影響をおよぼすことになり、その一方でアメリカ国内ではラルフ・ワルド・エマーソンやヘンリー・デイヴィッド・ソローも彼を称賛した。ウィリアム・バートラムは美しい詩的な散文を書いただけでなく、才能ある画家でもあり、素晴らしい正確さと流暢さで、旅で目にした植物や動物を記録した。現存する彼の絵画やスケッチの多くはロンドン自然史博物館に収蔵されている。はっきりと表れている自然界に対する高い感受性は現代の環境問題に対する懸念と一致するところがあり、彼の著作は今日でもまだ読まれている。

ウィリアムと弟のジョン・バートラム・ジュニアは、父親が設立した植物園をひきつづき発展させ、

この非常に華やかな*Franklinia alatamaha*（Franklin tree、フランクリンノキ）は、ジョン・バートラムが1765年にジョージア州のケープフェア川とアラタマハ川を旅したときに発見した。そして、友人であるベンジャミン・フランクリンに敬意を表して命名した。

北米の植物と種子を世界中の多くの国へ輸出して成功し、家業を繁盛させつづけた。一家にちなんで命名された植物に*Amelanchier bartramiana*（ザイフリボク属の低木）と*Commersonia bartramia*（ヒゲミノキ）がある。*Bartramia*（タマゴケ属）と命名されたコケの属もある（*Bartramiaceae*［タマゴケ科］に属す）。ジョン・バートラムの死の十年後、ジョージ・ワシントンがキングセッシングにある素晴らしい植物園を訪れて感服し、以来、この植物園は訪問者を歓迎しつづけている。

「世界でもっとも偉大な植物学者」
カール・リンネ（1707-78）、ジョン・バートラムについて語って

gloriosus *glo-ree-OH-sus*
gloriosa, gloriosum
みごとな、立派な、例：*Yucca gloriosa*（アツバキミガヨラン）

gloxinioides *gloks-in-ee-OY-deez*
Gloxinia（イワタバコ科グロクシニア属）に似た、
例：*Penstemon gloxinioides*（イワブクロ属の多年草）

glumaceus *gloo-MA-see-us*
glumacea, glumaceum
包頴（イネ科植物の花を覆っている苞葉）がある、
例：*Dendrochilum glumaceum*（デンドロキルム属の着生ラン）

glutinosus *gloo-tin-OH-sus*
glutinosa, glutinosum
ねばねばする、粘着性の、例：*Eucryphia glutinosa*（クノニア科エウクリフィア属の低木または小高木）

glycinoides *gly-sin-OY-deez*
ダイズ（*Glycine*）のような、例：*Clematis glycinoides*（センニンソウ属のつる性植物）

gnaphaloides *naf-fal-OY-deez*
Gnaphalium（ハハコグサ属）のような、例：*Senecio gnaphaloides*（キオン属の植物）

gongylodes *GON-jih-loh-deez*
ふくらんだ、丸みをおびた、例：*Cissus gongylodes*（セイシカズラ属のつる性植物）

goniocalyx *gon-ee-oh-KAL-iks*
角がある萼、例：*Eucalyptus goniocalyx*（ユーカリ属の高木）

gossypinus *goss-ee-PEE-nus*
gossypina, gossypinum
ワタ（*Gossypium*）のような、例：*Strobilanthes gossypina*（イセハナビ属の小低木）

gracilentus *grass-il-EN-tus*
gracilenta, gracilentum
優美な、ほっそりした、例：*Rhododendron gracilentum*（ツツジ属の低木）

graciliflorus *grass-il-ih-FLOR-us*
graciliflora, graciliflorum
ほっそりしたあるいは優美な花の、例：*Pseuderanthemum graciliflorum*（キツネノマゴ科プセウデランテムム属の亜低木または小低木）

gracilipes *gra-SIL-i-peez*
ほっそりした柄の、例：*Mahonia gracilipes*（ヒイラギナンテン属の小低木）

Lathyrus grandiflorus、
perennial sweet pea
（オオレンリソウ）

gracilis *GRASS-il-is*
gracilis, gracile
優美な、ほっそりした、例：*Geranium gracile*（ゲラニウム・グラキレ）

graecus *GRAY-kus*
graeca, graecum
ギリシアの、例：*Fritillaria graeca*（バイモ属の多年草）

gramineus *gram-IN-ee-us*
graminea, gramineum
イネ科植物のような、例：*Iris graminea*（アヤメ属の多年草）

graminifolius *gram-in-ee-FOH-lee-us*
graminifolia, graminifolium
イネ科植物のような葉の、例：*Stylidium graminifolium*（トリガープランツ）

granadensis *gran-uh-DEN-sis*
granadensis, granadense
スペインのグラナダまたは南米のコロンビア［かつてヌエバ・グラナダとよばれていた］産の、例：*Drimys granadensis*（シキミモドキ属の高木）

grandiceps *GRAN-dee-keps*
大きな頭の、例：*Leucogenes grandiceps*（ニュージーランドエーデルワイス）

grandicuspis *gran-dih-KUS-pis*
grandicuspis, grandicuspe
大きなとがりがある、例：*Sansevieria grandicuspis*（チトセラン属の植物）

grandidentatus *gran-dee-den-TAH-tus*
grandidentata, grandidentatum
大きな歯がある、例：*Thalictrum grandidentatum*（カラマツソウ属の多年草）

grandiflorus *gran-dih-FLOR-us*
grandiflora, grandiflorum
大きな花の、例：*Platycodon grandiflorus*（キキョウ）

grandifolius *gran-dih-FOH-lee-us*
grandifolia, grandifolium
大きな葉の、例：*Haemanthus grandifolius*（マユハケオモト属の球根植物）

grandis *gran-DIS*
grandis, grande
大きい、人目を引く、例：*Licuala grandis*（マルハウチワヤシ）

graniticus *gran-NY-tih-kus*
granitica, graniticum
花崗岩や岩の上に生える、例：*Dianthus graniticus*（ナデシコ属の多年草）

granulatus *gran-yoo-LAH-tus*
granulata, granulatum
粒状の構造を生じる、例：*Saxifraga granulata*（タマユキノシタ）

granulosus *gran-yool-OH-sus*
granulosa, granulosum
小粒でできた、例：*Centropogon granulosus*（キキョウ科ケントロポゴン属の植物）

gratianopolitanus *grat-ee-an-oh-pol-it-AH-nus*
gratianopolitana, gratianopolitanum
フランスのグルノーブルの、例：*Dianthus gratianopolitanus*（シバナデシコ）

gratissimus *gra-TIS-ih-mus*
gratissima, gratissimum
非常に好ましい、例：*Luculia gratissima*（アカネ科ルクリア属の小高木）

gratus *GRAH-tus*
grata, gratum
喜びをあたえる、例：*Conophytum gratum*（ハマミズナ科コノフィトゥム属の多肉植物）

graveolens *grav-ee-OH-lenz*
強いにおいがする、例：*Ruta graveolens*（ヘンルーダ）

griseus *GREE-see-us*
grisea, griseum
灰色の、例：*Acer griseum*（アカハダメグスリノキ）

grosseserratus *grose ser-AH-tus*
grosseserrata, grosseserratum
大きな鋸歯がある、例：*Clematis occidentalis* subsp. *grosseserrata*（センニンソウ属のつる性植物）

grossus *GROSS-us*
grossa, grossum
非常に大きい、例：*Betula grossa*（ミズメ）

guianensis *gee-uh-NEN-sis*
guianensis, guianense
南米のギアナ産の、例：*Couroupita guianensis*（ホウガンボク）

guineensis *gin-ee-EN-sis*
guineensis, guineense
西アフリカのギニア海岸産の、例：*Elaeis guineensis*（アブラヤシ）

gummifer *GUM-mif-er*
gummifera, gummiferum
ゴムを生産する、例：*Seseli gummiferum*（イブキボウフウ属の多年草）

gummosus *gum-MOH-sus*
gummosa, gummosum
ゴム状の、例：*Ferula gummosa*（オオウイキョウ属の多年草）

guttatus *goo-TAH-tus*
guttata, guttatum
斑点がある、例：*Mimulus guttatus*（セイタカミゾホオズキ）

gymnocarpus *jim-noh-KAR-pus*
gymnocarpa, gymnocarpum
裸果の、露出した果実をつける、例：*Rosa gymnocarpa*（バラ属の低木）

H

haastii *HAAS-tee-eye*
ドイツの探検家で地質学者ユーリウス・フォン・ハースト（1824-87）への献名、例：*Olearia* × *haastii*（キク科オレアリア属の低木）

hadriaticus *had-ree-AT-ih-kus*
hadriatica, hadriaticum
ヨーロッパのアドリア海沿岸諸国の、例：*Crocus hadriaticus*（クロッカス属の球茎植物）

haemanthus *hem-AN-thus*
haemantha, haemanthum
血紅色の花の、例：*Alstroemeria haemantha*（ユリズイセン属の多年草）

haematocalyx *hem-at-oh-KAL-icks*
血紅色の萼の、例：*Dianthus haematocalyx*（ナデシコ属の多年草）

haematochilus *hem-mat-oh-KY-lus*
haematochila, haematochilum
血紅色の唇弁の、例：*Oncidium haematochilum*（オンシジウム属の着生ラン）

Glechoma hederacea、
ground ivy
（セイヨウカキドオシ）

haematodes *hem-uh-TOH-deez*
血紅色の、例：*Rhododendron haematodes*（ツツジ属の低木）

hakeoides *hak-ee-OY-deez*
Hakea（ヤマモガシ科ハケア属）に似た、例：*Berberis hakeoides*（メギ属の低木）

halophilus *hal-oh-FIL-ee-us*
halophila, halophilum
塩を好む、例：*Iris spuria* subsp. *halophila*（アヤメ属の多年草）

hamatus *ham-AH-tus*
hamata, hamatum
hamosus *ham-UH-sus*
hamosa, hamosum
鉤状の、例：*Euphorbia hamata*（トウダイグサ属の多肉植物）

harpophyllus *harp-oh-FIL-us*
harpophylla, harpophyllum
鎌形の葉の、例：*Laelia harpophylla*（ラエリア属の着生ラン）

hastatus *hass-TAH-tus*
hastata, hastatum
槍のような形をした、例：*Verbena hastata*（ブルーバーベイン）

hastilabius *hass-tih-LAH-bee-us*
hastilabia, hastilabium
槍形の唇弁の、例：*Oncidium hastilabium*（オンシジウム属の着生ラン）

hastulatus *hass-TOO-lat-tus*
hastulata, hastulatum
やや槍形の、例：*Acacia hastulata*（アカシア属の低木）

hebecarpus *hee-be-KAR-pus*
hebecarpa, hebecarpum
短軟毛で覆われた果実をつける、例：*Senna hebecarpa*（マメ科センナ属の多年草）

hebephyllus *hee-bee-FIL-us*
hebephylla, hebephyllum
短軟毛で覆われた葉の、例：*Cotoneaster hebephyllus*（シャリントウ属の低木）

hederaceus *hed-er-AYE-see-us*
hederacea, hederaceum
キヅタ（*Hedera*）のような、例：*Glechoma hederacea*（セイヨウカキドオシ）

hederifolius *hed-er-ih-FOH-lee-us*
hederifolia, hederifolium
キヅタ（*Hedera*）のような葉の、例：*Veronica hederifolia*（フラサバソウ）

helianthoides *hel-ih-anth-OH-deez*
ヒマワリ（*Helianthus*）に似た、例：*Heliopsis helianthoides*（キクイモモドキ）

helix *HEE-licks*
螺旋状の、巻きつき植物に用いられる、例：*Hedera helix*（セイヨウキヅタ）

HELIANTHUS（ヒマワリ）

　その大きく力強い花のことを思えば、喜びにあふれたヒマワリが多くの文化の習慣や神話で変わらぬ地位を占めているのは、それほど意外なことではないだろう。ペルーとインカの文明では人々はヒマワリを太陽の象徴として崇拝し、アメリカ先住民はヒマワリの種子を死者の墓に置いた。中国人にとってはこの花は長寿の象徴であり、一方、ヨーロッパには日が沈むときに願いごとをしながらヒマワリを摘めば、翌日太陽が昇ると願いごとがかなうという伝承がある。

　植物名ではよくあることだが、この植物のラテン語の学名はギリシア語にルーツがある。Helianthus（ヒマワリ属）は太陽のギリシア語heliosと花を意味するanthosからきているのである。Asteraceae（キク科）に属し、多くの花をつけるHelianthus annuus（ヒマワリ）を野菜のH. tuberosus（Jerusalem artichoke、キクイモ）と混同してはいけない（面白いことに、この野菜のもうひとつの普通名は「sunchoke」である［ヒマワリsun(flower)＋アーティチョーク(arti)choke］）。H. decapetalusという種名の植物（ノヒマワリ）もあり、これは一般にforest sunflowerあるいはthinleaf sunflowerとよばれる（decapetalus, decapetala, decapetalum、10花弁の）。また、H. debilis subsp. cucumerifolius（ヒメヒマワリ）はその亜種名が示すようにキュウリに似た葉をもつ（debilis, debilis, debile、弱くか細い）。

　さらに太陽との言葉上の関連性が「ray」に見られ、これはヒナギクの花の花弁のように見える部分に使われる正しい植物学用語である［rayには光線のほかに舌状花という意味もある］。ほかの属で属名の中にhelioがあるものにHeliopsis（キクイモモドキ属）とHeliotropium（ニオイムラサキ属）がある。

heliotropic（向日性）という言葉は、一部の植物の茎や花が昼間ずっと、空を横切る太陽の動きを追っていく習性をいう（tropeは向くのギリシア語）。

　ヒマワリはその印象的な花の観賞用としての価値にくわえ、すぐれた油を生産し、種子は食用になり栄養価が高いため、作物としても栽培される。1年草と多年草があるこのグループの植物は種子から容易に育てることができる。栽培上のおもな課題は、十分に水をあたえ、十分に強い支柱をすることである。この植物がどんどん成長することはよく知られており、高さ8メートル以上になった記録がある。

子どもたちは、ヒマワリの小さな種子が自分よりもずっと背の高いそびえ立つ花になるのを見るのが大好きだ。

Helianthus annuus、sunflower（ヒマワリ）

hellenicus *hel-LEN-ih-kus*
hellenica, hellenicum
ギリシアの、例：*Linaria hellenica*（ウンラン属の植物）

helodes *hel-OH-deez*
沼沢地産の、例：*Drosera helodes*（モウセンゴケ属の食虫植物）

helveticus *hel-VET-ih-kus*
helvetica, helveticum
スイスの、例：*Erysimum helveticum*（エゾスズシロ属の多年草）

生きているラテン語

　English ivyあるいはcommon ivyとよばれるセイヨウキヅタは、きわめて要求の少ない植物である。常緑で、からまりがみつく習性をもち*helix*は螺旋形を意味する。日なたでも日陰でも生育し、十分に耐寒性がある。冬にはその漿果（しょうか）が鳥の重要な食料源になり、晩夏から秋にかけてはミツバチがその小さな白い花のごちそうを楽しむ。

Hedera helix、
English ivy（セイヨウキヅタ）

---

helvolus *HEL-vol-us*
helvola, helvolum
赤みをおびた黄色の、例：*Vanda helvola*（バンダ属の着生ラン）

hemisphaericus *hem-is-FEER-ih-kus*
hemisphaerica, hemisphaericum
半球形の、例：*Quercus hemisphaerica*（コナラ属の高木）

henryi *HEN-ree-eye*
アイルランドの植物収集者オーガスティン・ヘンリー（1857-1930）への献名、例：*Lilium henryi*（キカノコユリ）

hepaticifolius *hep-at-ih-sih-FOH-lee-us*
hepaticifolia, hepaticifolium
Hepatica（スハマソウ属）のような葉の、例：*Cymbalaria hepaticifolia*（ツタガラクサ属の多年草）

hepaticus *hep-AT-ih-kus*
hepatica, hepaticum
くすんだ褐色の、肝臓色の、例：*Anemone hepatica*（ミスミソウ）

hepta-
7を意味する接頭語

heptaphyllus *hep-tah-FIL-us*
heptaphylla, heptaphyllum
7葉の、例：*Parthenocissus heptaphylla*（ツタ属の木本性つる植物）

heracleifolius *hair-uh-klee-ih-FOH-lee-us*
heracleifolia, heracleifolium
Heracleum（ハナウド属）のような葉の、例：*Begonia heracleifolia*（ヤツデベゴニア）

herbaceus *her-buh-KEE-us*
herbacea, herbaceum
草本の、すなわち木本でない、例：*Salix herbacea*（ヤナギ属の匍匐性低木）

heter-, hetero-
「さまざまな」あるいは「異なる」という意味の接頭語

heteracanthus *het-er-a-KAN-thus*
heteracantha, heteracanthum
さまざまな刺がある、異なる刺がある、例：*Agave heteracantha*（リュウゼツラン属の多年生植物）

heteranthus *het-er-AN-thus*
heterantha, heteranthum
さまざまな花がある、異なる花がある、例：*Indigofera heterantha*（コマツナギ属の低木）

heterocarpus *het-er-oh-KAR-pus*
heterocarpa, heterocarpum
さまざまな果実がある、異なる果実がある、例：*Ceratocapnos heterocarpa*（キンポウゲ科ケラトケパラ属の1年草）

heterodoxus *het-er-oh-DOKS-us*
heterodoxa, heterodoxum
その属の典型と異なる、例：*Heliamphora heterodoxa*（ヘリアムフォラ属の食虫植物）

heteropetalus *het-er-oh-PET-uh-lus*
heteropetala, heteropetalum
さまざまな花弁がある、異なる花弁がある、例：*Erepsia heteropetala*（ハマミズナ科エレプシア属の匍匐性低木）

heterophyllus *het-er-oh-FIL-us*
heterophylla, heterophyllum
さまざまな葉がある、異なる葉がある、例：*Osmanthus heterophyllus*（ヒイラギ）

heteropodus *het-er-oh-PO-dus*
heteropoda, heteropodum
さまざまな柄がある、異なる柄がある、例：*Berberis heteropoda*（メギ属の低木）

hexa-
6を意味する接頭語

hexagonopterus *heks-uh-gon-OP-ter-us*
hexagonoptera, hexagonopterum
六角の翼がある、例：*Phegopteris hexagonoptera*（フェゴプテリス属のシダ植物）

hexagonus *hek-sa-GON-us*
hexagona, hexagonum
六角の、例：*Cereus hexagonus*（ハシラサボテン属のサボテン）

hexandrus *heks-AN-drus*
hexandra, hexandrum
6雄ずいの、例：*Sinopodophyllum hexandrum*（メギ科シノポドフィルム属の多年草）

hexapetalus *heks-uh-PET-uh-lus*
hexapetala, hexapetalum
6花弁の、例：*Ludwigia grandiflora* subsp. *hexapetala*（チョウジタデ属の植物）

hexaphyllus *heks-uh-FIL-us*
hexaphylla, hexaphyllum
6葉または6小葉の、例：*Stauntonia hexaphylla*（ムベ）

hians *HY-anz*
口をあけた、例：*Aeschynanthus hians*（イワタバコ科アエスキナントゥス属の植物）

hibernicus *hy-BER-nih-kus*
hibernica, hibernicum
アイルランドの、例：*Hedera hibernica*（キヅタ属のつる性植物）

hiemalis *hy-EH-mah-lis*
hiemalis, hiemale
冬の、冬に開花する、例：*Leucojum hiemale*（スノーフレーク属の球根植物）

hierochunticus *hi-er-oh-CHUN-tih-kus*
hierochuntica, hierochunticum
エリコの、例：*Anastatica hierochuntica*（アンザンジュ）

himalaicus *him-al-LAY-ih-kus*
himalaica, himalaicum
ヒマラヤ山脈の、例：*Stachyurus himalaicus*（ヒマラヤキブシ）

himalayensis *him-uh-lay-EN-is*
himalayensis, himalayense
ヒマラヤ山脈産の、例：*Geranium himalayense*（フウロソウ属の多年草）

hircinus *her-SEE-nus*
hircina, hircinum
ヤギのような、ヤギのようなにおいがする、例：*Hypericum hircinum*（オトギリソウ属の低木）

Penstemon heterophyllus、foothill penstemon
（イワブクロ属の多年草）

hirsutissimus *her-soot-TEE-sih-mus*
hirsutissima, hirsutissimum
非常に多毛な、例：*Clematis hirsutissima*（センニンソウ属のつる性植物）

hirsutus *her-SOO-tus*
hirsuta, hirsutum
多毛な、例：*Lotus hirsutus*（ミヤコグサ属の亜低木）

hirsutulus *her-SOOT-oo-lus*
hirsutula, hirsutulum
ある程度多毛な、例：*Viola hirsutula*（スミレ属の多年草）

hirtellus *her-TELL-us*
hirtella, hirtellum
やや多毛な、例：*Plectranthus hirtellus*（ケサヤバナ属の低木または亜低木）

hirtiflorus *her-tih-FLOR-us*
hirtiflora, hirtiflorum
多毛な花の、例：*Passiflora hirtiflora*（トケイソウ属のつる性植物）

hirtipes *her-TYE-pees*
多毛な茎の、例：*Viola hirtipes*（サクラスミレ）

hirtus *HER-tus*
hirta, hirtum
多毛な、例：*Columnea hirta*（イワタバコ科コルムネア属の低木）

hispanicus *his-PAN-ih-kus*
hispanica, hispanicum
スペインの、例：*Narcissus hispanicus*（スイセン属の球根植物）

hispidus *HISS-pih-dus*
hispida, hispidum
剛毛がある、例：*Leontodon hispidus*（カワリミタンポポモドキ属の多年草）

hollandicus *hol-LAN-dih-kus*
hollandica, hollandicum
オランダの、例：*Allium hollandicum*（ネギ属の多年草）

holo-
「完全に」という意味の接頭語

holocarpus *ho-loh-KAR-pus*
holocarpa, holocarpum
完全な果実をつける、例：*Staphylea holocarpa*（ミツバウツギ属の低木または小高木）

holochrysus *ho-loh-KRIS-us*
holochrysa, holochrysum
完全に金色の、例：*Aeonium holochrysum*（ベンケイソウ科アエオニウム属の多肉植物）

holosericeus *ho-loh-ser-ee-KEE-us*
holosericea, holosericeum
一面絹のような毛で覆われた、例：*Convolvulus holosericeus*（セイヨウヒルガオ属のつる性植物）

horizontalis *hor-ih-ZON-tah-lis*
horizontalis, horizontale
地面に接して、水平な、例：*Cotoneaster horizontalis*（ベニシタン）

horridus *HOR-id-us*
horrida, horridum
多数の刺がある、例：*Euphorbia horrida*（カイイギョク）

hortensis *hor-TEN-sis*
hortensis, hortense
hortorum *hort-OR-rum*
hortulanus *hor-tew-LAH-nus*
hortulana, hortulanum
庭の、例：*Lysichiton × hortensis*（ミズバショウ属の多年草）

hugonis *hew-GO-nis*
19世紀末から20世紀初めにかけて中国で宣教師をしたヒュー・スカロン神父への献名、例：*Rosa hugonis*（バラ属の低木）

Narcissus hispanicus、
Spanish daffodil
（スイセン属の球根植物）

生きているラテン語

その名が示すように、*Eranthis hyemalis*（キバナセツブンソウ）は冬に開花し、これと早咲きのスノードロップの黄色と白の花の絨毯ほど喜んで迎えられる眺めは少ない。日あたりのよい場所か木漏れ日のさす日陰でもっともよく育ち、最大の効果をあげるには多くをまとめて植えるとよい。

Eranthis hyemalis、
winter aconite（キバナセツブンソウ）

humifusus *hew-mih-FEW-sus*
humifusa, humifusum
不規則に広がる習性の、例：*Opuntia humifusa*（ウチワサボテン属のサボテン）

humilis *HEW-mil-is*
humilis, humile
背が低い、矮小な、例：*Chamaerops humilis*（チャボトウジュロ）

hungaricus *hun-GAR-ih-kus*
hungarica, hungaricum
ハンガリーの、例：*Colchicum hungaricum*（イヌサフラン属の球根植物）

hunnewellianus *hun-ee-we-el-AH-nus*
hunnewelliana, hunnewellianum
アメリカのウェルズリーにあるハネウェル樹木園のハネウェル家にちなむ、例：*Rhododendron hunnewellianum*（ツツジ属の低木）

hupehensis *hew-pay-EN-sis*
hupehensis, hupehense
中国湖北省産の、例：*Sorbus hupehensis*（ナナカマド属の小高木）

hyacinthinus *hy-uh-sin-THEE-nus*
hyacinthina, hyacinthinum
hyacinthus *hy-uh-SIN-thus*
hyacintha, hyacinthum
暗青紫色の、ヒヤシンスのような、例：*Triteleia hyacinthina*（キジカクシ科トリテレイア属の球根植物）

hyalinus *hy-yuh-LEE-nus*
hyalina, hyalinum
透明な、ほとんど透明な、例：*Allium hyalinum*（ネギ属の多年草）

hybridus *hy-BRID-us*
hybrida, hybridum
混合した、雑種の、例：*Helleborus × hybridus*（クリスマスローズ属の多年草）

hydrangeoides *hy-drain-jee-OY-deez*
Hydrangea（アジサイ属）に似た、例：*Schizophragma hydrangeoides*（イワガラミ）

hylaeus *hy-la-ee-us*
hylaea, hylaeum
森林産の、例：*Rhododendron hylaeum*（ツツジ属の低木または小高木）

hyemalis *hy-EH-mah-lis*
hyemalis, hyemale
冬の、冬に開花する、例：*Eranthis hyemalis*（キバナセツブンソウ）

hymen-
膜状を意味する接頭語

hymenanthus *hy-men-AN-thus*
hymenantha, hymenanthum
膜がある花の、例：*Trichopilia hymenantha*（トリコピリア属のラン）

hymenorrhizus *hy-men-oh-RY-zus*
hymenorrhiza, hymenorrhizum
膜状の根の、例：*Allium hymenorrhizum*（ネギ属の多年草）

hymenosepalus *hy-men-no-SEP-uh-lus*
hymenosepala, hymenosepalum
膜状の萼片の、例：*Rumex hymenosepalus*（ギシギシ属の多年草）

hyperboreus *hy-puh-BOR-ee-us*
hyperborea, hyperboreum
極北の、例：*Sparganium hyperboreum*（チシマミクリ）

hypericifolius *hy-PER-ee-see-FOH-lee-us*
hypericifolia, hypericifolium
Hypericum（オトギリソウ属）のような葉の、例：*Melaleuca hypericifolia*（コバノブラシノキ属の低木）

hypericoides *hy-per-ih-KOY-deez*
Hypericum（オトギリソウ属）に似た、例：*Ascyrum hypericoides*（オトギリソウ科アスキルム属の小低木）

hypnoides *hip-NO-deez*
コケに似た、例：*Saxifraga hypnoides*（ユキノシタ属の多年草）

hypo-
下を意味する接頭語

Hypericum perforatum、
perforate St John's wort（セイヨウオトギリ）

hypochondriacus *hy-po-kon-dree-AH-kus*
hypochondriaca, hypochondriacum
憂鬱なようすの、ぼんやりした色の花の、例：*Amaranthus hypochondriacus*（シロミセンニンコク）

hypogaeus *hy-poh-JEE-us*
hypogaea, hypogaeum
地下の、地中で発達する、例：*Copiapoa hypogaea*（コピアポア属のサボテン）

hypoglaucus *hy-poh-GLAW-kus*
hypoglauca, hypoglaucum
下面が灰青色の、例：*Cissus hypoglauca*（セイシカズラ属のつる性植物）

hypoglottis *hh-poh-GLOT-tis*
舌の下面（莢の形から）例：*Astragalus hypoglottis*（ゲンゲ属の多年草）

hypoleucus *hy-poh-LOO-kus*
hypoleuca, hypoleucum
下面が白い、例：*Centaurea hypoleuca*（ヤグルマギク属の多年草）

hypophyllus *hy-poh-FIL-us*
hypophylla, hypophyllum
葉の下面に、例：*Ruscus hypophyllum*（ナギイカダ属の半木本性多年草）

hypopitys *hi-po-PY-tees*
マツの下に生える、例：*Monotropa hypopitys*（シャクジョウソウ）

hyrcanus *hyr-KAH-nus*
hyrcana, hyrcanum
カスピ海地方（古代にヒュルカニアとよばれた地方）の、例：*Hedysarum hyrcanum*（イワオウギ属の多年草）

hyssopifolius *hiss-sop-ih-FOH-lee-us*
hyssopifolia, hyssopifolium
ヤナギハッカ（*Hyssopus*）のような葉の、例：*Cuphea hyssopifolia*（メキシコハナヤナギ）

hystrix *HIS-triks*
剛毛が多い、ヤマアラシのような、例：*Colletia hystrix*（イカリノキ属の低木）

I

ibericus *eye-BEER-ih-kus*
iberica, ibericum
イベリア（スペインとポルトガル）の、例：*Geranium ibericum*
（イベリアゼラニウム）

iberidifolius *eye-beer-id-ih-FOH-lee-us*
iberidifolia, iberidifolium
Iberis（マガリバナ属）に似た葉の、例：*Brachyscome iberidifolia*
（ヒメコスモス）

icos-
20を意味する接頭語

icosandrus *eye-koh-SAN-drus*
icosandra, icosandrum
20雄ずいの、例：*Phytolacca icosandra*
（ヤマゴボウ属の植物）

idaeus *eye-DAY-ee-us*
idaea, idaeum
クレタ島のイディ山の、例：*Rubus idaeus*（ヨーロッパキイチゴ）

ignescens *ig-NES-enz*
igneus *ig-NE-us*
ignea, igneum
燃えるような赤の、例：*Cuphea ignea*（ベニチョウジ）

ikariae *eye-KAY-ree-ay*
エーゲ海にあるイカリア島の、例：*Galanthus ikariae*（マツユキソウ属の球根植物）

ilicifolius *il-liss-ee-FOH-lee-us*
ilicifolia, ilicifolium
Ilex（モチノキ属）のような葉の、例：*Itea ilicifolia*（ズイナ属の低木）

illecebrosus *il-lee-see-BROH-sus*
illecebrosa, illecebrosum
魅惑的な、チャーミングな、例：*Tigridia illecebrosa*（トラユリ属の植物）

illinitus *il-lin-EYE-tus*
illinita, illinitum
（油などを）塗られた、汚れた、例：*Escallonia illinita*（イスカノキ属の低木）

illinoinensis *il-ih-no-in-EN-sis*
illinoinensis, illinoinense
アメリカのイリノイ州産の、例：*Carya illinoinensis*（ペカン）

illustris *il-LUS-tris*
illustris, illustre
光り輝く、光沢のある、例：*Amsonia illustris*（チョウジソウ属の多年草）

Crocus imperati
（クロッカス属の球茎植物）

illyricus *il-LEER-ih-kus*
illyrica, illyricum
イリュリア（古代のバルカン半島西部にあった地方の名前）の、例：*Gladiolus illyricus*（グラジオラス属の球茎植物）

ilvensis *il-VEN-sis*
ilvensis, ilvense
イタリアのエルバの、エルベ川の、例：*Woodsia ilvensis*（ミヤマイワデンダ）

imberbis *IM-ber-bis*
imberbis, imberbe
刺または髭がない、例：*Rhododendron imberbe*（ツツジ属の木本）

imbricans *IM-brih-KANS*
imbricatus *IM-brih-KA-tus*
imbricata, imbricatum
要素が重なって整然とした模様になった［瓦状の］、
例：*Gladiolus imbricatus*（グラジオラス属の球茎植物）

immaculatus *im-mak-yoo-LAH-tus*
immaculata, immaculatum
斑点がない、例：*Aloe immaculata*（アロエ属の多肉植物）

immersus *im-MER-sus*
immersa, immersum
水中に生える、例：*Pleurothallis immersa*（プレウロタリス属のラン）

imperati *im-per-AH-tee*
イタリアのナポリ出身の薬屋フェッランテ・インペラート
（1550−1625）への献名、例：*Crocus imperati*（クロッカス属の球茎植物）

デイヴィッド・ダグラス
(1799–1834)

　デイヴィッド・ダグラスは、北米の植物を調査した探険家のなかでもっとも有名な人物である。ダグラスの影響は重要で、彼がいくつか特別な樹木や植物を紹介したからこそ、北米とヨーロッパのじつに多くの有名な庭園の景観が生まれたのである。スコットランドのスクーンで生まれたダグラスは、11歳のときからマンスフィールド伯爵のスクーン城の園丁頭の弟子として働いた。そしてのちにスコットランドのそのほかいくつもの庭園で働き、そのうち植物にかんする本のある立派な図書室を利用できるようになり、そこで植物学の勉強に励んだ。当時、植物学の教授だったウィリアム・フッカー（p.182）が若いダグラスに植物を採集して同定し搾葉標本にすることを教えたのは、ダグラスがグラスゴー植物園にいたときだった。

　フッカーが何度も推薦したことにより、ロンドン園芸協会（のちの王立園芸協会）はダグラスを1823年のアメリカ合衆国北東沿岸部への植物収集旅行に派遣することにした。この旅のあいだに、彼はニューヨーク、フィラデルフィア、エリー湖、バッファロー、ナイアガラの滝を訪れた。故ジョン・バートラム（p.98）の植物園も訪れている。ダグラスは多数の観賞用植物と樹木とともにイギリスへ戻り、そのなかにはいくつもの新しい果樹の栽培品種もふくまれていた。はじめての探検が大成功だったため、彼はまもなくふたたび大西洋を渡り、今度は太平洋岸北西部へ派遣された。この旅はおもにロンドン園芸協会とハドソン湾会社が後援し、ダグラスはコロンビア川にそって興味をそそられる植物とそのほかの博物学の対象を集めた。3年におよぶ滞在中に彼は立派な*Pseudotsuga menziesii*（アメリカトガサワラ）に遭遇し、この高木には現在ではDouglas fir（ダグラスモミ）という普通名がつけられている。これについてダグラスは、「大きさであらゆる樹木をしのぐ。川岸に倒れていた1本を測ってみると、周囲が約12メートル、長さが約48.5メートルあった。てっぺんは失われていた。…このため、全部で高さが約58メートルあると判断する」と書いている。

　この旅でダグラスは巨大な高木*Pinus lambertiana*（ナガミマツ）も発見した。背が非常に高くて松かさをとるのが困難だったため、彼はある画期的な方法を思いついた。上方の枝めがけて銃を発射し、松かさを落としたのである。だが運の悪いことに、この音が近くにいたやや攻撃的なアメリカ先住民を警戒させてしまい、急いで逃げるしかなかった。ダグラスは500点以上の植物標本にくわえ、種子、そして鳥や動物の皮をイギリスに送った。3度目のアメリカの探検のときにカルフォルニアへ行き、当時知られていなかった20の属と360の種を確認したと主張し、そのひとつが*Abies procera*（noble fir、ノーブルモミ）である。

　ダグラスは生涯にわたり文字どおり何百もの高木、低木、観賞用植物、ハーブ、コケを収集した。ダグラスが北米で収集したものの目録は、ジョン・リチャードソンとトマス・ドラモンドがカナダ北部で収

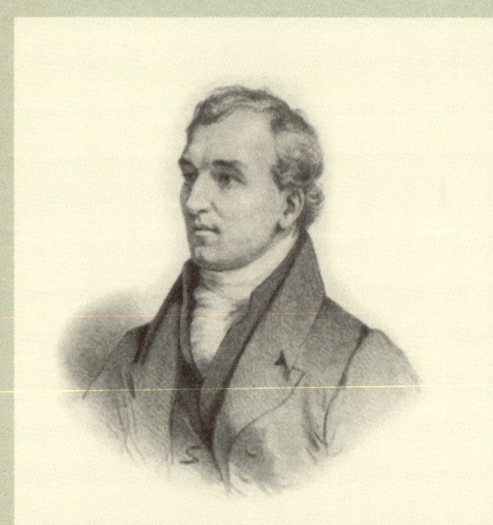

正規の教育をほとんど受けていなかったにもかかわらず、ダグラスは高度な植物学の知識を修得した。彼の遺産はいまだに公園や個人の庭で見ることができる。

> 「生まれながらに鋭敏で強い心をもっていた彼は、勉学に励むことによってそれをさらに向上させた」
> スコットランド、スクーンのオールドパリッシュ教会にある記念碑の銘板より

Pseudotsuga menziesii、
Douglas fir（アメリカトガサワラ）

彼の名がついたダグラスモミ（アメリカトガサワラ）はデイヴィッド・ダグラスによってはじめて栽培されるようになったが、それより前の探検でルイスとクラークによって確認されていた。

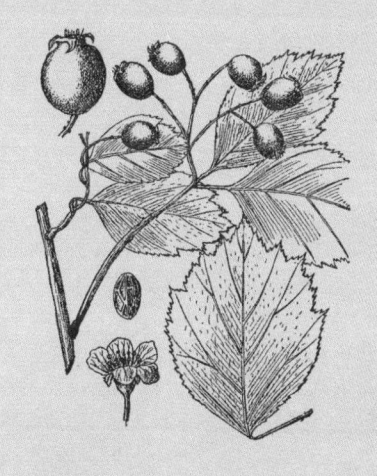

Crataegus douglasii、
Douglas' thornapple（サンザシ属の低木）

ダグラスはこの藪状の低木の種子を採集した。black hawやDouglas' hawthornともよばれる。

集したものとともに、1829～40年に2巻に分けて刊行されたフッカーの『北アメリカ植物誌（*Flora boreali-americana*）』に掲載された。*Crataegus douglasii*（サンザシ属の低木）、*Juniperus horizontalis* 'Douglasii'（アメリカハイネズの栽培品種）、*Quercus douglasii*（コナラ属の高木）などが、ダグラスに敬意を表して命名された植物である。彼の旅は危険な冒険になることが多く、事件がないほうがめずらしかった。たとえば馬が暴れて逃げ出し、収集物を失い、カヌーがひっくり返り、持ち物を盗まれ、船を嵐にもてあそばれた。しかし、最大の災難が起こったのは1834年にサンドウィッチ諸島（ハワイ諸島）へ旅したときだった。まだ35歳だったが、ダグラスの視力はおとろえつつあり、これが落とし穴へ落ちる事故の一因だったのかもしれない。この洞穴のようなくぼ地は大型の動物を捕えるために掘られていたのだが、ダグラスが落ちた穴には先に雄牛が落ちていたのだろうと考えられている。あとで宣教師が見つけた遺体は角でひどくつき刺されていて、ダグラスの忠実な犬がまだ穴のふちで待っていたという。

imperialis *im-peer-ee-AH-lis*
imperialis, imperiale
非常に立派な、人目を引く、例：*Fritillaria imperialis*（ヨウラクユリ）

implexus *im-PLECK-sus*
implexa, implexum
もつれた、例：*Kleinia implexa*（シッポウジュ属の多肉植物）

impressus *im-PRESS-us*
impressa, impressum
表面がくぼんだ、例：*Ceanothus impressus*（ソリチャ属の低木）

inaequalis *in-ee-KWA-lis*
inaequalis, inaequale
不等の、例：*Geissorhiza inaequalis*（アヤメ科ゲイスソリーザ属の球根植物）

incanus *in-KAN-nus*
incana, incanum
灰色の、例：*Geranium incanum*（カーペットゼラニウム）

incarnatus *in-kar-NAH-tus*
incarnata, incarnatum
肉色の、例：*Dactylorhiza incarnata*（ハクサンチドリ属の地生ラン）

Fritillaria imperialis、
crown imperial（ヨウラクユリ）

incertus *in-KER-tus*
incerta, incertum
疑わしい、不確かな、例：*Draba incerta*（イヌナズナ属の多年草）

incisus *in-KYE-sus*
incisa, incisum
深い不規則な切れこみがある、例：*Prunus incisa*（マメザクラ）

inclaudens *in-KLAW-denz*
閉じない、例：*Erepsia inclaudens*（ハマミズナ科エレプシア属の多肉植物）

inclinatus *in-klin-AH-tus*
inclinata, inclinatum
下方へ曲がった、例：*Moraea inclinata*（アヤメ科モラエア属の多年草）

incomparabilis *in-kom-par-RAH-bih-lis*
incomparabilis, incomparabile
比類ない、例：*Narcissus × incomparabilis*（スイセン属の球根植物）

incomptus *in-KOMP-tus*
incompta, incomptum
飾り気のない、例：*Verbena incompta*（ダキバアレチハナガサ）

inconspicuus *in-kon-SPIK-yoo-us*
inconspicua, inconspicuum
目立たない、例：*Hoya inconspicua*（サクララン属のつる性植物）

incrassatus *in-kras-SAH-tus*
incrassata, incrassatum
厚くなった、例：*Leucocoryne incrassata*（ユリ科レウココリネ属の球根植物）

incurvatus *in-ker-VAH-tus*
incurvata, incurvatum
incurvus *in-ker-VUS*
incurva, incurvum
内側へ曲がった、例：*Carex incurva*（スゲ属の多年草）

indicus *IN-dih-kus*
indica, indicum
インドの、東インド諸島や中国原産の植物に使われることもある、例：*Lagerstroemia indica*（サルスベリ）

indivisus *in-dee-VEE-sus*
indivisa, indivisum
分かれていない、例：*Cordyline indivisa*（アツバセンネンボク）

induratus *in-doo-RAH-tus*
indurata, induratum
硬い、例：*Cotoneaster induratus*（シャリントウ属の低木）

inebrians *in-ee-BRI-enz*
酔わせる、例：*Ribes inebrians*（スグリ属の低木）

inermis *IN-er-mis*
inermis, inerme
武器がない、たとえば刺がない、例：*Acaena inermis*（バラ科アカエナ属の多年草）

infaustus *in-FUS-tus*
infausta, infaustum
不幸をまねく（そのため有毒な植物に使われることがある）、不吉な、例：*Colletia infausta*（イカリノキ属の低木）

infectorius *in-fek-TOR-ee-us*
infectoria, infectorium
染められた、着色された、例：*Quercus infectoria*（コナラ属の高木）

infestus *in-FES-tus*
infesta, infestum
危険な、やっかいな、例：*Melilotus infestus*（シナガワハギ属の草本）

inflatus *in-FLAH-tus*
inflata, inflatum
ふくらんだ、例：*Codonopsis inflata*（ツルニンジン属のつる性植物）

infortunatus *in-for-tu-NAH-tus*
infortunata, infortunatum
不幸をまねく（有毒な植物の）、例：*Clerodendrum infortunatum*（クサギ属の低木）

infractus *in-FRAC-tus*
infracta, infractum
内側に湾曲している、例：*Masdevallia infracta*（マスデバリア属の着生ラン）

infundibuliformis *in-fun-dih-bew-LEE-for-mis*
infundibuliformis, infundibuliforme
じょうご形あるいはトランペット形をした、例：*Crossandra infundibuliformis*（ヘリトリオシベ）

infundibulus *in-fun-DIB-yoo-lus*
infundibula, infundibulum
じょうご、例：*Dendrobium infundibulum*（デンドロビウム・インフンディブルム）

ingens *IN-genz*
巨大な、例：*Tulipa ingens*（チューリップ属の球根植物）

inodorus *in-oh-DOR-us*
inodora, inodorum
香りがない、例：*Hypericum × inodorum*（オトギリソウ属の低木）

inornatus *in-or-NAH-tus*
inornata, inornatum
飾りがない、例：*Boronia inornata*（ミカン科ボローニア属の低木）

inquinans *in-KWIN-anz*
汚染された、変色した、そこなわれた、例：*Pelargonium inquinans*（テンジクアオイ）

insignis *in-SIG-nis*
insignis, insigne
抜群の、すぐれた、例：*Rhododendron insigne*（ツツジ属の低木）

Masdevallia infracta
（マスデバリア属の着生ラン）

insititius *in-si-tih-TEE-us*
insititia, insititium
接木した、例：*Prunus insititia*（ダムソンプラム）

insulanus *in-su-LAH-nus*
insulana, insulanum
insularis *in-soo-LAH-ris*
insularis, insulare
島の、例：*Tilia insularis*（タケシマシナノキ）

integer *IN-teg-er*
integra, integrum
完全な［全縁の］、例：*Cyananthus integer*（キキョウ科キアナントゥス属の草本）

integrifolius *in-teg-ree-FOH-lee-us*
integrifolia, integrifolium
完全で切れこみのない葉の［全縁の葉の］、例：*Meconopsis integrifolia*（ケシ科メコノプシス属の草本）

intermedius *in-ter-MEE-dee-us*
intermedia, intermedium
色や形や習性が中間の、例：*Forsythia × intermedia*（アイノコレンギョウ）

interruptus *in-ter-UP-tus*
interrupta, interruptum
中断した、連続していない、例：*Bromus interruptus*（スズメノチャヒキ属の1年草または2年草）

intertextus *in-ter-TEKS-tus*
intertexta, intertextum
からみあった、例：*Matucana intertexta*（マトゥカナ属のサボテン）

intortus *in-TOR-tus*
intorta, intortum
よじれた、例：*Melocactus intortus*（メロカクトゥス属のサボテン）

intricatus *in-tree-KAH-tus*
intricata, intricatum
もつれた、例：*Asparagus intricatus*（アスパラガス属の多年草）

intumescens *in-tu-MES-enz*
ふくれた、例：*Carex intumescens*（スゲ属の多年草）

intybaceus *in-tee-BAK-ee-us*
intybacea, intybaceum
キクニガナ（*Cichorium intybus*）のような、例：*Hieracium intybaceum*（ミヤマコウゾリナ属の多年草）

inversus *in-VERS-us*
inversa, inversum
ひっくり返った、例：*Quaqua inversa*（ガガイモ科クアクア属の多肉植物）

involucratus *in-vol-yoo-KRAH-tus*
involucrata, involucratum
いくつもの花を苞葉が環状に囲んでいる［総苞がある］、例：*Cyperus involucratus*（シュロガヤツリ）

involutus *in-vol-YOO-tus*
involuta, involutum
内側へ巻いた、例：*Gladiolus involutus*（グラジオラス属の球茎植物）

ioensis *eye-oh-EN-sis*
ioensis, ioense
アメリカのアイオワ州産の、例：*Malus ioensis*（リンゴ属の小高木）

ionanthus *eye-oh-NAN-thus*
ionantha, ionanthum
スミレ色の花の、例：*Saintpaulia ionantha*（セントポーリア）

ionopterus *eye-on-OP-ter-us*
ionoptera, ionopterum
スミレ色の翼がある、例：*Koellensteinia ionoptera*（ケレンステイニア属のラン）

iridescens *ir-id-ES-enz*
虹色の、例：*Phyllostachys iridescens*（マダケ属のタケ）

iridiflorus *ir-id-uh-FLOR-us*
iridiflora, iridiflorum
Iris（アヤメ属）のような花の、例：*Canna iridiflora*（カンナ属の多年草）

iridifolius *ir-id-ih-FOH-lee-us*
iridifolia, iridifolium
Iris（アヤメ属）のような葉の、例：*Billbergia iridifolia*（ツツアナナス属の着生草本）

iridioides *ir-id-ee-OY-deez*
Iris（アヤメ属）に似た、例：*Dietes iridioides*（アヤメ科ディエテス属の多年草）

irregularis *ir-reg-yoo-LAH-ris*
irregularis, irregulare
異なる大きさの部分がある［不整正の］、例：*Primula irregularis*（サクラソウ属の多年草）

irriguus *ir-EE-gyoo-us*
irrigua, irriguum
水がある、例：*Pratia irrigua*（キキョウ科プラティア属の多年草）

isophyllus *eye-so-FIL-us*
isophylla, isophyllum
同じ大きさの葉の、例：*Penstemon isophyllus*（イワブクロ属の多年草）

italicus *ee-TAL-ih-kus*
italica, italicum
イタリアの、例：*Arum italicum*（モエギアルム）

ixioides *iks-ee-OY-deez*
Ixia（アヤメ科イクシア属）に似た、例：*Libertia ixioides*（アヤメ科リベルティア属の多年草）

ixocarpus *iks-so-KAR-pus*
ixocarpa, ixocarpum
粘着性のある果実の、例：*Physalis ixocarpa*（オオブドウホオズキ）

Rubus idaeus、
raspberry（ヨーロッパキイチゴ）

J

jacobaeus *jak-koh-BAY-ee-us*
jacobaea, jacobaeum
聖ヤコブまたはサンティアゴ島（カボベルデ共和国）にちなむ、
例：*Senecio jacobaea*（ヤコブボロギク）

jackii *JAK-ee-eye*
アメリカのボストンにあるアーノルド樹木園のカナダ人林学者ジョン・ジョージ・ジャック（1861-1949）への献名、
例：*Populus ×jackii*（ポプラ属の高木）

jalapa *juh-LAP-a*
メキシコのハラパの、例：*Mirabilis jalapa*（オシロイバナ）

jamaicensis *ja-may-KEN-sis*
jamaicensis, jamaicense
ジャマイカ産の、例：*Brunfelsia jamaicensis*（バンマツリ属の低木）

japonicus *juh-PON-ih-kus*
japonica, japonicum
日本の、例：*Cryptomeria japonica*（スギ）

jasmineus *jaz-MIN-ee-us*
jasminea, jasmineum
ジャスミン（*Jasminum*）のような、例：*Daphne jasminea*（ジンチョウゲ属の低木）

jasminiflorus *jaz-min-IH-flor-us*
jasminiflora, jasminiflorum
ジャスミン（*Jasminum*）のような花の、例：*Rhododendron jasminiflorum*（ツツジ属の低木）

jasminoides *jaz-min-OY-deez*
ジャスミン（*Jasminum*）に似た、例：*Trachelospermum jasminoides*（タイワンテイカカズラ）

javanicus *juh-VAHN-ih-kus*
javanica, javanicum
ジャワの、例：*Rhododendron javanicum*（ツツジ属の低木）

jejunus *jeh-JOO-nus*
jejuna, jejunum
小さい、例：*Eria jejuna*（オサラン属の小型のラン）

jubatus *joo-BAH-tus*
jubata, jubatum
芒(のぎ)がある、例：*Cortaderia jubata*（シロガネヨシ属の多年草）

jucundus *joo-KUN-dus*
jucunda, jucundum
好ましい、気持ちのよい、例：*Osteospermum jucundum*（キク科オステオスペルムム属の多年草）

Mirabilis jalapa、
four o'clock plant
（オシロイバナ）

jugalis *joo-GAH-lis*
jugalis, jugale
jugosus *joo-GOH-sus*
jugosa, jugosum
くびきでつながれた、例：*Pabstia jugosa*（パブスティア属のラン）

julaceus *joo-LA-see-us*
julacea, julaceum
尾状花序の、例：*Leucodon julaceus*（イタチゴケ属の蘚類）

junceus *JUN-kee-us*
juncea, junceum
イグサのような、例：*Spartium junceum*（レダマ）

juniperifolius *joo-nip-er-ih-FOH-lee-us*
juniperifolia, juniperifolium
Juniperus（ビャクシン属）のような葉の、例：*Armeria juniperifolia*（ヒメカンザシ）

juniperinus *joo-nip-er-EE-nus*
juniperina, juniperinum
Juniperus（ビャクシン属）のような、青黒い、例：*Grevillea juniperina*（ハゴロモノキ属の低木）

juvenilis *joo-VEE-nil-is*
juvenilis, juvenile
若い、例：*Draba juvenilis*（イヌナズナ属の多年草）

JASMINUM（ジャスミン）

通常たんにjasmineあるいはjessamineとよばれる*Jasminum*（ソケイ属）の植物ほど甘く強い香りがする植物は少ない。じつは科学的調査により、その香りに人間だけでなく動物にも沈静と癒しの効果があることが証明されており、この香りに催淫効果があると信じられているのはそれとやや矛盾する。*Oleaceae*（モクセイ科）に属し、大部分のジャスミンはほどほどの大きさの低木かよじ登り植物であるが、*Jasminum parkeri*（ドワーフジャスミン）や*J. humile* f. *wallichianum*（ウンナンソケイ）のように小さな盛り上がりを作るだけの種もある（*humilis, humilis, humile*は「低い」あるいは「非常に小さい」という意味で、*wallichianus, wallichiana, wallichianum*はデンマークの植物学者ナサニエル・ウォーリッチ［1786-1854］を記念している）。

香りのよいほんのりピンクをおびた白い花で知られるが、この属にはほかの色のものもある。*J. beesianum*（ベニバナソケイ）は愛らしいピンクがかった赤い花をつける落葉性のよじ登り植物で、この属にしてはかなり大きく、成長すると5メートルになる。これはビーズ社（Bees Ltd.）というイギリスの種苗会社にちなんで命名された。*J. polyanthum*（ハゴロモジャスミン）はその名が示すようにとくに花が多いが（*polyanthus, polyantha, polyanthum*、多花の）、完全には耐寒性でないため、遮蔽した場所で保護する必要がある。もっとも有用なジャスミンは冬に花が咲く*J. nudiflorum*（オウバイ）で、裸の枝に晴れやかな黄色の花がつく。*nudiflorus, nudiflora, nudiflorum*は葉の前に花が現

その名が示しているように*Jasminum grandiflorum*（オオバナソケイ）の花は大きく、白くて非常によい香りがする。

Jasminum angustifolium、wild jasmine（ソケイ属の低木）

れる植物をいう。耐寒性が強く、寒く暗い庭のすみさえ花で明るくする、手間のかからない植物である。

名前の中に*jasmineus, jasminea, jasmineum*あるいは*jasminoides*がある植物は、なんらかの点でジャスミンに似ており、*jasminiflorus, jasminiflora, jasminiflorum*という語は花のことをいっている。*Gardenia jasminoides*（common gardenia、クチナシ）はcape jasmineの名でも通っている。*Trachelospermum jasminoides*（タイワンテイカカズラ）はstar jasmine、Chinese jasmine、Confederate jasmineなど多くの普通名をもつ。*Solanum jasminoides*（ツルハナナス）はjasmine nightshade、あるいはそれほど詩的ではないがpotato vineとよばれる。

K

kamtschaticus *kam-SHAY-tih-kus*
kamtschatica, kamtschaticum
ロシアのカムチャツカ半島の、例：*Sedum kamtschaticum*（キリンソウ）

kansuensis *kan-soo-EN-sis*
kansuensis, kansuense
中国甘粛省産の、例：*Malus kansuensi*（リンゴ属の小高木）

karataviensis *kar-uh-taw-vee-EN-sis*
karataviensis, karataviense
カザフスタンのカラタウ山脈産の、例：*Allium karataviense*（ダルマハナニラ）

kashmirianus *kash-meer-ee-AH-nus*
kashmiriana, kashmirianum
カシミールの、例：*Actaea kashmiriana*（ルイヨウショウマ属の多年草）

kermesinus *ker-mes-SEE-nus*
kermesina, kermesinum
深紅色の、例：*Passiflora kermesina*（トケイソウ属のつる性植物）

kewensis *kew-EN-sis*
kewensis, kewense
イギリスのロンドンにあるキュー植物園産の、例：*Primula kewensi*（ヤグラザクラ）

Thunbergia kirkii、
blue sky shrub（ヤハズカズラ属のつる性植物）

Passiflora kermesina、
bitter-gourd-shaped passionfruit（トケイソウ属のつる性植物）

kirkii *KIR-kee-eye*
ニュージーランドの植物相で有名な植物学者トマス・カーク（1828-98）、彼の息子でニュージーランド大学の植物学教授ハリー・バウアー・カーク（1903-44）、または植物学者でザンジバル駐在のイギリス領事だったジョン・カーク（1832-1922）への献名、例：*Coprosma* × *kirkii*（タマツヅリ属の低木、これはトマス・カークにちなむ）

kiusianus *key-oo-see-AH-nus*
kiusiana, kiusianum
日本の九州の、例：*Rhododendron kiusianum*（ミヤマキリシマ）

koreanus *kor-ee-AH-nus*
koreana, koreanum
朝鮮の、例：*Abies koreana*（チョウセンシラベ）

kurdicus *KUR-dih-kus*
kurdica, kurdicum
西アジアのクルド人の故国のこと、例：*Astragalus kurdicu*（ゲンゲ属の矮性低木）

117

L

labiatus *la-bee-AH-tus*
labiata, labiatum
唇弁がある、例：*Cattleya labiata*（ヒノデラン）

labilis *LAH-bih-lis*
labilis, labile
つるつるした、不安定な、例：*Celtis labilis*（エノキ属の高木）

labiosus *lab-ee-OH-sus*
labiosa, labiosum
唇弁がある、例：*Besleria labiosa*（イワタバコ科ベスレリア属の植物）

laburnifolius *luh-ber-nih-FOH-lee-us*
laburnifolia, laburnifolium
Laburnum（キングサリ属）のような葉の、例：*Crotalaria laburnifolia*（タヌキマメ属の低木）

lacerus *LASS-er-us*
lacera, lacerum
房飾りのような断片に切れた［不斉分裂の］、例：*Costus lacerus*（ワジュンキョウ）

laciniatus *la-sin-ee-AH-tus*
laciniata, laciniatum
細い断片に分かれた、例：*Rudbeckia laciniata*（オオハンゴンソウ）

lacrimans *LAK-ri-manz*
枝を垂らした、例：*Eucalyptus lacrimans*（ユーカリ属の高木）

lacteus *lak-TEE-us*
乳白色の、例：*Cotoneaster lacteus*（シャリントウ属の低木）

lacticolor *lak-tee-KOL-or*
乳白色の、例：*Protea lacticolor*（ヤマモガシ科プロテア属の低木または小高木）

lactiferus *lak-TIH-fer-us*
lactifera, lactiferum
乳液を生じる、例：*Gymnema lactiferum*（ホウライアオカズラ属の低木）

lactiflorus *lak-tee-FLOR-us*
lactiflora, lactiflorum
乳白色の花の、例：*Campanula lactiflora*（ホタルブクロ属の多年草）

lacunosus *lah-koo-NOH-sus*
lacunosa, lacunosum
深い穴またはくぼみがある、例：*Allium lacunosum*（ネギ属の多年草）

lacustris *lah-KUS-tris*
lacustris, lacustre
湖の、例：*Iris lacustris*（アヤメ属の多年草）

ladaniferus *lad-an-IH-fer-us*
ladanifera, ladaniferum

ladanifer *lad-an-EE-fer*
よい香りの樹脂ラブダナムを生産する、例：*Cistus ladanifer*（ゴジアオイ属の低木）

laetevirens *lay-tee-VY-renz*
鮮やかな緑の、例：*Parthenocissus laetevirens*（ツタ属の木本性つる植物）

laetiflorus *lay-tee-FLOR-us*
laetiflora, laetiflorum
明るい花の、例：*Helianthus × laetiflorus*（ヒマワリ属の多年草）

生きているラテン語

非常に耐寒性の強いヨーロッパの落葉高木または低木で、5月に素晴らしい甘い香りのする花が咲く。秋に大量になって鮮やかに色づく赤い漿果はhawとよばれ、このため*Crataegus*（サンザシ属）の普通名はhawthornである。すべてのサンザシ属の植物と同様、*C. monogyna*（ヒトシベサンザシ）も非常にじょうぶな耐寒性の植物である。しばしばquickあるいはmayとよばれ、田舎で家畜が迷い出るのを防ぐすぐれた生垣になる［quickには生垣、mayには5月という意味がある］。

Crataegus laevigata、
hawthorn（セイヨウサンザシ）

laetus *LEE-tus*
laeta, laetum
明るい、生き生きした、例：*Pseudopanax laetum*（ウコギ科プセウドパナクス属の低木または小高木）

laevigatus *lee-vih-GAH-tus*
laevigata, laevigatum
laevis *LEE-vis*
laevis, laeve
なめらかな、例：*Crocus laevigatus*（クロッカス属の球茎植物）

lagodechianus *la-go-chee-AH-nus*
lagodechiana, lagodechianum
グルジアのラゴデヒの、例：*Galanthus lagodechianus*（マツユキソウ属の球根植物）

lamellatus *la-mel-LAH-tus*
lamellata, lamellatum
層状の、例：*Vanda lamellata*（コウトウヒスイラン）

lanatus *la-NA-tus*
lanata, lanatum
軟毛で覆われた、例：*Lavandula lanata*（ラヴェンダー属の亜低木）

lanceolatus *lan-see-oh-LAH-tus*
lanceolata, lanceolatum
lanceus *lan-SEE-us*
lancea, lanceum
槍形の［披針形の］、例：*Drimys lanceolata*（シキミモドキ属の低木）

lanigerus *lan-EE-ger-rus*
lanigera, lanigerum
lanosus *LAN-oh-sus*
lanosa, lanosum
lanuginosus *lan-oo-gih-NOH-sus*
lanuginosa, lanuginosum
軟毛で覆われた、例：*Leptospermum lanigerum*（ネズモドキ属の低木）

lappa *LAP-ah*
いが（刺だらけの萼や頭状花）、例：*Arctium lappa*（ゴボウ）

lapponicus *Lap-PON-ih-kus*
lapponica, lapponicum
lapponum *Lap-PON-num*
ラップランドの、例：*Salix lapponum*（ダウニーウィロー）

laricifolius *lah-ris-ih-FOH-lee-us*
laricifolia, laricifolium
カラマツのような葉の、例：*Penstemon laricifolius*（イワブクロ属の多年草）

laricinus *lar-ih-SEE-nus*
laricina, laricinum
カラマツ（*Larix*）のような、例：*Banksia laricina*（バンクシア属の低木）

lasi-
軟毛で覆われていることを意味する接頭語

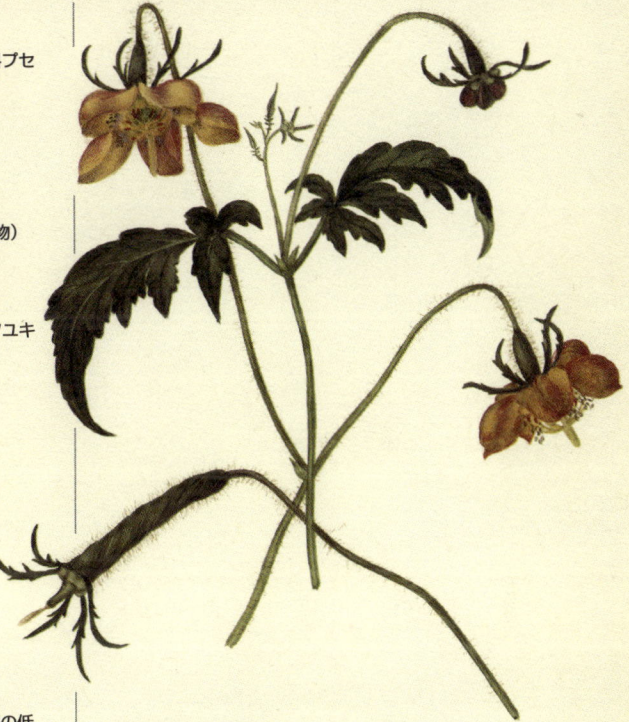

Caiophora lateritia
（シレンゲ科カイオフォラ属のつる性植物）

lasiandrus *las-ee-AN-drus*
lasiandra, lasiandrum
軟毛で覆われた雄ずいをもつ、例：*Clematis lasiandra*（タカネハンショウヅル）

lasioglossus *las-ee-oh-GLOSS-us*
lasioglossa, lasioglossum
ざらざらした［粗毛の生えた］舌をもつ、例：*Lycaste lasioglossa*（リカステ属のラン）

lateralis *lat-uh-RAH-lis*
lateralis, laterale
側生の、例：*Epidendrum laterale*（エピデンドルム属の着生ラン）

lateritius *la-ter-ee-TEE-us*
lateritia, lateritium
赤れんが色の、例：*Kalanchoe lateritia*（リュウキュウベンケイソウ属の多肉多年草）

lati-
広いことを意味する接頭語

latiflorus *lat-ee-FLOR-us*
latiflora, latiflorum
広い花の、例：*Dendrocalamus latiflorus*（マチク）

植物の特性

　植物学のラテン語は、大きさ、色、習性、香りのような植物の純粋に物質的な属性を表現する以外に、その植物がもつそのほかの、多くの場合それほどはっきりと感知できない特性も示す。特性のなかでもっとも定義しにくい、美しさをたたえる言葉は豊富にある。ふさわしい名前をつけられた*Kolkwitzia amabilis*（beauty bush、ショウキウツギ）もそのひとつである（*amabilis, amabilis, amabile*、愛らしい）。よい香りがするエキゾティックな姿をした花をもつ*Gladiolus callianthus*（グラジオラス属の球茎植物）はその名に恥じない（*callianthus, calliantha, callianthum*、美しい花をつける）。*callicarpa*という語からはその植物が美しい果実をつけることがわかり、紫色の実がなる*Callicarpa bodinieri*（beautyberry、ムラサキシキブ属の低木）がその例である（*callicarpus, callicarpa, callicarpum*）。

　昔は、植物学者は植物の印象的な外見を強調したいと思ったとき、貴族や王族と関係のある名前をつけることがあった。たとえばcrown imperialやKaiser's crownといった普通名でよばれる*Fritillaria imperialis*（ヨウラクユリ）のように、ほかに抜きん出て目立つ植物に*imperialis*（*imperialis, imperiale*、非常に立派で人目を引く）という小名があたえられた。古来、sweet bay tree（ゲッケイジュ）は皇帝や英雄的な支配者と関連づけられ、このため「高貴な」あるいは「高名な」という意味の*Laurus nobilis*という名前がつけられた（*nobilis, nobilis, nobile*）。*Agave victoriae-reginae*（ササノユキ）はヴィクトリア女王をたたえて命名されたもので、*victoriae-reginae*はヴィクトリア女王を意味する。そのほか君主とかかわりのある表現に*basilicus*（*basilica, basilicum*、王侯らしい、王にふさわしい特質をもつ）、*rex*（王と関係のある）、*regalis*（*regalis, regale*、王者の、特別な価値がある）、そしてたんに「王の」という意味の*regius*（*regia, regium*）がある。

　昔の植物学者が感傷の世界に入りこむのはめずらしいことではなく、命名した植物にほとんど人間の特質といっていいものをあてた植物学者もいる。なぜそんな名前が選ばれたのかさっぱりわからない場合も多い。たとえば*Cassia fastuosa*（マメ科センナ属の植物）の種小名は堂々としていることを意味する（*fastuosus, fastuosa, fastuosum*）。同様にnight-scented pelargonium（テンジクアオイ属の多年草）が*Pelargonium triste*（*tristis, tristis, triste*、ぼんやりした、くすんだ）であるのは奇妙に思えるかもしれないが、実際にこの植物の花が近縁の植物の人目を引く花に比べて地味なことを思い出せば納得できるだろう。ときには小名が英語の単語に似ているために誤解をまねく場合もある。たとえば*Sorbus vexans*（whitebeam［ナナカマド属］の一種）の名前は迷惑な特性を暗示しているように思えるかもしれないが［英語のvexには「悩ませる」という意味がある］、この樹木の分類について議論が何年も続いたことをさしているにすぎない。ここでもっと詩的なことに目を向けると、*Narcissus poeticus*（pheasant's eye daffodil、クチベニズイセン）の場

Callicarpa dichotoma、
purple beautyberry（コムラサキ）

*Callicarpa purpurea*ともよばれ、この名前は美しい紫色の実のことをいっている。

Senecio elegans、
purple ragwort（ムラサキオグルマ）

*elegans*は「優美な」という意味で、この1年草の紫色の花のように、たいていその植物の花のことをいっている。

Adonis vernalis、
spring pheasant's eye（ヨウシュフクジュソウ）

*vernalis*は「春の」という意味で、この場合、春に姿を表す黄色の花のことをいっている。

合は古典文学が出典で、ギリシア神話の美しいがうぬぼれが強く神々に罰として花に変えられたナルキッソスにちなんで命名された（*poeticus, poetica, poeticum*、詩人の）。

もっと実際的な特徴にかんしては、*futilis*と*inutilis*という小名はその植物が役に立たないことを示している（*futilis, futilis, futile*、*inutilis, inutilis, inutile*）。これに対し、*utilis*と*utilissimus*はどちらもその植物になにか食材、医薬、あるいは経済的な用途や価値があることを示しており、たとえば*Pandanus utilis*（common screw pine、大型のタコノキ）の葉は収穫してマットを作るのに使われる（*utilis, utilis, utile, utilissimus, utilissima, utilissimum*）。植物の名前がそれからできる産物を示していることもあり、砂糖ができる*sacchiferus*（*sacchifera, sacchiferum*）、ゴムや樹脂ができる*gummifer*（*gummifera, gummiferum*）、そして*Vitis vinifera*（grape vine、ヨーロッパブドウ）のようにワインができる*viniferus*（*vinifera,*

viniferum）がその例である。

寿命や時、季節について説明する名前もいくつかある。*monocarpus*と*hapaxanthus*という名の植物は一回結実したのち枯れる（*monocarpus, monocarpa, monocarpum*）。*diurnus*（*diurna, diurnum*）が昼間開花することを意味するのに対し、*noctiflorus*（*noctiflora, noctiflorum*）は夜開花することを意味する。そして*aestivalis*は夏、*hibernalis*は冬と関係がある（*aestivalis, aestivalis, aestivale*、*hibernalis, hibernalis, hibernale*）。*hibernus*（*hiberna, hibernum*）はその植物が冬に緑あるいは冬に開花することを示し、*hiemalis*（*hiemalis, hiemale*）は「冬の」という意味で、たとえば*Camellia hiemalis*（カンツバキ）は冬季に花を咲かせる。同様に、*Eranthis hyemalis*（winter aconite、キバナセツブンソウ）は晴れやかな黄色の花を咲かせ、その光景は晩冬の暗い日々にとても喜ばれる（*hyemalis, hyemalis, hyemale*、冬の）。

latifolius *lat-ee-FOH-lee-us*
latifolia, latifolium
幅広の葉の［広葉の］、例：*Lathyrus latifolius*（ヒロハノレンリソウ）

latifrons *lat-ee-FRONS*
幅広の（シダ・シュロなどの）葉の、例：*Encephalartos latifrons*（オニソテツ属の植物）

latilobus *lat-ee-LOH-bus*
latiloba, latilobum
幅広の裂片の、例：*Campanula latiloba*（ホタルブクロ属の多年草）

latispinus *la-tih-SPEE-nus*
latispina, latispinum
幅広の刺の、例：*Ferocactus latispinus*（フェロカクトゥス属のサボテン）

laudatus *law-DAH-tus*
laudata, laudatum
称賛に値する、例：*Rubus laudatus*（キイチゴ属の低木）

laurifolius *law-ree-FOH-lee-us*
laurifolia, laurifolium
ゲッケイジュ（*Laurus*）のような葉の、例：*Cistus laurifolius*（ゴジアオイ属の低木）

laurinus *law-REE-nus*
laurina, laurinum
ゲッケイジュ（*Laurus*）のような、例：*Hakea laurina*（ヤマモガシ科ハケア属の低木または小高木）

laurocerasus *law-roh-KER-uh-sus*
ゲッケイジュとサクラのラテン語より、例：*Prunus laurocerasus*（セイヨウバクチノキ）

lavandulaceus *la-van-dew-LAY-see-us*
lavandulacea, lavandulaceum
ラヴェンダー（*Lavandula*）のような、例：*Chirita lavandulacea*（イワタバコ科キリタ属の１年草）

lavandulifolius *lav-an-dew-lih-FOH-lee-us*
lavandulifolia, lavandulifolium
ラヴェンダー（*Lavandula*）のような葉の、例：*Salvia lavandulifolia*（スパニッシュセージ）

laxiflorus *laks-ih-FLO-rus*
laxiflora, laxiflorum
まばらな散開する花の、例：*Lobelia laxiflora*（ミゾカクシ属の多年草）

laxifolius *laks-ih-FOH-lee-us*
laxifolia, laxifolium
まばらな散開する葉の、例：*Athrotaxis laxifolia*（タスマニアスギ属の高木）

laxus *LAX-us*
laxa, laxum
まばらな、（空間が）開いた、例：*Freesia laxa*（フリージア属の球茎植物）

ledifolius *lee-di-FOH-lee-us*
ledifolia, ledifolium
Ledum（イソツツジ属）のような葉の、例：*Ozothamnus ledifolius*（キク科オゾタムヌス属の低木）

leianthus *lee-AN-thus*
leiantha, leianthum
平滑な花の、例：*Bouvardia leiantha*（カンチョウジ）

leichtlinii *leekt-LIN-ee-eye*
ドイツのバーデン＝バーデン出身の植物収集者マックス・ライヒトリン（1831-1910）への献名、例：*Camassia leichtlinii*（オオヒナユリ）

生きているラテン語

　紫、青紫、あるいは白の一重の皿型の花を咲かせるこの多年草は、コテージガーデンにうってつけの植物である。１メートルという堂々たる高さに達することもある。花の色の鮮やかさを維持するには、日なたに植えないようにすること。

Campanula latiloba、great bellflower（ホタルブクロ属の多年草）

leiocarpus *lee-oh-KAR-pus*
leiocarpa, leiocarpum
平滑な果実の、例：*Cytisus leiocarpus*（エニシダ属の低木）

leiophyllus *lay-oh-FIL-us*
leiophylla, leiophyllum
平滑な葉の、例：*Pinus leiophylla*（マツ属の高木）

lentiginosus *len-tig-ih-NOH-sus*
lentiginosa, lentiginosum
小斑点がある、例：*Coelogyne lentiginosa*（コエロギネ属の着生ラン）

lentus *LEN-tus*
lenta, lentum
じょうぶだが柔軟な、例：*Betula lenta*（アメリカミズメ）

leonis *le-ON-is*
ライオンの色の、ライオンのような歯の、例：*Angraecum leonis*（アングラエクム属の着生ラン）

leontoglossus *le-on-toh-GLOSS-us*
leontoglossa, leontoglossum
ライオンの喉または舌をもつ、例：*Masdevallia leontoglossa*（マスデバリア属の着生ラン）

leonurus *lee-ON-or-us*
leonura, leonurum
ライオンの尾のような、例：*Leonotis leonurus*（カエンキセワタ）

leopardinus *leh-par-DEE-nus*
leopardina, leopardinum
ヒョウのような斑点がある、例：*Calathea leopardina*（クズウコン科カラテア属の多年草）

lepidus *le-PID-us*
lepida, lepidum
上品な、優美な、例：*Lupinus lepidus*（ルピナス属の多年草）

lept-
薄いあるいは細長いことを意味する接頭語

leptanthus *lep-TAN-thus*
leptantha, leptanthum
細長い花の、例：*Colchicum leptanthum*（イヌサフラン属の球根植物）

leptocaulis *lep-toh-KAW-lis*
leptocaulis, leptocaule
細い茎の、例：*Cylindropuntia leptocaulis*（キリンドロプンティア属のサボテン）

leptocladus *lep-toh-KLAD-us*
leptoclada, leptocladum
細い枝の、例：*Acacia leptoclada*（アカシア属の低木）

leptophyllus *lep-toh-FIL-us*
leptophylla, leptophyllum
細い葉の、薄い葉の、例：*Cassinia leptophylla*（低木）

Lathyrus latifolius、broad-leaved everlasting pea（ヒロハノレンリソウ）

leptosepalus *lep-toh-SEP-a-lus*
leptosepala, leptosepalum
細い萼片の、薄い萼片の、例：*Caltha leptosepala*（リュウキンカ属の多年草）

leptopus *LEP-toh-pus*
細い柄の、例：*Antigonon leptopus*（ニトベカズラ）

leptostachys *lep-toh-STAH-kus*
細長い穂の、例：*Aponogeton leptostachys*（レースソウ属の水草）

leuc-
白を意味する接頭語

leucanthus *lew-KAN-thus*
leucantha, leucanthum
白花の、例：*Tulbaghia leucantha*（ネギ科トゥルバキア属の球根植物）

leucocephalus *loo-koh-SEF-uh-lus*
leucocephala, leucocephalum
白い頭の、例：*Leucaena leucocephala*（ギンゴウカン）

leucochilus *loo-KOH-ky-lus*
leucochila, leucochilum
白い唇弁の、例：*Oncidium leucochila*（オンシジウム属の着生ラン）

leucodermis *loo-koh-DER-mis*
leucodermis, leucoderme
白い皮の、例：*Pinus leucodermis*（マツ属の高木）

leuconeurus *loo-koh-NOOR-us*
leuconeura, leuconeurum
白い脈の、例：*Maranta leuconeura*（ヒョウモンヨウショウ）

leucophaeus *loo-koh-FAY-us*
leucophaea, leucophaeum
黒ずんだ白の、例：*Dianthus leucophaeus*（ナデシコ属の多年草）

leucophyllus *loo-koh-FIL-us*
leucophylla, leucophyllum
白い葉の、例：*Sarracenia leucophylla*（アミメヘイシソウ）

leucorhizus *loo-koh-RYE-zus*
leucorhiza, leucorhizum
白い根の、例：*Curcuma leucorhiza*（ウコン属の多年草）

leucoxanthus *loo-koh-ZAN-thus*
leucoxantha, leucoxanthum
白っぽい黄色の、例：*Sobralia leucoxantha*（ソブラリア属のラン）

leucoxylon *loo-koh-ZY-lon*
白い材の、例：*Eucalyptus leucoxylon*（ヤナギユーカリ）

libani *LIB-an-ee*
libanoticus *lib-an-OT-ih-kus*
libanotica, libanoticum
レバノンのレバノン山脈の、例：*Cedrus libani*（レバノンスギ）

libericus *li-BEER-ih-kus*
liberica, libericum
リベリア産の、例：*Coffea liberica*（リベリアコーヒーノキ）

liburnicus *li-BER-nih-kus*
liburnica, liburnicum
リブルニア（現在のクロアチア内）の、例：*Asphodeline liburnica*（ユリ科アスフォデリネ属の多年草）

lignosus *lig-NOH-sus*
lignosa, lignosum
木質の、例：*Tuberaria lignosa*（ハンニチバナ科トゥベラリア属の木本化した多年草）

ligularis *lig-yoo-LAH-ris*
ligularis, ligulare
ligulatus *lig-yoo-LAIR-tus*
ligulata, ligulatum
革ひものように平たい形をした、例：*Acacia ligulata*（アカシア属の低木）

ligusticifolius *lig-us-tih-kih-FOH-lee-us*
ligusticifolia, ligusticifolium
ラヴィジ［セリ科レウィスティクム属の多年草］のような葉の、例：*Clematis ligusticifolia*（センニンソウ属のつる性植物）

ligusticus *lig-US-tih-kus*
ligustica, ligusticum
イタリアのリグーリア州の、例：*Crocus ligusticus*（クロッカス属の球茎植物）

ligustrifolius *lig-us-trih-FOH-lee-us*
ligustrifolia, ligustrifolium
イボタノキ（*Ligustrum*）のような葉の、例：*Hebe ligustrifolia*（ゴマノハグサ科ヘーベ属の低木）

ligustrinus *lig-us-TREE-nus*
ligustrina, ligustrinum
イボタノキ（*Ligustrum*）のような、例：*Ageratina ligustrina*（マルバフジバカマ属の低木）

lilacinus *ly-luc-SEE-nus*
lilacina, lilacinum
ライラック色の、例：*Primula lilacina*（サクラソウ属の多年草）

lili-
ユリを意味する接頭語

liliaceus *lil-lee-AY-see-us*
liliacea, liliaceum
ユリ（*Lilium*）のような、例：*Fritillaria liliacea*（バイモ属の多年草）

liliiflorus *lil-lee-ih-FLOR-us*
liliiflora, liliiflorum
ユリ（*Lilium*）のような花の、例：*Magnolia liliiflora*（シモクレン）

liliifolius *lil-ee-eye-FOH-lee-us*
liliifolia, liliifolium
ユリ（*Lilium*）のような葉の、例：*Adenophora liliifolia*（ツリガネニンジン属の多年草）

limbatus *lim-BAH-tus*
limbata, limbatum
縁どられた、例：*Primula limbata*（サクラソウ属の多年草）

limensis *lee-MEN-sis*
limensis, limense
ペルーのリマ産の、例：*Haageocereus limensis*（ハアゲオケレウス属のサボテン）

limoniifolius *lim-on-ih-FOH-lee-us*
limoniifolia, limoniifolium
Limonium（イソマツ属）のような葉の、例：*Asyneuma limoniifolium*（シデシャジン属の多年草）

limosus *lim-OH-sus*
limosa, limosum
湿地や泥土に生える、例：*Carex limosa*（ヤチスゲ）

linariifolius *lin-ar-ee-FOH-lee-us*
linariifolia, linariifolium
Linaria（ウンラン属）のような葉の、例：*Melaleuca linariifolia*（コバノブラシノキ属の低木）

lindleyanus *lind-lee-AH-nus*
lindleyana, lindleyanum
lindleyi *lind-lee-EYE*
イギリスの植物学者で王立園芸協会とかかわりのあるジョン・リンドリー（1799–1865）への献名、例：*Buddleja lindleyana*（トウフジウツギ）

linearis *lin-AH-ris*
linearis, lineare
幅が狭く両側がほとんど平行な［線形の］、例：*Ceropegia linearis*（ハートカズラ）

lineatus *lin-ee-AH-tus*
lineata, lineatum
線条あるいは縞模様がある、例：*Rubus lineatus*（キイチゴ属の低木）

lingua *LIN-gwa*
舌、舌のような、例：*Pyrrosia lingua*（ヒトツバ）

linguiformis *lin-gwih-FORM-is*
linguiformis, linguiforme

lingulatus *lin-gyoo-LAH-tus*
lingulata, lingulatum
舌のような形をした、例：*Guzmania lingulata*（パイナップル科グズマニア属の多年草）

liniflorus *lin-ih-FLOR-us*
liniflora, liniflorum
アマ（*Linum*）のような花の、例：*Byblis liniflora*（ビブリス科ビブリス属の食虫植物）

linifolius *lin-ih-FOH-lee-us*
linifolia, linifolium
アマ（*Linum*）のような葉の、例：*Tulipa linifolia*（チューリップ属の球根植物）

linnaeanus *lin-ee-AH-nus*
linnaeana, linnaeanum
linnaei *lin-ee-eye*
スウェーデンの植物学者カール・リンネ（1707–78）への献名、例：*Solanum linnaeanum*（キダチハリナスビ）

linoides *li-NOY-deez*
アマ（*Linum*）に似た、例：*Monardella linoides*（シソ科モナルデラ属の多年草）

litangensis *lit-ang-EN-sis*
litangensis, litangense
中国の理塘県産の、例：*Lonicera litangensis*（スイカズラ属の低木）

lithophilus *lith-oh-FIL-us*
lithophila, lithophilum
岩場に生える、例：*Anemone lithophila*（イチリンソウ属の多年草）

littoralis *lit-tor-AH-lis*
littoralis, littorale
littoreus *lit-TOR-ee-us*
littorea, littoreum
海岸に生える、例：*Griselinia littoralis*（グリセリニア科グリセリニア属の低木または亜高木）

lividus *LI-vid-us*
livida, lividum
青灰色の、鉛色の、例：*Helleborus lividus*（クリスマスローズ属の多年草）

生きているラテン語

高木と低木があるHakea（ハケア属）という属名は、ドイツの植物学の後援者だったクリスティアン・ルートヴィヒ・フォン・ハーケ（1745–1818）にちなんでつけられた。この属の植物はオーストラリア南西部の砂質の湿地や湿原に自生し、現在では国中で広く栽培されている。*Hakea linearis*の花はクリームがかった白で、小名の*linearis*は幅が狭いことを意味し、葉の形をいっている。*Aspalathus linearis*（rooibos tree、ルイボス）と*Chilopsis linearis*（desert willow、デザートウィロー）の葉も同じように細長い。*A. linearis*は南アフリカの西ケープ原産で、*C. linearis*はアメリカ南西部とメキシコでみられる。*Flaveria linearis*（yellowtop、キク科フラベリア属の多年草）はフロリダ原産で、やはり細長い葉をもち、鮮やかな黄色の花は昆虫にとってとりわけ豊かな蜜源である。

Hakea linearis
（ヤマモガシ科ハケア属の低木）

lobatus *low-BAH-tus*
lobata, lobatum
裂片がある、例：*Cyananthus lobatus*（キキョウ科キアナントゥス属の多年草）

lobelioides *lo-bell-ee-OH-id-ees*
Lobelia（ミゾカクシ属）に似た、例：*Wahlenbergia lobelioides*（ヒナギキョウ属の1年草）

生きているラテン語

ヴィクトリア時代のイギリスにおいて、大勢のガーデナーのあいだでシダの収集が大流行した。*pteridomania*すなわちシダ熱とよばれ、シダに似たあらゆるものが愛好されて装飾芸術に広がり、陶磁器、織物、さらには庭の鉄製のベンチにまでシダの模様がほどこされ、葉の深い裂片つまり切れこみから美しい造形が生み出された。

Polystichum aculeatum（syn. *P. lobatum*）、hard shield fern（イノデ属のシダ植物）

lobophyllus *lo-bo-FIL-us*
lobophylla, lobophyllum
浅裂した葉の、例：*Viburnum lobophyllum*（ガマズミ属の大型の低木）

lobularis *lobe-yoo-LAY-ris*
lobularis, lobulare
裂片がある、例：*Narcissus lobularis*（スイセン属の球根植物）

lobulatus *lob-yoo-LAH-tus*
lobulata, lobulatum
小裂片がある、例：*Crataegus lobulata*（サンザシ属の小高木）

loliaceus *loh-lee-uh-SEE-us*
loliacea, loliaceum
ライグラス（*Lolium*）のような、例：× *Festulolium loliaceum*（ヒロハノウシノケグサとペレニアルライグラスの雑種）

longibracteatus *lon-jee-brak-tee-AH-tus*
longibracteata, longibracteatum
長い苞葉がある、例：*Pachystachys longibracteata*（ベニサンゴバナ属の植物）

longipedunculatus *long-ee-ped-un-kew-LAH-tus*
longipedunculata, longipedunculatum
長い花柄の、例：*Magnolia longipedunculata*（モクレン属の高木）

longicaulis *lon-jee-KAW-lis*
longicaulis, longicaule
長い柄の、例：*Aeschynanthus longicaulis*（イワタバコ科アエスキナントゥス属の亜低木）

longicuspis *lon-jih-kus-pis*
longicuspis, longicuspe
先端が長くとがっている、例：*Rosa longicuspis*（バラ属のつる性低木）

longiflorus *lon-jee-FLO-rus*
longiflora, longiflorum
長い花の、例：*Crocus longiflorus*（クロッカス属の球茎植物）

longifolius *lon-jee-FOH-lee-us*
longifolia, longifolium
長い葉の、例：*Pulmonaria longifolia*（ヒメムラサキ属の多年草）

longilobus *lon-JEE-loh-bus*
longiloba, longilobum
長い裂片をもつ、例：*Alocasia longiloba*（カブトダコ）

longipes *LON-juh-peez*
長い柄の、例：*Acer longipes*（カエデ属の高木）

longipetalus *lon-jee-PET-uh-lus*
longipetala, longipetalum
長い花弁の、例：*Matthiola longipetala*（ヨルザキアラセイトウ）

longiracemosus *lon-jee-ray-see-MOH-sus*
longiracemosa, longiracemosum
長い総状花序の、例：*Incarvillea longiracemosa*（ツノシオガマ属の多年草）

longiscapus *lon-jee-SKAY-pus*
longiscapa, longiscapum
長い花茎の、例：*Vriesea longiscapa*（インコアナナス属の多年草）

longisepalus *lon-jee-SEE-pal-us*
longisepala, longisepalum
長い萼片の、例：*Allium longisepalum*（ネギ属の多年草）

longispathus *lon-jis-PAY-thus*
longispatha, longispathum
長い仏炎苞がある、例：*Narcissus longispathus*（スイセン属の球根植物）

longissimus *lon-JIS-ih-mus*
longissima, longissimum
非常に長い、例：*Aquilegia longissima*（ツメナガオダマキ）

longistylus *lon-jee-STY-lus*
longistyla, longistylum
長い花柱の、例：*Arenaria longistyla*（ノミノツヅリ属の草本）

longus *LONG-us*
longa, longum
長い、例：*Cyperus longus*（セイタカハマスゲ）

lophanthus *low-FAN-thus*
lophantha, lophanthum
冠毛がある花をつける、例：*Paraserianthes lophantha*（マメ科パラセリアンテス属の小高木）

lotifolius *lo-tif-FOH-lee-us*
lotifolia, lotifolium
Lotus（ミヤコグサ属）のような葉の、例：*Goodia lotifolia*（マメ科ゴーディア属の低木）

louisianus *loo-ee-see-AH-nus*
louisiana, louisianum
アメリカのルイジアナ州の、例：*Proboscidea louisiana*（ツノゴマ）

lucens *LOO-senz*
lucidus *LOO-sid-us*
lucida, lucidum
明るい、輝く、透きとおった、例：*Ligustrum lucidum*（トウネズミモチ）

ludovicianus *loo-doh-vik-ee-AH-nus*
ludoviciana, ludovicianum
アメリカのルイジアナ州の、例：*Artemisia ludoviciana*（ヨモギ属の多年草）

lunatus *loo-NAH-tus*
lunata, lunatum
lunulatus *loo-nu-LAH-tus*
lunulata, lunulatum
三日月形の、例：*Cyathea lunulata*（ナンヨウヘゴ）

lupulinus *lup-oo-LEE-nus*
lupulina, lupulinum
ホップ（*Humulus lupulus*）のような、例：*Medicago lupulina*（コメツブウマゴヤシ）

luridus *LEW-rid-us*
lurida, luridum
淡黄色の、かすかな、例：*Moraea lurida*（アヤメ科モラエア属の多年草）

lusitanicus *loo-si-TAN-ih-kus*
lusitanica, lusitanicum
ルシタニア（ポルトガルおよびスペインの一部）の、例：*Prunus lusitanica*（サクラ属の低木または小高木）

luteolus *loo-tee-OH-lus*
luteola, luteolum
黄色がかった、例：*Primula luteola*（プリムラ・ルテオラ）

lutetianus *loo-tee-shee-AH-nus*
lutetiana, lutetianum
フランスのルテティア（パリのラテン語古名）の、例：*Circaea lutetiana*（ミズタマソウ属の多年草）

luteus *LOO-tee-us*
lutea, luteum
黄色の、例：*Calochortus luteus*（ユリ科カロコルトゥス属の多年草）

luxurians *luks-YOO-ee-anz*
繁茂した、例：*Begonia luxurians*（パームリーフベゴニア）

lycius *LY-cee-us*
lycia, lycium
リュキア（現在のトルコの一部）の、例：*Phlomis lycia*（オオキセワタ属の低木）

lycopodioides *ly-kop-oh-dee-OY-deez*
Lycopodium（ヒカゲノカズラ属）に似た、例：*Cassiope lycopodioides*（イワヒゲ）

lydius *LID-ee-us*
lydia, lydium
リュディア（現在のトルコの一部）の、例：*Genista lydia*（ヒトツバエニシダ属の低木）

lysimachioides *ly-see-mak-ee-OY-deez*
Lysimachia（オカトラノオ属）に似た、例：*Hypericum lysimachioides*（オトギリソウ属の低木）

LYCOPERSICON（トマト）

　学名が動物と関係のある植物が数多くあり、ガーデナーを驚かすことも多い。たとえばギリシア語の*alopekouros*はキツネの尾を意味し、foxtail grassやmeadow foxtailとよばれる*Alopecurus*（スズメノテッポウ属）のラテン名はこれからきている。一方、*Aesculus hippocastanum*（horse chestnut、セイヨウトチノキ）の種小名はギリシア語の*hippos*（ウマ）と*kastanos*（クリ）に由来し、おそらくその実が以前、ウマの咳を治すのに使われていたことと関係があるのだろう。そして、きっともっとも驚かされるのが、トマトの種小名*lycopersicum*の由来だろう。ちょっと意外なのだが、ギリシア語の*lykos*はオオカミを、*persicon*はモモを意味し、このため文字どおりにいえば「オオカミのモモ」なのである。

　古代アステカとインカの人々はトマトの野生種を好んで食べ、アメリカ先住民も食べた。しかしこの植物は、帰還したスペインのコンキスタドールによって南米からヨーロッパへもちこまれたとき、大きな疑いをもって迎えられ、多くの人がこれを（ジャガイモとともに）有毒だと考えた。*Solanum lycopersicum*（トマト）は*Solanaceae*（ナス科）に属し、この科にはジャガイモ、トウガラシ、タバコ、ベラドンナなどの植物もふくまれる。当初トマトが人々から食用ではなくおもに観賞用として扱われることになったのは、おそらくこの連想からだろう。*lyco-*という接頭語がつく植物名はほかに

家庭菜園をする人は、じつにさまざまな色、形、大きさのトマトから選ぶことができる。

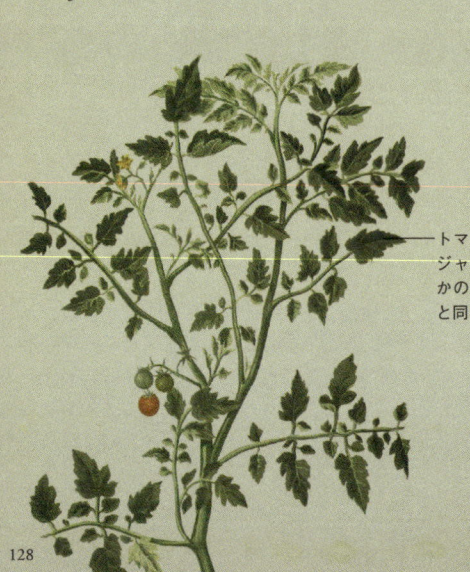

Lycopodium（ヒカゲノカズラ属）と*Lycopus*（シロネ属）があり（どちらもギリシア語でオオカミの足の意味）、毒性の強い*Aconitum lycoctonum*（トリカブト属の多年草）の普通名はwolfsbane［「オオカミ殺し」］である（ギリシア語の*ktonos*は殺人の意）。オオカミと毒以外には、トマトは1893年にアメリカ最高裁判所の判決で野菜と判断されたが、植物学的には果物である。たしかにほかの果物と言葉上の結びつきがあって、さまざまな品種の大きさと形がチェリーやプラムとよばれ［チェリートマトはサクランボぐらいの小さなトマト、プラムトマトはプラム形（卵形）をしたミニトマト］、おそらくもっとも愛らしい普通名はlove appleだろう。

トマトの葉の形はジャガイモなどほかのナス科の植物と同じである。

M

macedonicus *mas-eh-DON-ih-kus*
macedonica, macedonicum
マケドニアの、例：*Knautia macedonica*（マツムシソウ科クナウティア属の多年草）

macilentus *mas-il-LEN-tus*
macilenta, macilentum
やせた、貧弱な、例：*Justicia macilenta*（キツネノマゴ属の多年草）

macro-
長いまたは大きいことを意味する接頭語

macracanthus *mak-ra-KAN-thus*
macracantha, macracanthum
大きな刺がある、例：*Acacia macracantha*（アカシア属の高木）

macrandrus *mak-RAN-drus*
macrandra, macrandrum
大きな葯の、例：*Eucalyptus macrandra*（ユーカリ属の低木または小高木）

macranthus *mak-RAN-thus*
macrantha, macranthum
大きな花の、例：*Hebe macrantha*（ゴマノハグサ科ヘーベ属の低木）

macrobotrys *mak-ro-BOT-rees*
大きなブドウのような房の、例：*Strongylodon macrobotrys*（ヒスイカズラ）

macrocarpus *ma-kro-KAR-pus*
macrocarpa, macrocarpum
大きな果実の、例：*Cupressus macrocarpa*（モントレーイトスギ）

macrocephalus *mak-roh-SEF-uh-lus*
macrocephala, macrocephalum
大きな頭の、例：*Centaurea macrocephala*（キバナヤグルマギク）

macrodontus *mak-roh-DON-tus*
macrodonta, macrodontum
大きな歯がある、例：*Olearia macrodonta*（キク科オレアリア属の低木）

macromeris *mak-roh-MER-is*
多くのまたは大きな部分がある、例：*Coryphantha macromeris*（コリファンタ属のサボテン）

macrophyllus *mak-roh-FIL-us*
macrophylla, macrophyllum
大きなまたは長い葉の［大葉の］、例：*Hydrangea macrophylla*（アジサイ）

macropodus *mak-roh-POH-dus*
macropoda, macropodum
じょうぶな柄の、例：*Daphniphyllum macropodum*（ユズリハ）

macrorrhizus *mak-roh-RY-zus*
macrorrhiza, macrorrhizum
大きな根の、例：*Geranium macrorrhizum*（フウロソウ属の多年草）

macrospermus *mak-roh-SPERM-us*
macrosperma, macrospermum
大きな種子の、例：*Senecio macrospermus*（キオン属の多年草）

macrostachyus *mak-ro-STAH-kus*
macrostachya, macrostachyum
長いまたは大きな穂の、例：*Setaria macrostachya*（エノコログサ属の多年草）

maculatus *mak-yuh-LAH-tus*
maculata, maculatum

maculosus *mak-yuh-LAH-sus*
maculosa, maculosum
斑点がある、例：*Begonia maculata*（マクラータベゴニア）

Arum maculatum、
lords and ladies（マムシアルム）

madagascariensis *mad-uh-gas-KAR-ee-EN-sis*
madagascariensis, madagascariense
マダガスカル産の、例：*Buddleja madagascariensis*（アフリカフジウツギ）

maderensis *ma-der-EN-sis*
maderensis, maderense
マデイラ産の、例：*Geranium maderense*（フウロソウ属の植物）

magellanicus *ma-jell-AN-ih-kus*
megallanica, megallanicum
南米のマゼラン海峡の、例：*Fuchsia magellanica*（フクシア・マゲラニカ）

magellensis *mag-ah-LEN-sis*
magellensis, magellense
イタリアのマイエッラ山塊の、例：*Sedum magellense*（マンネングサ属の多年草）

magnificus *mag-NIH-fih-kus*
magnifica, magnificum
素晴らしい、壮大な、例：*Geranium × magnificum*（ゲラニウム・マグニフィクム）

magnus *MAG-nus*
magna, magnum
偉大な、大きい、例：*Alberta magna*（アカネ科アルベルタ属の低木または高木）

majalis *maj-AH-lis*
majalis, majale
5月に咲く、例：*Convallaria majalis*（ドイツスズラン）

major *MAY-jor*
major, majus
より大きい、例：*Astrantia major*（セリ科アストランティア属の多年草）

malabaricus *mal-uh-BAR-ih-kus*
malabarica, malabaricum
インドのマラバル海岸の、例：*Bauhinia malabarica*（ハマカズラ属の低木または小高木）

malacoides *mal-a-koy-deez*
軟らかい、例：*Erodium malacoides*（オランダフウロ属の1年草または越年草）

malacospermus *mal-uh-ko-SPER-mus*
malacosperma, malacospermum
軟らかい種子の、例：*Hibiscus malacospermus*（フヨウ属の植物）

maliformis *ma-lee-for-mees*
maliformis, maliforme
リンゴのような形をした、例：*Passiflora maliformis*（トケイソウ属の低木）

malvaceus *mal-VAY-see-us*
malvacea, malvaceum
ゼニアオイ（*Malva*）のような、例：*Physocarpus malvaceus*（テマリシモツケ属の低木）

malviflorus *mal-VEE-flor-us*
malviflora, malviflorum
ゼニアオイ（*Malva*）のような花の、例：*Geranium malviflorum*（フウロソウ属の多年草）

malvinus *mal-VY-nus*
malvina, malvinum
藤色の、例：*Plectranthus malvinus*（ケサヤバナ属の草本）

生きているラテン語

Convallaria majalis（ドイツスズラン）はOur Lady's tears、地域によってはMary's tearsとよばれ、おそらくこれは花が純白で涙のような形をしているせいだろう。*majalis*から、この植物が5月に花が咲くことがわかる。フランスでは伝統的に5月1日に街角で売られる。

Convallaria majalis、lily-of-the-valley（ドイツスズラン）

mammillatus *mam-mil-LAIR-tus*
mammillata, mammillatum
mammillaris *mam-mil-LAH-ris*
mammillaris, mammillare
mammosus *mam-OH-sus*
mammosa, mammosum
乳頭状または乳房状の構造を生じる、例：*Solanum mammosum*（ツノナス）

mandshuricus *mand-SHEU-rih-kus*
mandshurica, mandshuricum
manshuricus *man-SHEU-rih-kus*
manshurica, manshuricum
北東アジアの満州の、例：*Tilia mandshurica*（マンシュウボダイジュ）

manicatus *mah-nuh-KAH-tus*
manicata, manicatum
長い袖がある、例：*Gunnera manicata*（オニブキ）

margaritaceus *mar-gar-ee-tuh-KEE-us*
margaritacea, margaritaceum
margaritus *mar-gar-ee-tus*
margarita, margaritum
真珠のような、例：*Anaphalis margaritacea*（ヤマハハコ）

margaritiferus *mar-guh-rih-TIH-fer-us*
margaritifera, margaritiferum
真珠様のものがある、例：*Haworthia margaritifera*（ツルボラン科ハワーシア属の多肉植物）

marginalis *mar-gin-AH-lis*
marginalis, marginale
marginatus *mar-gin-AH-tus*
marginata, marginatum
縁どりがある、例：*Saxifraga marginata*（ユキノシタ属の多年草）

marianus *mar-ee-AH-nus*
mariana, marianum
聖母マリアの（アメリカのメリーランド州の場合もある）、例：*Silybum marianum*（オオアザミ）

marilandicus *mar-i-LAND-ih-kus*
marilandica, marilandicum
アメリカのメリーランド州の、例：*Quercus marilandica*（コナラ属の高木）

maritimus *muh-RIT-tim-mus*
maritima, maritimum
海の［海浜生の］、例：*Armeria maritima*（ハマカンザシ）

marmoratus *mar-mor-RAH-tus*
marmorata, marmoratum
marmoreus *mar-MOH-ree-us*
marmorea, marmoreum
大理石模様がある、まだらの、例：*Kalanchoe marmorata*（エドムラサキ）

maroccanus *mar-oh-KAH-nus*
maroccana, maroccanum
モロッコの、例：*Linaria maroccana*（ヒメキンギョソウ）

Spigelia marilandica、
Indian pink（マチン科スピゲリア属の多年草）

martagon *MART-uh-gon*
由来が明らかでない言葉で、*Lilium martagon*（マルタゴンリリー）の場合はターバンのような花のことをいっていると考えられる

martinicensis *mar-teen-i-SEN-sis*
martinicensis, martinicense
小アンティル諸島のマルティニーク島産の、例：*Trimezia martinicensis*（トリメジアヤメ）

mas *MAS*
masculus *MASK-yoo-lus*
mascula, masculum
男らしい性質をもつ、男性の、例：*Cornus mas*（セイヨウサンシュユ）

matronalis *mah-tro-NAH-lis*
matronalis, matronale
3月1日の古代ローマのマトロナリア祭（母親と、出産の女神ユノの祭り）の、例：*Hesperis matronalis*（ハナダイコン）

mauritanicus *maw-rih-TAWN-ih-kus*
mauritanica, mauritanicum
北アフリカとくにモロッコの、例：*Lavatera mauritanica*（ハナアオイ属の1年草）

mauritianus *maw-rih-tee-AH-nus*
mauritiana, mauritianum
インド洋上のモーリシャス島の、例：*Croton mauritianus*（ハズ属の低木または小高木）

カール・リンネ
(1707-78)

　ガーデナーは植物のラテン名を覚えることを思うと絶望的になるかもしれないが、ちょっと待って、18世紀の植物学者にして医師、そして動物学者でもあるカール・リンネに感謝すべきである。それまでの時代にふつう使われていた十数もの語ではなく、今では2つの単語を覚えるだけでよいのは、リンネによる植物名の的確な合理化のおかげである。

　スウェーデン南部のスモーランド地方で田舎の牧師の息子として生まれたリンネは、日常的にラテン語が話される家庭で育てられた。早くから植物と植物学に興味を示し、ウプサラ大学で医学を勉強した。当時、医学は本草学と密接に結びついていたのである。リンネはまわりの世界のあらゆることに対して貪欲な好奇心をもっていた。母国の植物、動物、鉱物を分類したのち、イングランド、オランダ、ラップランドなど広く旅行した。幸い、挿絵入りの非常に詳しいノートが、ラップランドの7000キロ以上の旅をへてもぶじに残っている。それには旅で遭遇した固有の植物相と動物相についてのリンネの鋭い観察が記されており、彼が発見した100ほどの新しい植物種もふくまれている。ウプサラに戻って植物学の教授になったリンネは、強い影響力をもつ教師とみなされた。そして、彼に師事した学生たちは使徒とよばれ、多くがのちに世界中で重要な科学的発見をした。今日ではリンネは、何人かの17世紀の科学者とくにガスパール・ボアン（1560-1624）によるそれまでの仕事を発展させ洗練させた、ふたつの単語を使う植物の命名法、すなわち二名法でもっともよく記憶されている。現在、植物、そしてじつは動物も界、網、目、科、属、種に分類されているのは、リンネとその先輩の科学者たちのおかげである。ガーデナーにとってもっとも役に立っているのは二名法で、これによって植物はまず特定の属に割りふられ、それから特定の種名があたえられる。より明確に区別するために、種が亜種や変種、品種に分けられることもある。ときには、たとえば *Pelargonium zonale*（Linnaeus）というように人名が書かれているのを目にすることもある。この例の場合、リンネがその植物を記述した最初の人物だということであって、かならずしもそれを発見したわけではない。

　リンネは植物をその性的特徴をもとに分類し、雄ずいと雌ずい（植物の雌雄の生殖器官）の数にしたがってグループ分けした。リンネもこれが人為的な体系であることを自覚していたし、彼の死後、もっと自然に即した植物の分類体系にとって代わられた。リンネはこのように植物の生殖の側面を重視し、植物の世界を「花嫁」、「花婿」、「婚礼の床」といったかなり想像力に富む言葉を使って表現した［それぞれ雌ずい、雄ずい、花弁や萼のこと］。

　リンネは生涯を通じて多数の著作を発表した。きわめて大きな影響をあたえたのが『自然の体系（*Systema Naturae*）』（1735）で、これはもともとは自然界を分類する彼の新しい体系の概要を述べる小論文として作成された。その後、リンネは20年以上にわたってこの著作を増補しつづけ、ついには1758年に2巻からなる出版物になった。また、彼の『植物の属（*Genera Plantarum*）』（1737）には、当時知られていた935の植物の属すべてが詳しく記載されている。その後、1753年に出た『植物の種（*Species Plantarum*）』には数千種の植物が記載さ

リンネは、自然界についてのあくことのない好奇心と視覚記憶の正確さで、当時の人々によく知られていた。

れ、現代の学名命名法の基礎になった。リンネの分類体系により、科学者は経験的観察にもとづいて、それまで同定されていなかった植物や動物を合理的な知識体系に組み入れることができるようになった。そして、ひとつの種が別の種とどのような関係にあるのか理解できるようになった。これは当時はとくに重要なことで、それはちょうどその頃、膨大な量の多様な新しい植物種が世界中からヨーロッパへ紹介されていたからである。

リンネの仕事の重要性は彼の存命中にすでに認められていた。リンネは1747年に侍医の称号を受け、1758年に北極星騎士団勲章を授与され、1761年には貴族に列せられてカール・フォン・リンネと名のるようになった。そして何度か卒中を起こして衰弱し、71歳で亡くなった。ときには想像をたくましくする文学的なところもあったが、几帳面で実際的かつ合理的なリンネは精密かつ正確な単純化の達人だった。

Linnaea borealis、twinflower（リンネソウ）

Linnaea borealis（borealis, borealis, boreale、北方の）はカール・リンネにちなんで命名された数少ない植物のひとつである。これは彼のお気に入りの植物で、可愛らしい釣鐘形の花が1本の花柄から対になって出ている。一般にtwinflowerとよばれ、自生地では森林に生えている。多くの場合、この植物がみられるのは古い森林のしるしである。

「リンネはじつはたまたま博物学者になった詩人である」
アウグスト・ストリンドベリ（1849–1912）

maxillaris *max-ILL-ah-ris*
maxillaris, maxillare
顎の、例：*Zygopetalum maxillare*（ジゴペタルム属のラン）

maximus *MAKS-ih-mus*
maxima, maximum
最大の、例：*Rudbeckia maxima*（オオハンゴンソウ属の多年草）

medicus *MED-ih-kus*
medica, medicum
薬効がある、例：*Citrus medica*（シトロン）

mediopictus *MED-ee-o-pic-tus*
mediopicta, mediopictum
中央に縞または着色部がある、例：*Calathea mediopicta*（クズウコン科カラテア属の多年草）

mediterraneus *med-e-ter-RAY-nee-us*
mediterranea, mediterraneum
陸地に囲まれた地域または地中海沿岸地域産の、例：*Minuartia mediterranea*（タカネツメクサ属の草本）

medius *MEED-ee-us*
media, medium
中間の、例：*Mahonia × media*（ヒイラギナンテン属の小低木）

medullaris *med-yoo-LAH-ris*
medullaris, medullare
medullus *med-DUL-us*
medulla, medullum
髄がある、例：*Cyathea medullaris*（ヘゴ属の木生シダ）

mega-
大きいことを意味する接頭語

megacanthus *meg-uh-KAN-thus*
megacantha, megacanthum
大きな刺がある、例：*Opuntia megacantha*（オオガタホウケン）

megacarpus *meg-uh-CAR-pus*
megacarpa, megacarpum
大きな果実の、例：*Ceanothus megacarpus*（ソリチャ属の低木）

megalanthus *meg-uh-LAN-thus*
megalantha, megalanthum
大きな花の、例：*Potentilla megalantha*（チシマキンバイ）

megalophyllus *meg-uh-luh-FIL-us*
megalophylla, megalophyllum
大きな葉の、例：*Ampelopsis megalophylla*（ノブドウ属の木本性つる植物）

megapotamicus *meg-uh-poh-TAM-ih-kus*
megapotamica, megapotamicum
大河（たとえばアマゾン川やリオグランデ川）の、例：*Abutilon megapotamicum*（ウキツリボク）

megaspermus *meg-uh-SPER-mus*
megasperma, megaspermum
大きな種子の、例：*Callerya megasperma*（マメ科カレリア属のつる性植物）

megastigma *meg-a-STIG-ma*
大きな柱頭の、例：*Boronia megastigma*（ブラウンボロニア）

melanocaulon *mel-an-oh-KAW-lon*
黒い茎の、例：*Blechnum melanocaulon*（ヒリュウシダ属のシダ植物）

melanocentrus *mel-an-oh-KEN-trus*
melanocentra, melanocentrum
黒い中心部の、例：*Saxifraga melanocentra*（ユキノシタ属の多年草）

melanococcus *mel-an-oh-KOK-us*
melanococca, melanococcum
黒い漿果の、例：*Elaeis melanococcus*（アブラヤシ属の高木性ヤシ）

melanoxylon *mel-an-oh-ZY-lon*
黒い材の、例：*Acacia melanoxylon*（メラノキシロンアカシア）

meleagris *mel-EE-uh-gris*
meleagris, meleagre
ホロホロチョウのような斑点がある、例：*Fritillaria meleagris*（チェッカードリリー）

melliferus *mel-IH-fer-us*
mellifera, melliferum
蜜を生産する、例：*Euphorbia mellifera*（トウダイグサ属の低木）

melliodorus *mel-ee-uh-do-rus*
melliodora, melliodorum
蜜のような香りがする、例：*Eucalyptus melliodora*（シダレユーカリ）

mellitus *mel-IT-tus*
mellita, mellitum
蜜のように甘い、例：*Iris mellita*（アヤメ属の多年草）

meloformis *mel-OH-for-mis*
meloformis, meloforme
メロンのような形をした、例：*Euphorbia meloforme*（トウダイグサ属の多肉植物）

membranaceus *mem-bran-AY-see-us*
membranacea, membranaceum
皮状または膜状の、例：*Scadoxus membranaceus*（ヒガンバナ科スカドクス属の多年草）

meniscifolius *men-is-ih-FOH-lee-us*
meniscifolia, meniscifolium
三日月形をした葉の、例：*Serpocaulon meniscifolium*（セルポカウロン属のシダ植物）

menziesii *menz-ESS-ee-eye*
イギリス海軍の外科医で植物学者アーチボルド・メンジーズ（1754-1842）への献名、例：*Pseudotsuga menziesii*（アメリカトガサワラ）

meridianus *mer-id-ee-AH-nus*
meridiana, meridianum
meridionalis *mer-id-ee-oh-NAH-lis*
meridionalis, meridionale
真昼に開花する、例：*Primula* × *meridiana*（サクラソウ属の多年草）

metallicus *meh-TAL-ih-kus*
metallica, metallicum
金属光沢がある、例：*Begonia metallica*（メタルベゴニア）

mexicanus *meks-sih-KAH-nus*
mexicana, mexicanum
メキシコの、例：*Agastache mexicana*（カワミドリ属の多年草）

michauxioides *miss-SHOW-ee-uh-deez*
Michauxia（キキョウ科ミカウクシア属）に似た、例：*Campanula michauxioides*（ホタルブクロ属の多年草）

micracanthus *mik-ra-KAN-thus*
micracantha, micracanthum
小さな刺がある、例：*Euphorbia micracantha*（トウダイグサ属の多肉植物）

micranthus *mi-KRAN-thus*
micrantha, micranthum
小さな花の、例：*Heuchera micrantha*（ツボサンゴ属の多年草）

micro-
小さいことを意味する接頭語

microcarpus *my-kro-KAR-pus*
microcarpa, microcarpum
小さな果実の、例：× *Citrofortunella microcarpa*（カラマンシー）

microcephalus *my-kro-SEF-uh-lus*
microcephala, microcephalum
小さな頭の、例：*Persicaria microcephala*（イヌタデ属の多年草）

microdasys *my-kro-DAS-is*
小さくて毛深い、例：*Opuntia microdasys*（ウチワサボテン属のサボテン）

microdon *my-kro-DON*
小さな歯の、例：*Asplenium* × *microdon*（チャセンシダ属のシダ植物）

microglossus *mak-roh-GLOS-us*
microglossa, microglossum
小さな舌の、例：*Ruscus* × *microglossum*（ナギイカダ属の半木本性多年草）

micropetalus *my-kro-PET-uh-lus*
micropetala, micropetalum
小さな花弁の、例：*Cuphea micropetala*（タバコソウ属の亜低木）

microphyllus *my-kro-FIL-us*
microphylla, microphyllum
小さな葉の、例：*Sophora microphylla*（エンジュ属の低木）

micropterus *mik-rop-TER-us*
microptera, micropterum
小さな翼がある、例：*Promenaea microptera*（プロメナエア属の着生ラン）

microsepalus *mik-ro-SEP-a-lus*
microsepala, microsepalum
小さな萼片の、例：*Pentadenia microsepala*（イワタバコ科ペンタデニア属の植物）

miliaceus *mil-ee-AY-see-us*
miliacea, miliaceum
キビの、例：*Panicum miliaceum*（キビ）

Promenaea microptera
（プロメナエア属の着生ラン）

militaris *mil-ih-TAH-ris*
militaris, militare
軍人の、軍人のような、例：*Orchis militaris*（ハクサンチドリ属の地生ラン）

millefoliatus *mil-le-foh-lee-AH-tus*
millefoliata, millefoliatum

millefolius *mil-le-FOH-lee-us*
millefolia, millefolium
多くの葉がある（文字どおりには千枚の葉の）、例：*Achillea millefolium*（セイヨウノコギリソウ）

mimosoides *mim-yoo-SOY-deez*
Mimosa（オジギソウ属）に似た、例：*Caesalpinia mimosoides*（ジャケツイバラ属の低木）

Castilleja miniata、giant red paintbrush（ゴマノハグサ科カスティレア属の半寄生性植物）

miniatus *min-ee-AH-tus*
miniata, miniatum
朱色の、例：*Clivia miniata*（ウケザキクンシラン）

minimus *MIN-eh-mus*
minima, minimum
最小の、例：*Myosurus minimus*（キンポウゲ科ミオスルス属の1年草）

minor *MY-nor*
minor, minus
より小さい、例：*Vinca minor*（ヒメツルニチニチソウ）

minutus *min-YOO-tus*
minuta, minutum
非常に小さい、例：*Tagetes minuta*（シオザキソウ）

minutiflorus *min-yoo-tih-FLOR-us*
minutiflora, minutiflorum
微小な花の、例：*Narcissus minutiflorus*（スイセン属の球根植物）

minutifolius *min-yoo-tih-FOH-lee-us*
minutifolia, minutifolium
微小な葉の、例：*Rosa minutifolia*（バラ属の低木）

minutissimus *min-yoo-TEE-sih-mus*
minutissima, minutissimum
もっとも微小な、例：*Primula minutissima*（サクラソウ属の多年草）

mirabilis *mir-AH-bih-lis*
mirabilis, mirabile
素晴らしい、驚くべき、例：*Puya mirabilis*（パイナップル科プイア属の多年草）

missouriensis *miss-oor-ee-EN-sis*
missouriensis, missouriense
アメリカのミズーリ州産の、例：*Iris missouriensis*（アヤメ属の多年草）

mitis *MIT-is*
mitis, mite
穏やかな、優しい、刺がない、例：*Caryota mitis*（コモチクジャクヤシ）

mitratus *my-TRAH-tus*
mitrata, mitratum
ターバンまたはミトラ（司教冠）をかぶった、例：*Mitrophyllum mitratum*（ハマミズナ科ミトロフィルム属の多肉植物）

mitriformis *mit-ri-FOR-mis*
mitriformis, mitriforme
帽子のような、例：*Aloe mitriformis*（アロエ属の多肉植物）

mixtus *MIKS-tus*
mixta, mixtum
混合された、例：*Potentilla × mixta*（キジムシロ属の多年草）

modestus *mo-DES-tus*
modesta, modestum
ほどよい［あまり大きくない］、例：*Aglaonema modestum*（リョクチク属の多年草）

moesiacus *mee-shee-AH-kus*
moesiaca, moesiacum
バルカン半島のモエシアの、例：*Campanula moesiaca*（ホタルブクロ属の多年草）

moldavicus *mol-DAV-ih-kus*
moldavica, moldavicum
東ヨーロッパのモルドヴァ産の、例：*Dracocephalum moldavica*（ホザキムシャリンドウ）

mollis *MAW-lis*
mollis, molle
軟らかい、軟毛がある、例：*Alchemilla mollis*（ハゴロモグサ属の多年草）

mollissimus *maw-LISS-ih-mus*
mollissima, mollissimum
非常に軟らかい［「軟毛が多い」という意味もある］、例：*Passiflora mollissima*（モリシマトケイソウ）

moluccanus *mol-oo-KAH-nus*
moluccana, moluccanum
インドネシアのモルッカ諸島（香料諸島）の、例：*Pittosporum moluccanum*（トベラ属の低木または小高木）

monacanthus *mon-ah-KAN-thus*
monacantha, monacanthum
1本刺の、例：*Rhipsalis monacantha*（リプサリス属のサボテン）

monadelphus *mon-ah-DEL-fus*
monadelpha, monadelphum
花糸が結合した［単体雄ずいの］、例：*Dianthus monadelphus*（ナデシコ属の多年草）

monandrus *mon-AN-drus*
monandra, monandrum
1雄ずいの、例：*Bauhinia monandra*（ナツザキソシンカ）

monensis *mon-EN-sis*
monensis, monense
モナ（マン島またはアングルシー島）産の、例：*Coincya monensis*（キバナスズシロモドキ）

mongolicus *mon-GOL-ih-kus*
mongolica, mongolicum
モンゴルの、例：*Quercus mongolica*（モンゴリナラ）

moniliferus *mon-ih-IH-fer-us*
monilifera, moniliferum
ネックレスをした、例：*Chrysanthemoides monilifera*（キク科クリサンテモイデス属の低木）

moniliformis *mon-il-lee-FOR-mis*
moniliformis, moniliforme
ネックレスのような、数珠に似た構造がある、例：*Melpomene moniliformis*（メルポメネ属のシダ植物）

生きているラテン語

Hamamelis mollis（シナマンサク）はマンサク類のなかでもきわめて美しく、甘い香りのする山吹色の花は真冬に咲いて喜ばれる。*mollis*は「軟らかい」または「軟毛がある」という意味で、ビロード状に毛が密生し秋に鮮やかな黄色になる葉のことをいっている。

Hamamelis mollis、
witch hazel（シナマンサク）

mono-
ひとつであることを意味する接頭語

monogynus *mon-NO-gy-nus*
monogyna, monogynum
1雌ずいの、例：*Crataegus monogyna*（ヒトシベサンザシ）

monopetalus *mon-no-PET-uh-lus*
monopetala, monopetalum
1花弁の、例：*Limoniastrum monopetalum*（イソマツ科リモニアストルム属の小低木）

生きているラテン語

Arnica（ウサギギク属）の植物はヨーロッパの山地に自生する多年草で、鎮痛作用のある薬草として長く使われてきた。その名前は羊皮を意味するギリシア語の*arnakis*に由来するともいわれ、この植物の毛が生えた軟らかい葉のことをいっている。

Arnica montana、
leopard's bane（アルニカ）

monophyllus *mon-oh-FIL-us*
monophylla, monophyllum
1葉の、例：*Pinus monophylla*（マツ属の高木）

monopyrenus *mon-NO-py-ree-nus*
monopyrena, monopyrenum
単核の、例：*Cotoneaster monopyrenus*（シャリントウ属の低木）

monostachyus *mon-oh-STAK-ee-us*
monostachya, monostachyum
1穂の、例：*Guzmania monostachya*（パイナップル科グズマニア属の植物）

monspessulanus *monz-pess-yoo-LAH-nus*
monspessulana, monspessulanum
フランスのモンペリエの、例：*Acer monspessulanum*（フランスモミジ）

monstrosus *mon-STROH-sus*
monstrosa, monstrosum
異常な、例：*Gypsophila × monstrosa*（カスミソウ属の多年草）

montanus *MON-tah-nus*
montana, montanum
山の、例：*Clematis montana*（ニイタカハンショウヅル）

montensis *mont-EN-sis*
montensis, montense

monticola *mon-TIH-koh-luh*
山に生える、例：*Halesia monticola*（アメリカアサガラ属の高木）

montigenus *mon-TEE-gen-us*
montigena, montigenum
山から生まれた、例：*Picea montigena*（トウヒ属の高木）

morifolius *mor-ee-FOH-lee-us*
morifolia, morifolium
クワ（*Morus*）のような葉の、例：*Passiflora morifolia*（ウッドランドパッションフラワー）

moschatus *MOSS-kuh-tus*
moschata, moschatum
麝香の香りがする、例：*Malva moschata*（ジャコウアオイ）

mucosus *moo-KOZ-us*
mucosa, mucosum
ぬるぬるした、例：*Rollinia mucosa*（バンレイシ属の高木）

mucronatus *muh-kron-AH-tus*
mucronata, mucronatum
先端がとがっている［微突形の］、例：*Gaultheria mucronata*（シラタマノキ属の低木）

mucronulatus *mu-kron-yoo-LAH-tus*
mucronulata, mucronulatum
先端が鋭く硬い［細微突形の］、例：*Rhododendron mucronulatum*（カラムラサキツツジ）

multi-
多いことを意味する接頭語

multibracteatus *mul-tee-brak-tee-AH-tus*
multibracteata, multibracteatum
多くの苞葉がある、例：*Rosa multibracteata*（バラ属の低木）

multicaulis *mul-tee-KAW-lis*
multicaulis, multicaule
多くの茎がある、例：*Salvia multicaulis*（アキギリ属の小低木）

multiceps *MUL-tee-seps*
多くの頭がある、例：*Gaillardia multiceps*（テンニンギク属の草本または亜低木）

multicolor *mul-tee-kol-or*
多色の、例：*Echeveria multicolor*（ベンケイソウ科エチェベリア属の多肉植物）

multicostatus *mul-tee-koh-STAH-tus*
multicostata, multicostatum
多くの肋がある、例：*Echinofossulocactus multicostatus*（エキノフォスロカクトゥス属のサボテン）

multifidus *mul-TIF-id-us*
multifida, multifidum
多数に分かれた、通例、多くの裂け目がある葉のこと［多裂の］、例：*Helleborus multifidus*（クリスマスローズ属の多年草）

multiflorus *mul-tih-FLOR-us*
multiflora, multiforum
多花の、例：*Cytisus multiflorus*（シロバナエニシダ）

multilineatus *mul-tee-lin-ee-AH-tus*
multilineata, multilineatum
多くの線がある、例：*Hakea multilineata*（ヤマモガシ科ハケア属の低木または小高木）

multinervis *mul-tee-NER-vis*
multinervis, multinerve
多くの脈がある、例：*Quercus multinervis*（コナラ属の高木）

multiplex *MUL-tih-pleks*
何重にも重なった、例：*Bambusa multiplex*（ホウライチク）

multiradiatus *mul-ty-rad-ee-AH-tus*
multiradiata, multiradiatum
多くの放射状のものがある、例：*Pelargonium multiradiatum*（テンジクアオイ属の多年草）

multisectus *mul-tee-SEK-tus*
multisecta, multisectum
多くの切れこみがある、例：*Geranium multisectum*（フウロソウ属の多年草）

mundulus *mun-DYOO-lus*
mundula, mundulum
きちんとした、整った、例：*Gaultheria mundula*（シラタマノキ属の低木）

muralis *mur-AH-lis*
muralis, murale
壁に生える、例：*Cymbalaria muralis*（ツタガラクサ）

muricatus *mur-ee-KAH-tus*
muricata, muricatum
粗くて硬い突起に覆われた、例：*Solanum muricatum*（ペピーノ）

musaicus *moh-ZAY-ih-kus*
musaica, musaicum
モザイク模様のような、例：*Guzmania musaica*（パイナップル科グズマニア属の多年草）

muscipula *musk-IP-yoo-luh*
ハエを捕らえる、例：*Dionaea muscipula*（ハエジゴク）

muscivorus *mus-SEE-ver-us*
muscivora, muscivorum
ハエを食べるように見える、例：*Helicodiceros muscivorus*（ツイストアラム）

muscoides *mus-COY-deez*
コケに似た、例：*Saxifraga muscoides*（ユキノシタ属の多年草）

Cymbalaria muralis、
ivy-leaved toadflax（ツタガラクサ）

muscosus *muss-KOH-sus*
muscosa, muscosum
コケのような、例：*Selaginella muscosa*（イワヒバ属のシダ植物）

mutabilis *mew-TAH-bih-lis*
mutabilis, mutabile
いろいろに変化する（とくに色にかんして）、例：*Hibiscus mutabilis*（フヨウ）

mutatus *moo-TAH-tus*
mutata, mutatum
変化した、例：*Saxifraga mutata*（ユキノシタ属の多年草）

muticus *MU-tih-kus*
mutica, muticum
鈍い［無突起の］、例：*Pycnanthemum muticum*（アワモリハッカ属の多年草）

mutilatus *mew-til-AH-tus*
mutilata, mutilatum
引き裂いたかのように分かれた、例：*Peperomia mutilata*（サダソウ属の草本）

myri-
非常に多いことを意味する接頭語

myriacanthus *mir-ee-uh-KAN-thus*
myriacantha, myriacanthum
非常に多くの刺がある、例：*Aloe myriacantha*（アロエ属の多肉植物）

myriocarpus *mir-ee-oh-KAR-pus*
myriocarpa, myriocarpum
非常に多くの果実がなる、例：*Schefflera myriocarpa*（フカノキ属の低木）

myriophyllus *mir-ee-oh-FIL-us*
myriophylla, myriophyllum
非常に多くの葉がある、例：*Acaena myriophylla*（バラ科アカエナ属の多年草）

myriostigma *mir-ee-oh-STIG-muh*
多くの斑点がある、例：*Astrophytum myriostigma*（ホシサボテン属のサボテン）

myrmecophilus *mir-me-koh-FIL-us*
myrmecophila, myrmecophilum
アリが好む、例：*Aeschynanthus myrmecophilus*（イワタバコ科アエスキナントゥス属の植物）

myrsinifolius *mir-sin-ee-FOH-lee-us*
myrsinifolia, myrsinifolium
Myrsine（ツルマンリョウ属、これが古代ギリシア語名であるギンバイカのことをいう場合もよくある）のような葉の、例：*Salix myrsinifolia*（ヤナギ属の低木または小高木）

myrsinites *mir-SIN-ih-teez*
myrsinoides *mir-sy-NOY-deez*
Myrsine（ツルマンリョウ属）に似た、例：*Gaultheria myrsinoides*（シラタマノキ属の低木）

Hibiscus mutabilis、Confederate rose（フヨウ）

myrtifolius *mir-tih-FOH-lee-us*
myrtifolia, myrtifolium
Myrsine（ツルマンリョウ属）のような葉の、例：*Leptospermum myrtifolium*（ネズミモドキ属の低木）

N

nanellus *nan-EL-lus*
nanella, nanellum
きわめて矮性の、例：*Lathyrus odoratus* var. *nanellus*（スイートピーの変種）

nankingensis *nan-king-EN-sis*
nankingensis, nankingense
中国の南京産の、例：*Chrysanthemum nankingense*（キク属の植物）

nanus *NAH-nus*
nana, nanum
矮性の、例：*Betula nana*（カバノキ属の矮性低木）

napaulensis *nap-awl-EN-sis*
napaulensis, napaulense
ネパール産の、例：*Meconopsis napaulensis*（ケシ科メコノプシス属の多年草）

napellus *nap-ELL-us*
napella, napellum
小さなカブのような（根のことをいって）、例：*Aconitum napellus*（ヨウシュトリカブト）

napifolius *nap-ih-FOH-lee-us*
napifolia, napifolium
カブ（*Brassica rapa*）のような形すなわち扁球形の葉の、例：*Salvia napifolia*（カブラバサルビア）

narbonensis *nar-bone-EN-sis*
narbonensis, narbonense
フランスのナルボンヌ産の、例：*Linum narbonense*（アマ属の多年草）

narcissiflorus *nar-sis-si-FLOR-us*
narcissiflora, narcissiflorum
スイセン（*Narcissus*）のような花の、例：*Iris narcissiflora*（アヤメ属の多年草）

natalensis *nuh-tal-EN-sis*
natalensis, natalense
南アフリカのナタール産の、例：*Tulbaghia natalensis*（ネギ科トゥルバキア属の球根植物）

natans *NAT-anz*
水に浮かぶ、例：*Trapa natans*（オニビシ）

nauseosus *naw-see-OH-sus*
nauseosa, nauseosum
吐き気を起こさせる、例：*Chrysothamnus nauseosus*（キク科クリソタムヌス属の低木）

navicularis *nav-ik-yoo-LAH-ris*
navicularis, naviculare
舟形の、例：*Callisia navicularis*（ツユクサ科カリシア属の多年草）

生きているラテン語

ヨーロッパとアジアが原産の*Aconitum napellus*（ヨウシュトリカブト）は耐寒性の多年草で、好条件に恵まれれば高さ1メートル以上になる。できれば半日陰の、肥えた湿り気のある土壌に植えるとよいが、水やりをきちんとすればつねに日があたる場所でも耐える。堂々として優美な茎に暗青色または暗紫色の頭巾の形をした花をつけ、フラワーアレンジメントをする人にたいへん好まれている。しかし、トリカブト類を取り扱うときは、どの部分も有毒なので注意が必要である。かつて猟師がこの植物から作った毒を矢の先端に塗って、確実に殺せるようにしたといわれる。さらには古代ローマではこの植物の栽培が禁止され、この法律に従わないと死罪になった。このような特性があるにもかかわらず、*A. napellus*はいまだに漢方薬やホメオパシーで使用されている。

Aconitum napellus、
monkshood（ヨウシュトリカブト）

neapolitanus *nee-uh-pol-ih-TAH-nus*
neapolitana, neapolitanum
イタリアのナポリの、例：*Allium neapolitanum*（アリウム・ネアポリタヌム）

nebulosus *neb-yoo-LOH-sus*
nebulosa, nebulosum
雲のような、例：*Aglaonema nebulosum*（リョクチク属の多年草）

neglectus *nay-GLEK-tus*
neglecta, neglectum
以前は見すごされていた、例：*Muscari neglectum*（ムスカリ）

nelumbifolius *nel-um-bee-FOH-lee-us*
nelumbifolia, nelumbifolium
ハス（*Nelumbo*）のような葉の、例：*Ligularia nelumbifolia*（メタカラコウ属の多年草）

nemoralis *nem-or-RAH-lis*
nemoralis, nemorale
nemorosus *nem-or-OH-sus*
nemorosa, nemorosum
森林の、例：*Anemone nemorosa*（ヤブイチゲ）

nepalensis *nep-al-EN-sis*
nepalensis, nepalense
nepaulensis *nep-al-EN-sis*
nepaulensis, nepaulense
ネパール産の、例：*Hedera nepalensis*（キヅタ属のつる性植物）

nepetoides *nep-et-OY-deez*
キャットニップ（*Nepeta*）に似た、例：*Agastache nepetoides*（カワミドリ属の多年草）

neriifolius *ner-ih-FOH-lee-us*
neriifolia, neriifolium
Nerium（キョウチクトウ属）のような葉の、例：*Podocarpus neriifolius*（リュウキュウイヌマキ）

nervis *NERV-is*
nervis, nerve
nervosus *ner-VOH-sus*
nervosa, nervosum
目に見える脈がある、例：*Astelia nervosa*（アステリア科アステリア属の多年草）

nicaeensis *ny-see-EN-sis*
nicaeensis, nicaeense
フランスのニース産の、例：*Acis nicaeensis*（ヒガンバナ科アキス属の球根植物）

nictitans *Nic-tih-tanz*
またたく、動く、例：*Chamaecrista nictitans*（アレチケツメイ）

nidus *NID-us*
巣のような、例：*Asplenium nidus*（シマオオタニワタリ）

niger *NY-ger*
nigra, nigrum
黒い、例：*Phyllostachys nigra*（ハチク）

nigratus *ny-GRAH-tus*
nigrata, nigratum
黒くなった、黒っぽい、例：*Oncidium nigratum*（オンシジウム属の着生ラン）

nigrescens *ny-GRESS-enz*
黒くなる、例：*Silene nigrescens*（マンテマ属の多年草）

nigricans *ny-grih-kanz*
黒っぽい、例：*Salix nigricans*（ヤナギ属の低木）

nikoensis *nik-o-en-sis*
nikoensis, nikoense
日本の日光産の、例：*Adenophora nikoensis*（ヒメシャジン）

niloticus *nil-OH-tih-kus*
nilotica, niloticum
ナイル渓谷の、例：*Salvia nilotica*（サルビア・ニロティカ）

nipponicus *nip-PON-ih-kus*
nipponica, nipponicum
日本の、例：*Phyllodoce nipponica*（ツガザクラ）

nitens *NI-tenz*
nitidus *NI-ti-dus*
nitida, nitidum
光る、例：*Lonicera nitida*（スイカズラ属の低木）

生きているラテン語

*nivalis*は雪のような白を意味し、この花が姿を現すのは悲しみが消えることの先触れで、希望のしるしとみなされる。一説によると、アダムとイブがエデンの園を追われたあと、天使が降る雪を花に変えてふたりを慰めたという。

Galanthus nivalis、
snowdrop（マツユキソウ）

nivalis *niv-VAH-lis*
nivalis, nivale

niveus *NIV-ee-us*
nivea, niveum

nivosus *niv-OH-sus*
nivosa, nivosum
雪のように白い、雪の近くに生える、例：*Galanthus nivalis*（マツユキソウ）

nobilis *NO-bil-is*
nobilis, nobile
高貴な、高名な、例：*Laurus nobilis*（ゲッケイジュ）

noctiflorus *nok-tee-FLOR-us*
noctiflora, noctiflorum

nocturnus *NOK-ter-nus*
nocturna, nocturnum
夜に開花する、例：*Silene noctiflora*（ツキミセンノウ）

nodiflorus *no-dee-FLOR-us*
nodiflora, nodiflorum
節に花をつける、例：*Eleutherococcus nodiflorus*（ウコギ属の低木）

nodosus *nod-OH-sus*
nodosa, nodosum
顕著な結節がある、例：*Geranium nodosum*（フウロソウ属の多年草）

nodulosus *no-du-LOH-sus*
nodulosa, nodulosum
小結節がある、例：*Echeveria nodulosa*（ベンケイソウ科エチェベリア属の多肉植物）

noli-tangere *NO-lee TAN-ger-ee*
「触るな」（種子の莢が勢いよくはじけるため）、例：*Impatiens noli-tangere*（キツリフネ）

non-scriptus *non-SKRIP-tus*
non-scripta, non-scriptum
何も印がついていない、例：*Hyacinthoides non-scripta*（イングリッシュブルーベル）

norvegicus *nor-VEG-ih-kus*
norvegica, norvegicum
ノルウェーの、例：*Arenaria norvegica*（ノミノツヅリ属の多年草）

notatus *no-TAH-tus*
notata, notatum
斑点あるいは模様がある、例：*Glyceria notata*（ドジョウツナギ属の多年草）

novae-angliae *NO-vee ANG-lee-a*
アメリカのニューイングランドの、例：*Aster novae-angliae*（アメリカシオン）

novae-zelandiae *NO-vay zee-LAN-dee-ay*
ニュージーランドの、例：*Acaena novae-zelandiae*（バラ科アカエナ属の多年草）

novi-
新しいことを意味する接頭語

novi-belgii *NO-vee BEL-jee-eye*
アメリカのニューヨークの、例：*Aster novi-belgii*（ユウゼンギク）

nubicola *noo-BIH-koh-luh*
雲の高さで生育する、例：*Salvia nubicola*（サルビア・ヌビコラ）

nubigenus *noo-bee-GEE-nus*
nubigena, nubigenum
雲の高さで生まれた、例：*Kniphofia nubigena*（シャグマユリ属の宿根草）

nucifer *NOO-siff-er*
nucifera, nuciferum
堅果を生じる、例：*Cocos nucifera*（ココヤシ）

nudatus *noo-DAH-tus*
nudata, nudatum

nudus *NEW-dus*
nuda, nudum
露出した、裸の、例：*Nepeta nuda*（イヌハッカ属の多年草）

nudicaulis *new-dee-KAW-lis*
nudicaulis, nudicaule
裸の茎の、例：*Papaver nudicaule*（アイスランドポピー）

nudiflorus *noo-dee-FLOR-us*
nudiflora, nudiflorum
葉の前に花が現れる、例：*Jasminum nudiflorum*（オウバイ）

numidicus *nu-MID-ih-kus*
numidica, numidicum
アルジェリアの［現在のアルジェリア北東部地域が古代にヌミディアとよばれていた］、例：*Abies numidica*（アルジェリアモミ）

nummularius *num-ew-LAH-ree-us*
nummularia, nummularium
硬貨状の、例：*Lysimachia nummularia*（コバンコナスビ）

nutans *NUT-anz*
うなだれた、例：*Billbergia nutans*（ヨウラクツツアナナス）

nyctagineus *nyk-ta-JEE-nee-us*
nyctaginea, nyctagineum
夜に開花する、例：*Mirabilis nyctaginea*（イヌオシロイバナ）

nymphoides *nym-FOY-deez*
スイレン（*Nymphaea*）に似た、例：*Hydrocleys nymphoides*（ミズヒナゲシ）

植物の香りと味

　嗅覚はおそらくあらゆる感覚のなかでもっとも主観的で、植物や花の香りにかんするラテン語に多少誤解をまねくように思えるものがあるのはそのためかもしれない。数多くの種名がにおいを表現しているが、ある程度注意して扱わなければならない。たとえば、美しい花を冬に咲かせる多年生の *Helleborus foetidus*（コダチクリスマスローズ）は一般に stinking hellebore [「悪臭のするクリスマスローズ」] とよばれるが、育てるのをやめるべきではない。そうした名前がついていても、つぶしたときに不快なにおいがするだけなのだから（*foetidus, foetida, foetidum*、悪臭）。室内で育てるよい香りのするランがほしいのなら、*Dendrobium anosmum*（デンドロビウム属の着生ラン）を除外してはいけない。なぜなら、その名に反して実際には非常に強い香りがするからである（*anosmus, anosma, anosmum*、香りがない）。この但し書きを頭に入れておいて、よい香りのする植物を探しているのなら、「よい香りの」あるいは「芳香のある」という意味の *aromaticus*（*aromatica, aromaticum*）、それぞれ「よい香りの」および「非常によい香りの」という意味の *fragrans* および *fragrantissimus*（*fragrantissima, fragrantissimum*）、やはり「非常によい香りの」という意味の *odoratissimus*（*odoratissima, odoratissimum*）、その植物が甘い香りを放つことを示す *suaveolens* といった語からはじめるのが賢明だろう。*graveolens* は非常にはっきりしたにおいをもつ植物を意味し、たとえば *Pelargonium graveolens*（ニオイテンジクアオイ）はしばしば sweet-scented geranium [「甘い香りのするゲラニウム」] とよばれる。テンジクアオイ属のさまざまな種にさまざまな香りがあって、その多くが葉を指にはさんで軽く押しつぶしただけで放出される。

　inodorus（*inodora, inodorum*）はにおいのない植物を意味し、*Hypericum inodorum*（オトギリソウ属の低木）がその例である。これに対し、*olidus*（*olida, olidum*）は不快なにおいがするので気をつける必要があり、*Eucalyptus olida*（ユーカリ属の高木）がその例である。種名が果実や葉のような植物の花以外の香りのする部分のことをいっている場合もある。常緑樹の *Cinnamomum aromaticum*（シナニッケイ）はその芳香のある樹皮で珍重されているし、*Myrrhis odorata*（sweet cicely、スイートシスリー）の葉と花と種子はみな料理、とくにタルトやケーキのようなものに使われる（*odoratus, odorata, odoratum*、よい香りがする）。「ジャコウネコのような不快なにおいがする」という意味の説明語である *zibethinus* が名前につきそうな植物は、インドネシアの有名な果物ドリアン以外にはない。これは *Durio zibethinus* という名前をもち、その果実の味は甘く刺激的だが強烈なにおいがあるため、食べられるにもかかわらず多くの人が手を出さない。香りを表す語のなかには、アニスの香りをさす *anisatus*（*anisata, anisatum*）のようにかなり具体的なものもある。*Illicium anisatum*（Japanese star anise、シキミ）には強い香気があり、香として焚

Rosa foetida、
Austrian briar（フォエティダバラ）

foetida はその植物に悪臭があることをさす場合があり、多くの人がこのバラの香りは亜麻仁油を沸かしたときのようだと思う。

かれる。*caryophyllus*（*caryophyllus, caryophyllum*）はクローブの香りと関係があり、たいへん好まれている *Dianthus caryophyllus*（clove pink、カーネーション）がその例である。味を表現する多くの語は、不注意な人へのちょっとした警告として役に立つ。心にとめて避けるべきなのが *emeticus*（*emetica, emeticum*）で、吐き気を起こさせることを意味する。*acerbus*（*acerba, acerbum*）、*amarellus*（*amarella, amarellum*）、*amarus*（*amara, amarum*）はすべて苦いか酸っぱい味がすることを意味し、たとえば

Illicium anisatum、
Japanese star anise（シキミ）

この植物は食べれば強い毒だが、香として焚く場合はその芳香で珍重されている。

Lathyrus odoratus、
sweet pea（スイートピー）

種小名が示すように、スイートピーの多くの変種は庭で最高によい香りのする花である。

bitter sneezeweed［「苦い、くしゃみをひき起こす草」］の学名 *Helenium amarum*（マツバハルシャギク属の1年草）がその例である。やはり注意すべき語が *causticus*（*caustica, causticum*）で、これはその植物が口のなかで燃えるような腐食性の作用をおよぼすことを警告している。また、*acidosus*（*acidosa, acidosum*）や *acidus*（*acida, acidum*）など、酸っぱい味を示す語がいくつもある。これに対し好ましい味はというと、*dulcis*（*dulcis, dulce*）は甘いこと、*sapidus*（*sapida, sapidum*）は味がよいことを意味する。蜂蜜のように甘いものを探しているのなら *mellitus*（*mellita, mellitum*）を試してみるとよく、一方、*melliodorus*（*melliodora, melliodorum*）は蜂蜜の香りがすることを意味する。

O

obconicus ob-KON-ih-kus
obconica, obconicum
倒円錐形の、例：*Primula obconica*（トキワザクラ）

obesus oh-BEE-sus
obesa, obesum
太った、例：*Euphorbia obesa*（トウダイグサ属の多肉植物）

oblatus ob-LAH-tus
oblata, oblatum
端が平たい、例：*Syringa oblata*（オニハシドイ）

obliquus oh-BLIK-wus
obliqua, obliquum
非対称な、例：*Nothofagus obliqua*（ナンキョクブナ属の高木）

Cyrtanthus obliquus、
sore-eye flower（ヒガンバナ科キルタントゥス属の球根植物）

oblongatus ob-long-GAH-tus
oblongata, oblongatum

oblongus ob-LONG-us
oblonga, oblongum
長楕円形の、例：*Passiflora oblongata*（トケイソウ属のつる性植物）

oblongifolius ob-long-ih-FOH-lee-us
oblongifolia, oblongifolium
長楕円形の葉の、例：*Asplenium oblongifolium*（チャセンシダ属のシダ植物）

obovatus ob-oh-VAH-tus
obovata, obovatum
倒卵形の、例：*Paeonia obovata*（ベニバナヤマシャクヤク）

obscurus ob-SKEW-rus
obscura, obscurum
はっきりしない、不確かな、例：*Digitalis obscura*（ジギタリス属の多年草）

obtectus ob-TEK-tus
obtecta, obtectum
覆われた、保護された、例：*Cordyline obtecta*（センネンボク属の高木）

obtusatus ob-tew-SAH-tus
obtusata, obtusatum
鈍形の、例：*Asplenium obtusatum*（チャセンシダ属のシダ植物）

obtusifolius ob-too-sih-FOH-lee-us
obtusifolia, obtusifolium
鈍形の葉の［鈍頭葉の］、例：*Peperomia obtusifolia*（サダソウ属の多年草）

obtusus ob-TOO-sus
obtusa, obtusum
鈍形の、例：*Chamaecyparis obtusa*（ヒノキ）

obvallatus ob-val-LAH-tus
obvallata, obvallatum
壁で囲まれた、例：*Saussurea obvallata*（ボンボリトウヒレン）

occidentalis ok-sih-den-TAH-lis
occidentalis, occidentale
西方の、例：*Thuja occidentalis*（ニオイヒバ）

occultus ock-ULL-tus
occulta, occultum
隠れた、例：*Huernia occulta*（ガガイモ科フエルニア属の多肉植物）

ocellatus ock-ell-AH-tus
ocellata, ocellatum
目がある、蛇の目模様の、例：*Convolvulus ocellatus*（セイヨウヒルガオ属のつる性植物）

ochraceus oh-KRA-see-us
ochracea, ochraceum
黄土色の、例：*Hebe ochracea*（ゴマノハグサ科ヘーベ属の低木）

ochroleucus *ock-roh-LEW-kus*
ochroleuca, ochroleucum
黄白色の、例：*Crocus ochroleucus*（クロッカス属の球茎植物）

oct-
8を意味する接頭語

octandrus *ock-TAN-drus*
octandra, octandum
8雄ずいの、例：*Phytolacca octandra*（ヤマゴボウ属の植物）

octopetalus *ock-toh-PET-uh-lus*
octopetala, octopetalum
8花弁の、例：*Dryas octopetala*（チョウノスケソウ）

oculatus *ock-yoo-LAH-tus*
oculata, oculatum
目がある、例：*Haworthia oculata*（ツルボラン科ハワーシア属の多肉植物）

oculiroseus *ock-yoo-lee-ROH-sus*
oculirosea, oculiroseum
バラ色の目がある、例：*Hibiscus palustris* f. *oculiroseus*（クサフヨウの品種）

ocymoides *ok-kye-MOY-deez*
メボウキ（*Ocimum*）に似た、例：*Halimium ocymoides*（ハンニチバナ科ハリミウム属の低木）

odoratissimus *oh-dor-uh-TISS-ih-mus*
odoratissima, odoratissimum
非常によい香りがする、例：*Viburnum odoratissimum*（サンゴジュ）

odoratus *oh-dor-AH-tus*
odorata, odoratum

odoriferus *oh-dor-IH-fer-us*
odorifera, odoriferum

odorus *oh-DOR-us*
odora, odorum
よい香りがする、例：*Lathyrus odoratus*（スイートピー）

officinalis *oh-fiss-ih-NAH-lis*
officinalis, officinale
店で売られている、つまり有用植物（野菜、料理用または医療用のハーブ）であることを意味する、例：*Rosmarinus officinalis*（ローズマリー）

officinarum *off-ik-IN-ar-um*
店（たいていは薬屋）の、例：*Mandragora officinarum*（マンドレーク）

olbius *OL-bee-us*
olbia, olbium
フランスのイエール諸島の、例：*Lavatera olbia*（ハナアオイ属の低木）

oleiferus *oh-lee-IH-fer-us*
oleifera, oleiferum
油を生産する、例：*Elaeis oleifera*（アメリカアブラヤシ）

oleifolius *oh-lee-ih-FOH-lee-us*
oleifolia, oleifolium
オリーヴ（*Olea*）のような葉の、例：*Lithodora oleifolia*（ミヤマホタルカズラ属の亜低木）

oleoides *oh-lee-OY-deez*
オリーヴ（*Olea*）に似た、例：*Daphne oleoides*（ジンチョウゲ属の低木）

oleraceus *awl-lur-RAY-see-us*
oleracea, oleraceum
野菜として利用される、例：*Spinacia oleracea*（ホウレンソウ）

生きているラテン語

野生のニンニクは北ヨーロッパ一帯の湿った草地に生えており、刺激臭のある小さな鱗茎ができる。*oleraceum*は野菜畑で栽培されることを意味するが、ニンニクはその食材としての用途以外に、何世紀ものあいだ、伝統的医学でも使用されてきた。

Allium oleraceum、
field garlic（ネギ属の多年草）

oliganthus ol-ig-AN-thus
oligantha, oliganthum
少ししか花がない、例：*Ceanothus oliganthus*（ソリチャ属の低木）

oligocarpus ol-ig-oh-KAR-pus
oligocarpa, oligocarpum
少ししか果実がない、例：*Cayratia oligocarpa*（ヤブカラシ属のつる性植物）

oligophyllus ol-ig-oh-FIL-us
oligophylla, oligophyllum
少ししか葉がない、例：*Senna oligophylla*（マメ科センナ属の低木）

oligospermus ol-ig-oh-SPERM-us
oligosperma, oligospermum
少ししか種子がない、例：*Draba oligosperma*（イヌナズナ属の多年草）

olitorius ol-ih-TOR-ee-us
olitoria, olitorium
野菜用の、例：*Corchorus olitorius*（シマツナソ）

olivaceus oh-lee-VAY-see-us
olivacea, olivaceum
オリーヴ色の、緑褐色の、例：*Lithops olivacea*（ツルナ科リトプス属の多肉植物）

olympicus oh-LIM-pih-kus
olympica, olympicum
ギリシアのオリンポス山の、例：*Hypericum olympicum*（フデオトギリ）

opacus oh-PAH-kus
opaca, opacum
暗い、つやがない、ぼかしの、例：*Crataegus opaca*（サンザシ属の低木）

operculatus oh-per-koo-LAH-tus
operculata, operculatum
覆いあるいは蓋がある、例：*Luffa operculata*（ヘチマ属のつる性植物）

ophioglossifolius oh-fee-oh-gloss-ih-FOH-lee-us
ophioglossifolia, ophioglossifolium
Ophioglossum（ハナヤスリ属）のような葉の、例：*Ranunculus ophioglossifolius*（キンポウゲ属の草本）

oppositifolius op-po-sih-tih-FOH-lee-us
oppositifolia, oppositifolium
対生葉の、例：*Chiastophyllum oppositifolium*（ホザキベンケイソウ）

orbicularis or-bik-yoo-LAH-ris
orbicularis, orbiculare

orbiculatus or-bee-kul-AH-tus
orbiculata, orbiculatum
円盤状の、平らで丸い、例：*Cotyledon orbiculata*（ベンケイソウ科コチレドン属の多肉植物）

orchideus or-KI-de-us
orchidea, orchideum

orchioides or-ki-OY-deez
Orchis（ハクサンチドリ属）のランのような、例：*Veronica orchidea*（クワガタソウ属の草本）

orchidiflorus or-kee-dee-FLOR-us
orchidiflora, orchidiflorum
Orchis（ハクサンチドリ属）のランのような花の、例：*Gladiolus orchidiflorus*（グラジオラス属の球茎植物）

oreganus or-reh-GAH-nus
oregana, oreganum
アメリカのオレゴン州の、例：*Sidalcea oregana*（アオイ科シダルケア属の多年草）

Chiastophyllum oppositifolium、lamb's tail（ホザキベンケイソウ）

oreophilus *or-ee-O-fil-us*
oreophila, oreophilum
山を好む、例：*Sarracenia oreophila*（ヘイシソウ属の食虫植物）

oresbius *or-ES-bee-us*
oresbia, oresbium
山の上に生える、例：*Castilleja oresbia*（ハマウツボ科カスティレヤ属の多年草）

orientalis *or-ee-en-TAH-lis*
orientalis, orientale
東洋の、東方の、例：*Thuja orientalis*（コノテガシワ）

origanifolius *or-ih-gan-ih-FOH-lee-us*
origanifolia, origanifolium
Origanum（ハナハッカ属）のような葉の、例：*Chaenorhinum origanifolium*（ヒナウンラン属の多年草）

origanoides *or-ig-an-OY-deez*
Origanum（ハナハッカ属）に似た、例：*Dracocephalum origanoides*（ムシャリンドウ属の植物）

ornans *OR-nanz*
ornatus *or-NA-tus*
ornata, ornatum
装飾的な、人目を引く、例：*Musa ornata*（リンゴバショウ）

ornatissimus *or-nuh-TISS-ih-mus*
ornatissima, ornatissimum
非常に人目を引く、例：*Bulbophyllum ornatissimum*（マメヅラン属の着生ラン）

ornithopodus *or-nith-OP-oh-dus*
ornithopoda, ornithopodum
ornithopus *or-nith-OP-pus*
鳥の足のような、例：*Carex ornithopoda*（スゲ属の多年草）

ortho-
まっすぐなまたは直立していることを意味する接頭語

orthobotrys *or-THO-bot-ris*
直立した房の、例：*Berberis orthobotrys*（メギ属の低木）

orthocarpus *or-tho-KAR-pus*
orthocarpa, orthocarpum
直立した果実の、例：*Malus orthocarpa*（リンゴ属の低木または小高木）

orthoglossus *or-tho-GLOSS-us*
orthoglossa, orthoglossum
まっすぐな舌がある、例：*Bulbophyllum orthoglossum*（マメヅラン属の着生ラン）

orthosepalus *or-tho-SEP-a-lus*
orthosepala, orthosepalum
まっすぐな萼片の、例：*Rubus orthosepalus*（キイチゴ属の低木）

osmanthus *os-MAN-thus*
osmantha, osmanthum
香りのよい花の、例：*Phyllagathis osmantha*（ノボタン科フィラガティス属の多年草）

ovalis *oh-VAH-lis*
ovalis, ovale
広楕円形の、例：*Amelanchier ovalis*（ザイフリボク属の高木）

ovatus *oh-VAH-tus*
ovata, ovatum
卵のような形をした、卵形の、例：*Lagurus ovatus*（ウサギノオ）

ovinus *oh-VIN-us*
ovina, ovinum
ヒツジの、ヒツジの餌の、例：*Festuca ovina*（ウシノケグサ）

oxyacanthus *oks-ee-a-KAN-thus*
oxyacantha, oxyacanthum
鋭い刺がある、例：*Asparagus oxyacanthus*（アスパラガス属の多年草）

oxygonus *ok-SY-goh-nus*
oxygona, oxygonum
鋭い角がある、例：*Echinopsis oxygona*（エキノプシス属のサボテン）

oxyphilus *oks-ee-FIL-us*
oxyphila, oxyphilum
酸性土壌に生える、例：*Allium oxyphilum*（ネギ属の多年草）

oxyphyllus *oks-ee-FIL-us*
oxyphylla, oxyphyllum
先端が鋭くとがった葉をもつ、例：*Euonymus oxyphyllus*（ツリバナ）

P

pachy-
厚いことを意味する接頭語

pachycarpus *pak-ih-KAR-pus*
pachycarpa, pachycarpum
厚い果皮の、例：*Angelica pachycarpa*（シシウド属の多年草）

pachyphyllus *pak-ih-FIL-us*
pachyphylla, pachyphyllum
厚い葉の、例：*Callistemon pachyphyllus*（マキバブラシノキ属の低木）

pachypodus *pak-ih-POD-us*
pachypoda, pachypodum
太い柄の、例：*Actaea pachypoda*（ルイヨウショウマ属の多年草）

pachypterus *pak-IP-ter-us*
pachyptera, pachypterum
厚い翼がある、例：*Rhipsalis pachyptera*（リプサリス属のサボテン）

pachysanthus *pak-ee-SAN-thus*
pachysantha, pachysanthum
厚い花の、例：*Rhododendron pachysanthum*（ナンコシャクナゲ）

pacificus *pa-SIF-ih-kus*
pacifica, pacificum
太平洋の、例：*Chrysanthemum pacificum*（イソギク）

padus *PAD-us*
野生のサクラの一種の古代ギリシア語名、例：*Prunus padus*（エゾノウワミズザクラ）

paganus *PAG-ah-nus*
pagana, paganum
未開あるいは田舎の地域産の、例：*Rubus paganus*（キイチゴ属の亜低木）

palaestinus *pal-ess-TEEN-us*
palaestina, palaestinum
パレスチナの、例：*Iris palaestina*（アヤメ属の多年草）

pallens *PAL-lenz*
pallidus *PAL-lid-dus*
pallida, pallidum
薄い色の、例：*Tradescantia pallida*（ムラサキツユクサ属の多年草）

pallescens *pa-LESS-enz*
やや薄い色の、例：*Sorbus pallescens*（ナナカマド属の小高木）

pallidiflorus *pal-id-uh-FLOR-us*
pallidiflora, pallidiflorum
薄い色の花の、例：*Eucomis pallidiflora*（ジャイアントパイナップルリリー）

palmaris *pal-MAH-ris*
palmaris, palmare
掌幅の、例：*Limonium palmare*（イソマツ属の多年草）

palmatus *pahl-MAH-tus*
palmata, palmatum
掌状の、例：*Acer palmatum*（イロハモミジ）

palmensis *pal-MEN-sis*
palmensis, palmense
カナリア諸島のラス・パルマス産の、例：*Aichryson palmense*（ベンケイソウ科アイクリソン属の多肉植物）

palmeri *PALM-er-ee*
イギリスの探検家でアメリカで植物を収集したアーネスト・ジェシー・パーマー（1875-1962）への献名、例：*Agave palmeri*（リュウゼツラン属の多年生植物）

palmetto *pahl-MET-oh*
小さなヤシ、例：*Sabal palmetto*（アメリカパルメット）

生きているラテン語

南アフリカのケープ地域原産のネリネ類はたいてい半耐寒性の球根植物であるが、*Nerine bowdenii* は例外で、比較的冷涼な地域でも野外に植えることができる。この植物は秋に開花し、園芸品種名 'Pallida' が示すように薄いピンクの花を咲かせるものもある。

Nerine bowdenii、
Cape lily、Cornish lily
（ヒメヒガンバナ属の球根植物）

palmifolius *palm-ih-FOH-lee-us*
palmifolia, palmifolium
掌状の葉の、例：*Sisyrinchium palmifolium*（ニワゼキショウ属の多年草）

paludosus *pal-oo-DOH-sus*
paludosa, paludosum
palustris *pal-US-tris*
palustris, palustre
沼地の、例：*Quercus palustris*（アメリカガシワ）

pandanifolius *pan-dan-uh-FOH-lee-us*
pandanifolia, pandanifolium
Pandanus（タコノキ属）のような葉の、例：*Eryngium pandanifolium*（ヒゴタイサイコ属の多年草）

panduratus *pand-yoor-RAH-tus*
pandurata, panduratum
ヴァイオリンのような形をした、例：*Coelogyne pandurata*（コエロギネ属の着生ラン）

paniculatus *pan-ick-yoo-LAH-tus*
paniculata, paniculatum
円錐花序の、例：*Koelreuteria paniculata*（モクゲンジ）

pannonicus *pa-NO-nih-kus*
pannonica, pannonicum
古代ローマの属州だったパンノニア［現在のハンガリー近辺］の、例：*Lathyrus pannonicus*（レンリソウ属の多年草）

pannosus *pan-OH-sus*
pannosa, pannosum
ぼろぼろの、例：*Helianthemum pannosum*（ハンニチバナ属の植物）

papilio *pap-ILL-ee-oh*
チョウ、例：*Hippeastrum papilio*（アマリリス属の球根植物）

papilionaceus *pap-il-ee-on-uh-SEE-us*
papilionacea, papilionaceum
チョウのような、例：*Pelargonium papilionaceum*（バタフライゼラニウム）

papyraceus *pap-ih-REE-see-us*
papyracea, papyraceum
紙のような、例：*Narcissus papyraceus*（スイセン属の球根植物）

papyrifer *pap-IH-riff-er*
papyriferus *pap-ih-RIH-fer-us*
papyrifera, papyriferum
紙を生産する、例：*Tetrapanax papyrifer*（カミヤツデ）

papyrus *pa-PY-rus*
紙を意味する古代ギリシア語、例：*Cyperus papyrus*（パピルス）

paradisi *par-ih-DEE-see*
paradisiacus *par-ih-DEE-see-cus*
paradisiaca, paradisiacum
楽園あるいは庭園の、例：*Citrus × paradisi*（グレープフルーツ）

Anchusa azurea
（syn. *Anchusa paniculata*）
（ウシノシタグサ）

paradoxus *par-uh-DOKS-us*
paradoxa, paradoxum
予想外の、逆説的な、例：*Acacia paradoxa*（ハリアカシア）

paraguayensis *par-uh-gway-EN-sis*
paraguayensis, paraguayense
パラグアイ産の、例：*Ilex paraguayensis*（マテチャ）

parasiticus *par-uh-SIT-ih-kus*
parasitica, parasiticum
寄生的な、例：*Agalmyla parasitica*（イワタバコ科アガルミラ属のつる性植物）

pardalinus *par-da-LEE-nus*
pardalina, pardalinum
pardinus *par-DEE-nus*
pardina, pardinum
ヒョウのような斑点がある、例：*Hippeastrum pardinum*（アマリリス属の球根植物）

pari-
等しいことを意味する接頭語

parnassicus *par-NASS-ih-kus*
parnassica, parnassicum
ギリシアのパルナッソス山の、例：*Thymus parnassicus*（イブキジャコウソウ属の亜低木）

parnassifolius *par-nass-ih-FOH-lee-us*
parnassifolia, parnassifolium
ウメバチソウ（*Parnassia*）のような葉の、例：*Saxifraga parnassifolia*（ユキノシタ属の多年草）

parryae *PAR-ee-eye*
parryi *PAIR-ree*
イギリス生まれの植物学者で植物収集者チャールズ・クリストファー・パリー博士（1823-90）への献名、*parryae*の形では彼の妻エミリー・リッチモンド・パリー（1821-1915）を記念、例：*Linanthus parryae*（ハナシノブ科リナントゥス属の1年草）

Campanula patula、
spreading bellflower
（ホタルブクロ属の多年草）

partitus *par-TY-tus*
partita, partitum
分かれた［深裂の］、例：*Hibiscus partitus*（フヨウ属の植物）

parvi-
小さいことを意味する接頭語

parviflorus *par-vee-FLOR-us*
parviflora, parviflorum
小さな花の、例：*Aesculus parviflora*（トチノキ属の低木）

parvifolius *par-vih-FOH-lee-us*
parvifolia, parvifolium
小さな葉の、例：*Eucalyptus parvifolia*（ユーカリ属の高木）

parvus *PAR-vus*
parva, parvum
小さい、例：*Lilium parvum*（ユリ属の多年草）

patagonicus *pat-uh-GOH-nih-kus*
patagonica, patagonicum
パタゴニアの、例：*Sisyrinchium patagonicum*（ニワゼキショウ属の多年草）

patavinus *pat-uh-VIN-us*
patavina, patavinum
イタリアのパドヴァ（かつてパタウィウムとよばれていた）の、例：*Haplophyllum patavinum*（ミカン科ハプロフィルム属の多年草）

patens *PAT-enz*
patulus *PAT-yoo-lus*
patula, patulum
広がる習性がある、例：*Salvia patens*（ソライロサルビア）

pauci-
少ないことを意味する接頭語

pauciflorus *PAW-ki-flor-us*
pauciflora, pauciflorum
少数花の、例：*Corylopsis pauciflora*（ヒュウガミズキ）

paucifolius *paw-ke-FOH-lee-us*
paucifolia, paucifolium
少数葉の、例：*Scilla paucifolia*（ツルボ属の球根植物）

paucinervis *paw-ke-NER-vis*
paucinervis, paucinerve
少数脈の、例：*Cornus paucinervis*（ミズキ属の低木）

pauperculus *paw-PER-yoo-lus*
paupercula, pauperculum
貧弱な、例：*Alstroemeria paupercula*（ユリズイセン属の多年草）

pavia *PAH-vee-uh*
オランダの医師ペーター・パーウ（1564-1617）への献名、例：*Aesculus pavia*（アカバナトチノキ）

PARTHENOCISSUS（ツタ）

Parthenocissus quinquefolia（Virginia creeper、ヴァージニアヅタ）の学名には紆余曲折の歴史がある。1753年、この植物はリンネによって*Hedera quinquefolia*と命名された。そののち、別の属の*Vitis*（ブドウ属）そして*Ampelopsis*（ノブドウ属）とされたが、1887年にようやくフランスの植物学者ジュール・エミール・プランション（1823-88）が分類しなおして現在の名前になった。*Parthenocissus*（ツタ属）はギリシア語で処女を意味する*parthenos*とツタを意味する*kissos*に由来し、この植物のフランス語の普通名で1690年に最初の記録がある*vigne-vierge*からの直訳としてプランションが考え出したものである。そしてこの名前には、この植物の英語名のもとになったアメリカの入植地が示されている。ヴァージニアという州名は「ヴァージン・クイーン」エリザベス１世をたたえてつけられたのであるが、この植物の名がフランス語、それからラテン語化されたギリシア語へと翻訳されたことで、その学名も間接的に女王を記念することになった。一方、これに比べれば平凡だが、*quinquefolius*（*quinquefolia*, *quinquefolium*）は「５葉の」という意味で、この植物の目を引く複葉を表現している。同様に、Japanese creeperともよばれるBoston ivyは正式には*P. tricuspidata*（ツタ）で、その名前は３裂した葉のことをいっている（*tricuspidatus, tricuspidata, tricuspidatum*、とがった先端が３つある）。これに対し*P. heptaphylla*は一般にsevenleafとよばれる（*heptaphyllus, heptaphylla, heptaphyllum*、７葉の）。

Vitaceae（ブドウ科）に属するツタ属の植物は成長の速い落葉性のよじ登り植物で、30メートルの高さにまで壁を這い登ることができる。美しい長続きする秋の紅葉でよく知られ、パーゴラやフェンスや高木を優美に覆う。どの種も巻きひげの先端に吸盤を生じて自分で付着す

Parthenocissus quinquefolia（ヴァージニアヅタ）の５枚の小葉からなる特徴的な複葉。

この*Lonicera periclymenum*（honeysuckle、ニオイニンドウ）は*Parthenocissus vitacea*（ツタ属のつる性植物）と同じ普通名woodbineをもつ。

るため、壁面に適している。花は小さくて目立たないため、ツタ属の植物はおもにその美しい葉を目的に栽培される。壁や高木の根元で栽培する場合は、植つけ時にたっぷり堆肥を入れ、十分に定着するまで、最初の何シーズンかはひんぱんに水をやるようにする。人によっては樹液でかぶれることがあるため注意すること。

P. vitacea（*vitaceus, vitacea, vitaceum*、ブドウに似た）はthicket creeperとよばれ、woodbineあるいはgrape woodbineともよばれる。まぎらわしいことに、woodbineという呼び名はしばしば*Lonicera periclymenum*（honeysuckle、ニオイニンドウ）のような別のよじ登り植物にも使われる。

PASSIFLORA（パッションフラワー）

　Passifloraceae（トケイソウ科）に属すパッションフラワーは、旺盛に成長する常緑のよじ登り植物で、きわめて印象的なエキゾティックな姿の花を咲かせる。非常に多くの種と栽培品種がある。南米で働いていた初期のカトリックの宣教師がその名前を思いついたのは、その大きな皿型の花からである。*passio*は苦痛を意味するラテン語で、とりわけキリストの受難にかかわる苦しみをいい、一方、*flos*は花を意味する。宣教師たちの目には、この花の形状が十字架を象徴するものに見えた。副花冠の糸は茨の冠、5枚の萼片と5枚の花弁は10人の使徒（キリストを否認したペトロと裏切り者のユダは除く）、柱頭は受難のときの釘、葯はそれで負った傷に思えたのである。そして巻きひげはキリストを打つのに使われた鞭になぞらえられ、一方、掌状葉つまり指のような葉は群集の広げた手に似ていた。この植物の古いヨーロッパの名前も同じような見方をしていて、Christ's thornやChrist's bouquetといったものがある。

　Passiflora edulis（クダモノトケイソウ）は食用になる黄色または紫色の卵形の果実をつけ、それはパッションフルーツとよばれる。*P. edulis* f. *flavicarpa*はその美味しい黄色の果実を目的に栽培される（*edulis, edulis, edule*は食用になる、*flavus*は黄色、*carpus, carpa, carpum*は果実を意味する）。これは南米原産で、golden passionfruitあるいはマラクーヤともよばれる。比較的冷涼な地域では、耐寒性のあるパッションフラワーがおもに花を目的に栽培されている。多くの場合、生育期の終わり近くに果実をつけるが、とくに完全に熟していない場合は胃のむかつきをひき起こすことがある。とりわけ人気がある種が*P. caerulea*（common blue passionflower、トケイソウ）と*P. incarnata*（チャボトケイソウ）である（*caeruleus, caerulea, caeruleum*は青色、*incarnatus, incarnata, incarnatum*は肉色を意味する）。どちらも覆いなどがある場所で栽培すれば十分寒さに耐える。そのほかの種は、比較的冷涼な気候のところでは温室で保護する必要があるかもしれない。

　P. alata（ブラジルトケイソウ）はwing-stemmed passionflowerとよばれ（*alatus, alata, alatum*、翼がある）、*P. ligularis*（アマミクダモノトケイソウ）はsweet granadillaとよばれることもありアフリカとオーストラリアで栽培されている（*ligularis, ligularis, ligulare*、革ひものように平たい形をした）。

Passiflora caerulea（common blue passionflower、トケイソウ）の花は複雑な構造をしている。

Passiflora quandrangularis（オオミノトケイソウ）の茎は風変わりな四角形の形をしている。

pavoninus *pav-ON-ee-nus*
pavonina, pavoninum
ピーコックブルー［クジャクの羽毛のような光沢のある青緑色］の、
例：*Anemone pavonina*（アネモネ・パボニナ）

pectinatus *pek-tin-AH-tus*
pectinata, pectinatum
櫛のような、例：*Euryops pectinatus*（キク科ユリオプス属の低木）

pectoralis *pek-TOR-ah-lis*
pectoralis, pectorale
胸の、例：*Justicia pectoralis*（キツネノマゴ属の多年草）

peculiaris *pe-kew-lee-AH-ris*
peculiaris, peculiare
一風変わった、特殊な、例：*Cheiridopsis peculiaris*（ハマミズナ科ケイリドプシス属の多肉植物）

pedatifidus *ped-at-ee-FEE-dus*
pedatifida, pedatifidum
鳥の足状に裂けた、例：*Viola pedatifida*（スミレ属の多年草）

pedatus *ped-AH-tus*
pedata, pedatum
鳥の足のような形をした（しばしば掌状葉のことをいう）、例：*Adiantum pedatum*（クジャクシダ）

pedemontanus *ped-ee-MON-tah-nus*
pedemontana, pedemontanum
イタリアのピエモンテ地方の、例：*Saxifraga pedemontana*（ユキノシタ属の多年草）

peduncularis *pee-dun-kew-LAH-ris*
peduncularis, pedunculare
pedunculatus *pee-dun-kew-LA-tus*
pedunculata, pedunculatum
花柄がある、例：*Lavandula pedunculata*（ラヴェンダー属の低木）

pedunculosus *ped-unk-yoo-LOH-sus*
pedunculosa, pedunculosum
多くのまたはとくによく発達した花柄がある、例：*Ilex pedunculosa*（ソヨゴ）

pekinensis *pee-keen-EN-sis*
pekinensis, pekinense
中国の北京産の、例：*Euphorbia pekinensis*（タカトウダイ）

pelegrina *pel-e-GREE-nuh*
Alstroemeria pelegrina（ユリズイセン属の多年草）の現地名

pellucidus *pel-LOO-sid-us*
pellucida, pellucidum
透明な、澄んだ、例：*Conophytum pellucidum*（ハマミズナ科コノフィトゥム属の多肉植物）

peloponnesiacus *pel-uh-pon-ee-see-AH-kus*
peloponnesiaca, peloponnesiacum
ギリシアのペロポネソス半島の、例：*Colchicum peloponnesiacum*（イヌサフラン属の球根植物）

Betula pendula、
silver birch（オウシュウシラカンバ）

peltatus *pel-TAH-tus*
peltata, peltatum
盾形の、例：*Darmera peltata*（ユキノシタ科ダルメラ属の多年草）

pelviformis *pel-vih-FORM-is*
pelviformis, pelviforme
浅いカップ形の、例：*Campanula pelviformis*（ホタルブクロ属の多年草）

pendulinus *pend-yoo-LIN-us*
pendulina, pendulinum
垂れ下がった、例：*Salix × pendulina*（シダレヤナギ）

pendulus *PEND-yoo-lus*
pendula, pendulum
垂れ下がった、例：*Betula pendula*（オウシュウシラカンバ）

penicillatus *pen-iss-sil-LAH-tus*
penicillata, penicillitum
penicillius *pen-iss-SIL-ee-us*
penicillia, penicillium
毛の束がある、例：*Parodia penicillata*（パロディア属のサボテン）

peninsularis *pen-in-sul-AH-ris*
peninsularis, peninsulare
半島地域産の、例：*Allium peninsulare*（ネギ属の多年草）

penna-marina *PEN-uh mar-EE-nuh*
ウミエラ［海底に生息する腔腸動物で、群体は羽毛状で鰓のような形をしている］、例：*Blechnum penna-marina*（ヒリュウシダ属のシダ植物）

pennatus *pen-AH-tus*
pennata, pennatum
羽がある、羽状の、例：*Stipa pennata*（ナガホハネガヤ）

pennigerus *pen-NY-ger-us*
pennigera, pennigerum
羽状葉の、例：*Thelypteris pennigera*（ヒメシダ属のシダ植物）

pennsylvanicus *pen-sil-VAN-ih-kus*
pennsylvanica, pennsylvanicum
pensylvanicus
pensylvanica, pensylvanicum
アメリカのペンシルヴェニア州の、例：*Acer pensylvanicum*（シロスジカエデ）

pensilis *PEN-sil-is*
pensilis, pensile
垂れ下がった、例：*Glyptostrobus pensilis*（スイショウ）

penta-
5を意味する接頭語

pentagonius *pen-ta-GON-ee-us*
pentagonia, pentagonium
pentagonus *pen-ta-GON-us*
pentagona, pentagonum
五角形の、例：*Rubus pentagonus*（キイチゴ属の低木）

pentagynus *pen-ta-GY-nus*
pentagyna, pentagynum
5雌ずいの、例：*Crataegus pentagyna*（サンザシ属の高木）

pentandrus *pen-TAN-drus*
pentandra, pentandrum
5雄ずいの、例：*Ceiba pentandra*（パンヤノキ）

pentapetaloides *pen-ta-pet-al-OY-deez*
5花弁のように見える、例：*Convolvulus pentapetaloides*（セイヨウヒルガオ属のつる性植物）

pentaphyllus *pen-tuh-FIL-us*
pentaphylla, pentaphyllum
5葉または5小葉の、例：*Cardamine pentaphylla*（タネツケバナ属の多年草）

pepo *PEP-oh*
大きなメロンまたはカボチャのラテン語、例：*Cucurbita pepo*（ペポカボチャ）

perbellus *per-BELL-us*
perbella, perbellum
非常に美しい、例：*Mammillaria perbella*（イボサボテン属のサボテン）

peregrinus *per-uh-GREE-nus*
peregrina, peregrinum
Delphinium peregrinum（デルフィニウム属の多年草）の現地方言での名称より

perennis *per-EN-is*
perennis, perenne
多年生の、例：*Bellis perennis*（ヒナギク）

perfoliatus *per-foh-lee-AH-tus*
perfoliata, perfoliatum
茎を葉が囲んでいる［つきぬき葉の］、例：*Parahebe perfoliata*（オオバコ科パラヘーベ属の亜低木）

perforatus *per-for-AH-tus*
perforata, perforatum
小孔がある、またはあるように見える、例：*Hypericum perforatum*（セイヨウオトギリ）

pergracilis *per-GRASS-il-is*
pergracilis, pergracile
非常にほっそりした、例：*Scleria pergracilis*（シンジュガヤ属の1年草）

pernyi *PERN-yee-eye*
フランスの宣教師で植物学者ポール・ウベール・ベルニ（1818－1907）への献名、例：*Ilex pernyi*（ベルニーヒイラギ）

persicifolius *per-sik-ih-FOH-lee-us*
persicifolia, persicifolium
モモ（*Prunus persica*）のような葉の、例：*Campanula persicifolia*（モモノハギキョウ）

persicus *PER-sih-kus*
persica, persicum
ペルシア（イラン）の、例：*Parrotia persica*（マンサク科パッロティア属の高木）

persistens *per-SIS-tenz*
宿存性の［花が散らない、落葉しない］、例：*Elegia persistens*（サンアソウ科エレギア属の植物）

persolutus *per-sol-YEW-tus*
persoluta, persolutum
非常にゆるい、例：*Erica persoluta*（エリカ属の低木）

perspicuus *PER-spic-kew-us*
perspicua, perspicuum
透明な、例：*Erica perspicua*（エリカ属の低木）

pertusus *per-TUS-us*
pertusa, pertusum
貫通した、孔のあいた、例：*Listrostachys pertusa*（リストロスタキス属のラン）

perulatus *per-uh-LAH-tus*
perulata, perulatum
芽鱗がある、例：*Enkianthus perulatus*（ドウダンツツジ）

peruvianus *per-u-vee-AH-nus*
peruviana, peruvianum
ペルーの、例：*Scilla peruviana*（オオツルボ）

生きているラテン語

*phaeus*は「黒っぽい」という意味で、*Geranium phaeum*（クロバナフウロ）の場合、黒っぽくてどちらかというと地味な花のことをいっており、普通名もそれで説明できる［mourning widowは「喪に服す未亡人」という意味］。乾燥した日陰でも日あたりのよいところと同じようによく育つため、有用な耐寒性のゲラニウムである。群生する葉には場合によっては目を引く紫の斑点が入ることもある。

Geranium phaeum、mourning widow（クロバナフウロ）

petaloideus *pet-a-LOY-dee-us*
petaloidea, petaloideum
花弁のような、例：*Thalictrum petaloideum*（ハナカラマツ）

petiolaris *pet-ee-OH-lah-ris*
petiolaris, petiolare
petiolatus *pet-ee-oh-LAH-tus*
petiolata, petiolatum
葉柄がある、例：*Helichrysum petiolare*（ムギワラギク属の亜低木）

petraeus *pet-RAY-us*
petraea, petraeum
岩が多い地域の、例：*Quercus petraea*（セシルオーク）

phaeacanthus *fay-uh-KAN-thus*
phaeacantha, phaeacanthum
灰色の刺がある、例：*Opuntia phaeacantha*（ウチワサボテン属のサボテン）

phaeus *FAY-us*
phaea, phaeum
黒っぽい、例：*Geranium phaeum*（クロバナフウロ）

philadelphicus *fil-uh-DEL-fih-kus*
philadelphica, philadelphicum
フィラデルフィアの、例：*Lilium philadelphicum*（ユリ属の多年草）

philippensis *fil-lip-EN-sis*
philippensis, philippense
philippianus *fil-lip-ee-AH-nus*
philippiana, philippianum
philippii *fil-LIP-ee-eye*
philippinensis *fil-ip-ee-NEN-sis*
philippinensis, philippinense
フィリピン産の、例：*Adiantum philippense*（ハンゲツクジャク）

phleoides *flee-OY-deez*
Phleum（アワガエリ属）に似た、例：*Phleum phleoides*（アワガエリ属の多年草）

phlogiflorus *flo-GIF-flor-us*
phlogiflora, phlogiflorum
火炎色の花の、*Phlox*（フロックス属）のような花の、例：*Verbena phlogiflora*（クマツヅラ属の多年草）

phoeniceus *feen-ih-KEE-us*
phoenicea, phoeniceum
紫紅色の、例：*Juniperus phoenicea*（ビャクシン属の低木または小高木）

phoenicolasius *fee-nik-oh-LASS-ee-us*
phoenicolasia, phoenicolasium
紫色の毛がある、例：*Rubus phoenicolasius*（エビガライチゴ）

phrygius *FRIJ-ee-us*
phrygia, phrygium
アナトリアのフリギアの、例：*Centaurea phrygia*（ヤグルマギク属の多年草）

157

ジェーン・コールデン
(1724–66)

マリアン・ノース
(1830–90)

　残念ながら、主要な植物学者と植物収集者の年代記に女性はほとんど出てこない。偉大な先駆的プラントハンターたちの時代である18世紀から19世紀にかけて、植物学者にとって必須の知識であるギリシア語とラテン語の基礎を完全に修得できるような教育を実際に受けた女性が非常に少なかったのは、偶然ではない。また、女性たちが少しでも自由や自立性をもって旅をすることもなかった。その結果、おそらく多くの本格的に植物採集をする女性たちが歴史に記録されないままになった。だが、幸い、アメリカ人女性のジェーン・コールデンとイギリス人女性のマリアン・ノースは、その貢献の大きさゆえに今でも忘れられていない。

　ジェーン・コールデンは、リンネの体系を用いて自生のワイルドフラワーを分類したアメリカで最初の女性植物学者として世に知られている。父親のカドワラダー・コールデン博士はイギリス植民地の測量監督で、ニューヨーク州の国王評議会の一員だった。彼はスコットランド人で、植物学に格別の興味をもっていた。リンネ（p.132）と文通し、ニューヨーク州ニューバーグの西にある自分の地所で育つ植物についての記述が『コールデンハムの植物（*Plantae Coldenhamiae*）』という書物にまとめられている。ジェーン・コールデンは正規の教育はほとんど受けなかったが、植物とリンネにかんする勉強をとおしてラテン語の基本的な知識をある程度修得した。同時代の博物学者や植物学者から本格的な収集家として認められた彼女は、ジョン・バートラム（p.98）、植物学者のジョン・クレイトン、ロンドンの植物収集者ピーター・コリンソンと知りあった。サウスカロライナ州のアレグザンダー・ガーデン博士（クチナシの属名 *Gardenia* は彼にちなむ）と文通したのち、コールデンは *Hypericum virginicum*（St John's wort、オトギリソウ属の多年草）にかんする学術論文を多数発表した。

　ファーカーという名のスコットランド人医師と結婚したジェーン・コールデンは1766年に42歳で死亡し、同年にただひとりの子どもも死亡している。死後、彼女の評判は高まり、死の4年後には、注意深く観察された植物にかんする記述の一部が『エディンバラ哲学会論文集（Essays and Observations）』の第2巻に掲載され、さらに広く認められるようになった。現在、彼女の原稿のひとつがロンドンの大英博物館に保管されており、すべて挿絵つきで300以上の植物が説明されている。開花時期、種子、薬効とともに植物のラテン名と普通名も書かれている。

　ジェーン・コールデンと同様、マリアン・ノースも家庭で教育を受け、やはり早くから自然界への関心を示していた。若い頃は自分の部屋でさまざまなキノコを育て、ひんぱんにロンドンのキュー植物園へ出かけて、めずらしい植物標本をスケッチして彩色し、当時の園長ウィリアム・フッカー（p.182）から激励された。イーストサセックス州ヘイスティングス選出の国会議員フレデリック・ノースの娘であるマリアンは縁故に恵まれ、両親と外国を旅行し、母親の死後は父親と旅を続けた。しかし、敬愛する

「彼女は称賛に値する…おそらくリンネの体系を完全に学んだ最初の女性だろう」
ピーター・コリンソン、ジェーン・コールデンについて

父親が死去すると彼女の人生は激変した。40歳で独身、裕福でだれにも頼る必要がないノースは、次々とエキゾティックで冒険に満ちた旅をしはじめたのである。当時としては非常にめずらしいことだが、彼女はたいていひとりで旅し、「豊かな自然のなかで風変わりな植物の絵を描きに、どこか熱帯の国へ」行くつもりだと話した。

　ノースがもっとも活発に絵を描いた時期は13年におよび、アメリカ、ブラジル、カナダ、中国、インド、ジャマイカ、日本、ジャワ、シンガポール、南アフリカ、テネリフェ島などへ旅した。友人のチャールズ・ダーウィンからオーストラリアとニュージーランドへ行くよう熱心に勧められると、この提案に従ってすぐに行動した。いったん外国に出ると、彼女は世界の植物園の安全なところで固有の植物や動物を描くだけではあきたらず、訪れた各地域の奥地にまで旅した。ノースは、当時の科学界にまだ知られていなかった多くの植物を発見し、非常な正確さをもって記録し、自分の油絵をキューのジョーゼフ・フッカー (p.182) のもとへ送った。属名 *Northia*（アカテツ科ノルティア属）にくわえ、*Areca northiana*（ビンロウ属のヤシ）、*Crinum northianum*（ハマオモト属の多年草）、*Kniphofia northiana*（シャグマユリ属の宿根草）などの種名は彼女にちなんで命名されたものである。正規の美術教育をほとんど受けていなかったにもかかわらず、ノースの作品は生き生きとした色使いと流れるような筆さばきを特徴としている。1882年にキュー植物園にマリアン・ノース・ギャラリーがオープンし、現在、900種以上の植物を描いた彼女の油絵が832点収蔵されている。

ノースは少しのあいだ、ヴィクトリア時代の草花画家ヴァレンタイン・バーソロミューのもとで学んだ。この *Nepenthes northiana*（ウツボカズラ属の食虫植物）の習作には、彼女の力強い画風がよく表れている。

タミル人の少年を描いているノースの写真。1877年、セイロン（スリランカ）の自宅にてジュリア・マーガレット・キャメロンが撮影。

phyllostachyus *fy-lo-STAY-kee-us*
phyllostachya, phyllostachyum
葉の穂状のものをもつ、例：*Hypoestes phyllostachya*（ソバカスソウ）

picturatus *pik-tur-AH-tus*
picturata, picturatum
斑入り葉の、例：*Calathea picturata*（クズウコン科カラテア属の多年草）

pictus *PIK-tus*
picta, pictum
色彩のある、美しく着色された、例：*Acer pictum*（イタヤカエデ）

pileatus *py-lee-AH-tus*
pileata, pileatum
帽子がある、例：*Lonicera pileata*（スイカズラ属の亜低木）

piliferus *py-LIH-fer-us*
pilifera, piliferum
短い軟毛がある、例：*Ursinia pilifera*（キク科ウルシニア属の多年草）

pillansii *pil-AN-see-eye*
南アフリカの植物学者ネヴィル・スチュアート・ピランズ（1884–1964）への献名、例：*Watsonia pillansii*（ヒオウギズイセン属の球茎植物）

pilosus *pil-OH-sus*
pilosa, pilosum
長い軟毛がある、例：*Aster pilosus*（キダチコンギク）

pilularis *pil-yoo-LAH-ris*
pilularis, pilulare
piluliferus *pil-loo-LIH-fer-us*
pilulifera, piluliferum
球形の果実をつける、例：*Urtica pilulifera*（イラクサ属の多年草）

pimeleoides *py-mee-lee-OY-deez*
Pimelea（ジンチョウゲ科ピメレア属）に似た、例：*Pittosporum pimeleoides*（トベラ属の低木）

pimpinellifolius *pim-pi-nel-ih-FOH-lee-us*
pimpinellifolia, pimpinellifolium
アニス（*Pimpinella*）のような葉の、例：*Rosa pimpinellifolia*（バラ属の低木）

pinetorum *py-net-OR-um*
マツ林の、例：*Fritillaria pinetorum*（バイモ属の多年草）

pineus *PY-nee-us*
pinea, pineum
マツ（*Pinus*）の、例：*Pinus pinea*（カサマツ）

pinguifolius *pin-gwih-FOH-lee-us*
pinguifolia, pinguifolium
油分の多い葉の、例：*Hebe pinguifolia*（ゴマノハグサ科へーベ属の矮性低木）

pinifolius *pin-ih-FOH-lee-us*
pinifolia, pinifolium
マツ（*Pinus*）のような葉の、例：*Penstemon pinifolius*（イワブクロ属の多年草）

pininana *pin-in-AH-nuh*
矮性のマツ、例：*Echium pininana*（シャゼンムラサキ属の多年性植物）

pinnatifidus *pin-nat-ih-FY-dus*
pinnatifida, pinnatifidum
羽状に裂けた［羽状中裂の］、例：*Eranthis pinnatifida*（セツブンソウ）

pinnatifolius *pin-nat-ih-FOH-lee-us*
pinnatifolia, pinnatifolium
羽状複葉の、例：*Meconopsis pinnatifolia*（ケシ科メコノプシス属の草本）

pinnatifrons *pin-NAT-ih-fronz*
羽状複葉の（シダやシュロ）、例：*Chamaedorea pinnatifrons*（テーブルヤシ属のヤシ）

pinnatus *pin-NAH-tus*
pinnata, pinnatum
葉が軸の両側から出た、羽状の、例：*Santolina pinnata*（ワタスギギク属の低木）

piperitus *pip-er-EE-tus*
piperita, piperitum
コショウのような味の、例：*Mentha × piperita*（セイヨウハッカ）

pisiferus *pih-SIH-fer-us*
pisifera, pisiferum
豆がなる、例：*Chamaecyparis pisifera*（サワラ）

pitardii *pit-ARD-ee-eye*
20世紀のフランスの植物収集家で植物学者シャルル＝ジョゼフ・マリ・ピタール＝ブリオへの献名、例：*Camellia pitardii*（ピタールツバキ）

pittonii *pit-TON-ee-eye*
19世紀のオーストリアの植物学者ヨセフ・クラウディウス・ピットーニへの献名、例：*Sempervivum pittonii*（クモノスバンダイソウ属の多肉多年草）

planiflorus *plen-ee-FLOR-us*
planiflora, planiflorum
扁平な花の、例：*Echidnopsis planiflora*（ガガイモ科エキドノプシス属の多肉植物）

planifolius *plan-ih-FOH-lee-us*
planifolia, planifolium
扁平な葉の、例：*Iris planifolia*（アヤメ属の多年草）

planipes *PLAN-ee-pays*
扁平な柄の、例：*Euonymus planipes*（オオツリバナ）

生きているラテン語

　Acer platanoides（ヨーロッパカエデ）は成長が速くかなりの大きさになる生育旺盛な高木である（*A. platanoides* 'Drummondii' はそれほど生育旺盛ではなく、小さな庭にはこの方が適している）。じょうぶな高木で防風林として植えると有効な、耐寒性の落葉樹である。多くのカエデ類は目立たない花をつけるが、この植物は人目を引く鮮やかな黄緑色の花をつけ、秋の紅葉もよい。その学名にある *platanoides* は *Platanus*（plane tree、スズカケノキ属）に似ていることを示すが、有名な London plane tree は *Platanus × acerifolia*（モミジバスズカケノキ）で、これはカエデ（*Acer*）に似ていることを意味している。London plane の普通名からはさらに混乱が生じる。というのは、この植物はじつはイギリス原産ではないのである。この植物が首都ロンドンのものになったのは、ほかの多くの樹木に比べて車の排気ガスによる汚染にかなりよく耐え、ロンドンの街路で非常によく生育するからである。

Acer platanoides、
Norway maple（ヨーロッパカエデ）

plantagineus *plan-tuh-JIN-ee-us*
plantaginea, plantagineum
オオバコ（*Platago*）のような、例：*Hosta plantaginea*（マルバタマノカンザシ）

planus *PLAH-nus*
plana, planum
扁平な、例：*Eryngium planum*（マルバノヒゴタイサイコ）

platanifolius *pla-tan-ih-FOH-lee-us*
platanifolia, platanifolium
スズカケノキ（*Platanus*）のような葉の、例：*Begonia platanifolia*（ベゴニア属の多年草）

platanoides *pla-tan-OY-deez*
スズカケノキ（*Platanus*）に似た、例：*Acer platanoides*（ヨーロッパカエデ）

platy-
幅が広い（場合によっては扁平な）ことを意味する接頭語

platycanthus *plat-ee-KAN-thus*
platycantha, platycanthum
幅広の刺の、例：*Acaena platycantha*（バラ科アカエナ属の植物）

platycarpus *plat-ee-KAR-pus*
platycarpa, platycarpum
幅広の果実の、例：*Thalictrum platycarpum*（カラマツソウ属の多年草）

platycaulis *plat-ee-KAWL-is*
platycaulis, platycaule
幅広の茎の、例：*Allium platycaule*（ネギ属の多年草）

platycladus *plat-ee-KLAD-us*
platyclada, platycladum
扁平な枝の、例：*Euphorbia platyclada*（トウダイグサ属の多肉植物）

platyglossus *plat-ee-GLOSS-us*
platyglossa, platyglossum
幅広の舌がある、例：*Phyllostachys platyglossa*（マダケ属のタケ）

platypetalus *plat-ee-PET-uh-lus*
platypetala, platypetalum
幅広の花弁の、例：*Epimedium platypetalum*（イカリソウ属の多年草）

platyphyllos *plat-tih-FIL-los*
platyphyllus *pla-tih-FIL-us*
platyphylla, platyphyllum
幅広の葉の、例：*Betula platyphylla*（シラカバ）

platypodus *pah-tee-POD-us*
platypoda, platypodum
幅広の柄の、例：*Fraxinus platypoda*（シオジ）

platyspathus *plat-ees-PATH-us*
platyspatha, platyspathum
幅広の仏炎苞がある、例：*Allium platyspathum*（ネギ属の多年草）

platyspermus plat-ee-SPER-mus
platysperma, platyspermum
幅広の種子の、例：Hakea platysperma（ビーチハケア）

pleniflorus plen-ee-FLOR-us
pleniflora, pleniflorum
八重咲きの、例：Kerria japonica 'Pleniflora'（ヤマブキの八重咲き品種）

plenissimus plen-ISS-i-mus
plenissima, plenissimum
非常にたくさんの、完全八重の、例：Eucalyptus kochii subsp. plenissima（ユーカリ属の高木）

Aegopodium podagraria、ground elder（イワミツバ）

plenus plen-US
plena, plenum
八重の、あふれるほどの、例：Felicia plena（ルリヒナギク属の植物）

plicatus ply-KAH-tus
plicata, plicatum
ひだ状の、例：Thuja plicata（アメリカネズコ）

plumarius ploo-MAH-ree-us
plumaria, plumarium
羽毛がある、例：Dianthus plumarius（トコナデシコ）

plumbaginoides plum-bah-gih-NOY-deez
Plumbago（ルリマツリ属）に似た、例：Ceratostigma plumbaginoides（ルリマツリモドキ）

plumbeus plum-BEY-us
plumbea, plumbeum
鉛の、例：Alocasia plumbea（クワズイモ属の多年草）

plumosus plum-OH-sus
plumosa, plumosum
羽毛状の、例：Libocedrus plumosa（ショウナンボク属の高木）

pluriflorus plur-ee-FLOR-us
pluriflora, pluriflorum
多花の、例：Erythronium pluriflorum（カタクリ属の多年草）

pluvialis ploo-VEE-uh-lis
pluvialis, pluviale
雨の、例：Calendula pluvialis（キンセンカ属の1年草）

pocophorus po-KO-for-us
pocophora, pocophorum
羊毛状のものを生じる、例：Rhododendron pocophorum（ツツジ属の低木）

podagraria pod-uh-GRAR-ee-uh
痛風のラテン語podagraより、例：Aegopodium podagraria（イワミツバ）

podophyllus po-do-FIL-us
podophylla, podophyllum
じょうぶな柄がある葉の、例：Rodgersia podophylla（ヤグルマソウ）

poeticus po-ET-ih-kus
poetica, poeticum
詩人の、例：Narcissus poeticus（クチベニズイセン）

polaris po-LAH-ris
polaris, polare
北極の、例：Salix polaris（ヤナギ属の矮性低木）

polifolius po-lih-FOH-lee-us
polifolia, polifolium
灰色の葉の、例：Andromeda polifolia（ヒメシャクナゲ）

PLUMBAGO（プルンバーゴ）

ガーデナーがよくプルンバーゴとよぶ植物はふたつのグループからなり、どちらも *Plumbaginaceae*（イソマツ科）に属すが、園芸上の使い方はまったく異なる。このふたつのグループを区別するには、一方はおもによじ登り植物からなるグループ、他方は低木と地被植物からなるグループと考えるのが、おそらくもっともわかりやすいだろう。一般に leadwort（ルリマツリ）とよばれる前者のグループは、常緑で花の咲くよじ登り植物（および一部は低木）で、冷涼な地域では寒さに耐えられず、多くの場合、霜の降りない温室でよく生育しているのがみられる。その学名［*Plumbago*（ルリマツリ属）］はラテン語で鉛を意味する *plumbum* に由来し、最初の記述はプリニウス（西暦23-79）

すぐれた地被植物になる *Ceratostigma plumbaginoides*（ルリマツリモドキ）の目をみはるような青色の花。

Plumbago indica (syn. *P. rosea*)、Scarlet leadwort（アカマツリ）

東インド諸島原産のこの中低木は、青い花が咲く種類ほど広くは栽培されていない。

の『博物誌』に見られ、彼はこの植物が鉛中毒の治療に使えると考えていた。しかし、それがこのグループの多くの種に共通する濃い青の花色をいっている可能性もある。白い品種 *Plumbago auriculata* f. *alba*（白花のルリマツリ）やピンクの *P. indica* (syn. *P. rosea*)（アカマツリ）もある（*auriculatus, auriculata, auriculatum* は耳または耳の形をした付属物がある、*indicus, indica, indicum* は「インドの」という意味）。

Chinese plumbago または shrubby plumbago とよばれるもうひとつのグループは正しくは *Ceratostigma*（ルリマツリモドキ属）で、半耐寒性の多年草、低木、および地被植物からなる。学名にある *cera* は角のギリシア語 *keras* に由来し、この場合は花の柱頭の角状に伸びたものをさしている。地表の被覆には、30センチにしかならず、幅40センチ近く広がる *Ceratostigma plumbaginoides*（ルリマツリモドキ）を選ぶとよい（*plumbaginoides* は「*Plumbago* に似た」という意味）。*C. willmottianum*（エレン・ウィルモットにちなんで命名された、p.219）と *C. griffithii*（ブータンルリマツリ）はどちらも非常に魅力的な落葉低木で、1メートルの高さに達する。これらの植物はこれ見よがしの派手さはないが、栽培できるものでもっとも美しいといってもいい青い花を咲かせる。花は小さくあまり目立たないが、晩秋の日の光のなかでは赤くなった葉が素晴らしい引き立て役になり、とくによく映える。最良の結果をうるには、暖かい日あたりのよい場所の、湿り気があるが水はけのよい土壌に植える。

politus *POL-ee-tus*
polita, politum
つやがある、例：*Saxifraga × polita*（ユキノシタ属の多年草）

polonicus *pol-ON-ih-kus*
polonica, polonicum
ポーランドの、例：*Cochlearia polonica*（トモシリソウ属の越年草）

poly-
多いことを意味する接頭語

polyacanthus *pol-lee-KAN-thus*
polyacantha, polyacanthum
多くの刺がある、例：*Acacia polyacantha*（アカシア属の高木）

polyandrus *pol-lee-AND-rus*
polyandra, polyandrum
多くの雄ずいがある、例：*Conophytum polyandrum*（ハマミズナ科コノフィトゥム属の多肉植物）

polyanthemos *pol-ly-AN-them-os*
polyanthus *pol-ee-AN-thus*
polyantha, polyanthum
多花の、例：*Jasminum polyanthum*（ハゴロモジャスミン）

polyblepharus *pol-ee-BLEF-ar-us*
polyblephara, polyblepharum
多くの縁毛がある、例：*Polystichum polyblepharum*（イノデ）

polybotryus *pol-ly-BOT-ree-us*
polybotrya, polybotryum
多くの房がある、例：*Acacia polybotrya*（アカシア属の低木）

polybulbon *pol-ly-BUL-bun*
多くの鱗茎ができる、例：*Dinema polybulbon*（ディネマ属のラン）

polycarpus *pol-ee-KAR-pus*
polycarpa, polycarpum
多くの果実がなる、例：*Fatsia polycarpa*（タイワンヤツデ）

polycephalus *pol-ee-SEF-a-lus*
polycephala, polycephalum
多くの頭がある、例：*Cordia polycephala*（カキバチシャノキ属の低木）

polychromus *pol-ee-KROW-mus*
polychroma, polychromum
多色の、例：*Euphorbia polychroma*（トウダイグサ属の多年草）

polygaloides *pol-ee-gal-OY-deez*
ヒメハギ（*Polygala*）に似た、例：*Osteospermum polygaloides*（キク科オステオスペルムム属の低木）

polygonoides *pol-ee-gon-OY-deez*
Polygonum（タデ属）に似た、例：*Alternanthera polygonoides*（ツルノゲイトウ属の多年草）

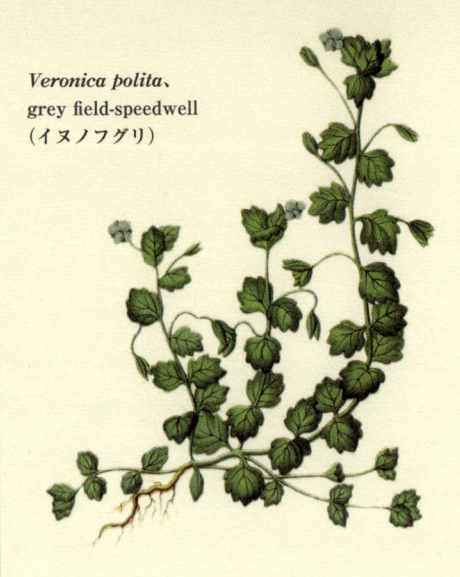

Veronica polita、
grey field-speedwell
（イヌノフグリ）

polylepis *pol-ee-LEP-is*
polylepis, polylepe
多くの鱗片がある、例：*Dryopteris polylepis*（ミヤマクマワラビ）

polymorphus *pol-ee-MOR-fus*
polymorpha, polymorphum
多くのあるいはいろいろな形がある、例：*Acer polymorphum*（カエデ属の高木）

polypetalus *pol-ee-PET-uh-lus*
polypetala, polypetalum
多くの花弁がある、例：*Caltha polypetala*（リュウキンカ属の多年草）

polyphyllus *pol-ee-FIL-us*
polyphylla, polyphyllum
多くの葉がある、例：*Paris polyphylla*（ツクバネソウ属の多年草）

polypodioides *pol-ee-pod-ee-OY-deez*
Polypodium（エゾデンダ属）に似た、例：*Blechnum polypodioides*（ヒリュウシダ属のシダ植物）

polyrhizus *pol-ee-RY-zus*
polyrhiza, polyrhizum
polyrrhizus
polyrrhiza, polyrrhizum
多くの根がある、例：*Allium polyrrhizum*（ネギ属の多年草）

polysepalus *pol-ee-SEP-a-lus*
polysepala, polysepalum
多くの萼片がある、例：*Nuphar polysepala*（コウホネ属の多年生水草）

polystachyus *pol-ee-STAK-ee-us*
polystachya, polystachyum
多くの穂がある、例：*Ixia polystachya*（アヤメ科イクシア属の小球茎植物）

polystichoides pol-ee-stik-OY-deez
Polystichum（イノデ属）に似た、例：Woodsia polystichoides（イワデンダ）

polytrichus pol-ee-TRY-kus
polytricha, polytrichum
多くの毛がある、例：Thymus politrichus（イブキジャコウソウ属の亜低木）

pomeridianus pom-er-id-ee-AHN-us
pomeridiana, pomeridianum
午後開花する、例：Carpanthea pomeridiana（ハマミズナ属カルパンテア属の1年草）

pomiferus pom-IH-fer-us
pomifera, pomiferum
リンゴに似た果実をつける、例：Maclura pomifera（アメリカハリグワ）

pomponius pomp-OH-nee-us
pomponia, pomponium
房飾りあるいはポンポンがある、例：Lilium pomponium（ユリ属の多年草）

ponderosus pon-der-OH-sus
ponderosa, ponderosum
重い、例：Pinus ponderosa（ポンデローサマツ）

ponticus PON-tih-kus
pontica, ponticum
小アジアのポントスの、例：Daphne pontica（ジンチョウゲ属の低木）

populifolius pop-yoo-lih-FOH-lee-us
populifolia, populifolium
ポプラ（Populus）のような葉の、例：Cistus populifolius（ゴジアオイ属の低木）

populneus pop-ULL-nee-us
populnea, populneum
ポプラ（Populus）の、例：Brachychiton populneus（マルバゴウシュウアオギリ）

porophyllus po-ro-FIL-us
porophylla, porophyllum
孔が葉にある（ように見える）、例：Saxifraga porophylla（ユキノシタ属の多年草）

porphyreus por-FY-ree-us
porphyrea, porphyreum
紫がかった赤の、例：Epidendrum porphyreum（エピデンドルム属の着生ラン）

porrifolius po-ree-FOH-lee-us
porrifolia, porrifolium
ニラネギ（Allium porrum）のような葉の、例：Tragopogon porrifolius（バラモンジン）

porrigens por-RIG-enz
広がる、例：Schizanthus porrigens（ムレゴチョウ属の1年草）

portenschlagianus port-en-shlag-ee-AH-nus
portenschlagiana, portenschlagianum
オーストリアの博物学者フランツ・フォン・ポテンシュログ＝レイダーマイヤー（1772-1822）への献名、例：Campanula portenschlagiana（オトメギキョウ）

poscharskyanus po-shar-skee-AH-nus
poscharskyana, poscharskyanum
ドイツの園芸家グスタフ・ポシャルスキー（1832-1914）への献名、例：Campanula poscharskyana（ホタルブクロ属の多年草）

potamophilus pot-am-OH-fil-us
potamophila, potomaphilum
川を好む、例：Begonia potamophila（ベゴニア属の多年草）

生きているラテン語

このみごとなユリはフランス南部の石灰岩の峡谷に自生し、残念ながらしだいにめずらしくなっている。その鮮やかな赤色の花には黒い斑点があり、1メートルの堂々とした高さにまで成長する。その香りを不快に感じる人もいる。

Lilium pomponium、
turban lily
（ユリ属の多年草）

数と植物

　数はしばしば植物学の説明語のなかでも重要な位置を占め、花弁、葉、雄ずいのような植物の特定の部分の数や色数を示すのに使われている。ラテン語とギリシア語の両方の数え方を目にするだろうから、どちらについてもすくなくとも1から10までは知っておくとよい。数はつねに単語の最初につく接頭語の形で表現され、以下の例では先にラテン語を示し、つづいて相当するギリシア語を示す。ラテン語に由来する数の接頭語とギリシア語に由来する接尾語を混在させるのは正しくないが、-lobus（裂片の）のようにラテン語とギリシア語の両方で使われる語もある。

　ラテン語の接頭語を使って単色の植物を表現する場合、その語はunicolorであるのに対し、単翼のものをギリシア語を使って表せばmonopterusとなる（このとき1を意味するラテン語はuni-で、ギリシア語はmono-）。biflorusの植物は花が対をなしてつき、dispermusの植物には2個の種子がある（2はbi-とdi-）。3のラテン語とギリシア語は同じでtri-であり、たとえばtricephalusは「3つ頭がある」という意味である。quadridentatusは4つ歯があり、tetrachromusと表現される植物は4色である（4はquadri-とtetra-）。5本の雄ずいはquinquestamineusで、五角形はpentagonus（5はquinque-とpenta-）。六角のものはsexangularisで6枚花弁があるのはhexapetalus（6はsex-とhexa-）。そして7裂片はseptemlobusで7葉はheptaphyllusである（7はseptem-とhepta-）。8はラテン語もギリシア語もocto-で、たとえばoctosepalusは「8枚萼片がある」という意味である。novempunctatusの植物には9個の斑点という特徴的な模様があり、9葉のものはenneaphyllusとよばれる（9はnovem-とennea-）。最後に、decemangulusは十角形をしていて、decapleurusは「10本葉脈がある」ということである（10はdecem-とdeca-）。

　数にかかわりのある語でよく見かけるものに、2年生を意味するbiennis（biennis, bienne）があり、愛らしいLinum bienne（pale flax、ヒメアマ）がその例である。unicolorとbicolorも名前の一部としてかなりひんぱんに現れ、たとえばFritillaria meleagris var. unicolor subvar. alba（white-flowered snake's head fritillary、チェッカードリリーの白花種）がある。室内用鉢植え植物の愛好者なら、縞斑が入った小型のリュウケツジュ Dracaena marginata 'Tricolor'（マダガスカルドラゴンツリーの園芸品種）を育てたいと思うかもしれない。また、duplexとduplicatus（duplicata, duplicatum）はどちらも「二重の」あるいは「重複の」という意味である。そして当然、multi-は「多い」という意味で、たとえばmultibracteatus（multibracteata,

Narcissus biflorus、
twin sisters（スイセン属の球根植物）

*biflorus*は「対をなして花がつく」という意味で、このめずらしい愛らしいスイセンがその例である。

Viola tricolor、
wild pansy、heartsease（パンジーの原種）

パンジーは3つの異なる色をもつ花の好例である。

Primula 'Burnard's Formosa'、
19世紀のポリアンサス

Primula（サクラソウ属）は大きな属で園芸学上いくつものグループに分けられ、ポリアンサスはそのひとつである。この名前はギリシア語の*poly-*（多い）と*anthos*（花）に由来する。

multibracteatum）は「多くの苞葉がある」という意味である。*Salvia multicaulis*（*multicaulis, multicaule*）はmany-stemmed sage［「多くの茎をもつセージ」］とよばれる。アメリカのワイルドフラワー *Baileya multiradiata*（デザートマリゴールド）の種小名は「多くの放射状のものがある」という意味で、その黄色の花の舌状花のことをいっている（*multiradiatus, multiradiata, multiradiatum*）。*myri-* は非常に多いことを意味し、したがって *myriocarpus*（*myriocarpa, myriocarpum*）は非常に多くの果実がなることを意味し、*Cucumis myriocarpus*（paddy melon、キュウリ属のつる性植物）がその例である。魅力的な水生植物 *Potamogeton octandrus*（ミズヒキモ）の名前は、それが8本の雄ずいをもっていることを示している（*octandrus, octandra, octandrum*）。

　花でいっぱいの庭にするには、ガーデナーは「花が多い」という意味の *myrianthus*（*myriantha, myrianthum*）という名前の植物を探してみるべきで、その名にふさわしい *Allium myrianthum*（ネギ属の多年草）はどうだろう。この魅力的な植物には球形の頭状花ひとつにとても小さな乳白色の花が100個以上つく。やはり数にかかわりのある植物名が、*Cotoneaster hebephyllus* var. *monopyrenus*（one-stoned cotoneaster［「単核のコトネアスター」］、シャリントウ属の低木）である。*hebephyllus*（*hebephylla, hebephyllum*）は短軟毛で覆われた葉、*monopyrenus*（*monopyrena, monopyrenum*）は「（果実の）核が1個の」という意味である。あまり魅力的でない名前がつけられた scurvy-grass sorrel［「壊血病草のカタバミ」、壊血病を治すのに使われた］は、正式には *Oxalis enneaphylla*（カタバミ属の多年草）である。*enneaphyllus*（*enneaphylla, enneaphyllum*）は「9葉の」という意味で、この場合、この高山性の多年草の独特の分かれ方をした葉のことをいっている。

potaninii *po-tan-IN-ee-eye*
ロシアの植物収集者グリゴリー・ニコラエヴィチ・ポターニン（1835-1920）への献名、例：*Indigofera potaninii*（コマツナギ属の低木）

potatorum *poh-tuh-TOR-um*
飲酒および醸造の、例：*Agave potatorum*（ライジン）

pottsii *POT-see-eye*
19世紀のイギリスの園芸家で植物収集者ジョン・ポッツまたはC・H・ポッツへの献名、例：*Crocosmia pottsii*（アヤメ科クロコスミア属の多年草）

生きているラテン語

*pratensis*から、その植物が草地に生えていることがわかる。*Geranium pratense*（ノハラフウロ）は条件にしばられない制約の少ない植物で、どちらかというと自然のままの植栽計画での栽培に最適である。高さ75センチに達することもある。

Geranium pratense、meadow cranesbill（ノハラフウロ）

powellii *pow-EL-ee-eye*
アメリカの探検家ジョン・ウェスリー・パウエル（1834-1902）への献名、例：*Crinum × powellii*（ハマオモト属の多年草）

praealtus *pray-AL-tus*
praealta, praealtum
非常に背が高い、例：*Aster praealtus*（シオン属の多年草）

praecox *pray-koks*
非常に早い、例：*Stachyurus praecox*（キブシ）

praemorsus *pray-MOR-sus*
praemorsa, praemorsum
先端が噛み切られたような、例：*Banksia praemorsa*（バンクシア属の低木）

praeruptorum *pray-rup-TOR-um*
荒地に生える、例：*Peucedanum praeruptorum*（カワラボウフウ属の多年草）

praestans *PRAY-stanz*
抜群の、例：*Tulipa praestans*（チューリップ属の球根植物）

praetextus *pray-TEX-tus*
praetexta, praetextum
縁どりがある、例：*Oncidium praetextum*（オンシジウム属の着生ラン）

prasinus *pra-SEE-nus*
prasina, prasinum
韮色（草色）の、例：*Dendrobium prasinum*（デンドロビウム属の着生ラン）

pratensis *pray-TEN-sis*
pratensis, pratense
草原の、例：*Geranium pratense*（ノハラフウロ）

prattii *PRAT-tee-eye*
19世紀のイギリスの動物学者アントワープ・E・プラットへの献名、例：*Anemone prattii*（イチリンソウ属の多年草）

pravissimus *prav-ISS-ih-mus*
pravissima, pravissimum
非常によく曲がった、例：*Acacia pravissima*（アカシア属の低木）

primula *PRIM-yew-luh*
最初に開花する、例：*Rosa primula*（ロサ・プリムラ）

primuliflorus *prim-yoo-LIF-flor-us*
primuliflora, primuliflorum
Primula（サクラソウ属）のような花の、例：*Rhododendron primuliflorum*（ツツジ属の低木）

primulifolius *prim-yoo-lih-FOH-lee-us*
primulifolia primulifolium
サクラソウ（*Primula*）のような葉の、例：*Campanula primulifolia*（ホタルブクロ属の多年草）

primulinus *prim-yoo-LEE-nus*
primulina, primulinum

primuloides *prim-yoo-LOY-deez*
サクラソウ（*Primula*）のような、例：*Paphiopedilum primulinum*（パフィオペディルム属の地生ラン）

princeps *PRIN-keps*
最上の、例：*Centaurea princeps*（ヤグルマギク属の植物）

pringlei *PRING-lee-eye*
アメリカの植物学者で植物収集者サイラス・ガーンジー・プリングル（1838-1911）への献名、例：*Monarda pringlei*（ヤグルマハッカ属の多年草）

prismaticus *priz-MAT-ih-kus*
prismatica, prismaticum
プリズム形の、例：*Rhipsalis prismatica*（リプサリス属のサボテン）

proboscideus *pro-bosk-ee-DEE-us*
proboscidea, proboscideum
ゾウの鼻のような形をした、例：*Arisarum proboscideum*（サトイモ科アリサルム属の多年草）

procerus *PRO-ker-us*
procera, procerum
背が高い、例：*Abies procera*（ノーブルモミ）

procumbens *pro-KUM-benz*
匍匐性の、例：*Gaultheria procumbens*（ヒメコウジ）

procurrens *pro-KUR-enz*
地下を広がる、例：*Geranium procurrens*（ゲラニウム・プロクレンス）

prodigiosus *pro-dij-ee-OH-sus*
prodigiosa, prodigiosum
素晴らしい、巨大な、けたはずれの、例：*Tillandsia prodigiosa*（ハナアナナス属の多年草）

productus *pro-DUK-tus*
producta, productum
伸張した、例：*Costus productus*（オオホザキアヤメ属の多年草）

prolifer *PRO-leef-er*
proliferus *pro-LIH-fer-us*
prolifera, proliferum
脇芽を生じて増える、例：*Primula prolifer*（サクラソウ属の多年草）

prolificus *pro-LIF-ih-kus*
prolifica, prolificum
多くの果実を生じる、例：*Echeveria prolifica*（ベンケイソウ科エチェベリア属の多肉植物）

propinquus *prop-IN-kwus*
propinqua, propinquum
関係がある、近い、例：*Myriophyllum propinquum*（キンギョモ属の多年生水草）

prostratus *prost-RAH-tus*
prostrata, prostratum
地面にへばりつくように生える、例：*Veronica prostrata*（クワガタソウ属の多年草）

protistus *pro-TISS-tus*
protista, protistum
最初の、例：*Rhododendron protistum*（ツツジ属の低木）

provincialis *pro-vin-ki-ah-lis*
provincialis, provinciale
フランスのプロヴァンスの、例：*Arenaria provincialis*（ノミノツヅリ属の1年草）

pruinatus *proo-in-AH-tus*
pruinata, pruinatum

pruinosus *proo-in-NOH-sus*
pruinosa, pruinosum
霜のようにきらめく、例：*Cotoneaster pruinosus*（シャリントウ属の低木）

prunelloides *proo-nel-LOY-deez*
Prunella（ウツボグサ属）に似た、例：*Haplopappus prunelloides*（キク科ハプロパップス属の多年草）

prunifolius *proo-ni-FOH-lee-us*
prunifolia, prunifolium
プラム（*Prunus*、サクラ属）のような葉の、例：*Malus prunifolia*（イヌリンゴ）

przewalskianus *prez-WAL-skee-ah-nus*
przewalskiana, przewalskianum

przewalskii *prez-WAL-skee*
19世紀のロシアの博物学者ニコライ・プルツワルスキーへの献名、例：*Ligularia przewalskii*（メタカラコウ属の多年草）

pseud-
偽を意味する接頭語

pseudacorus *soo-DA-ko-rus*
一見ショウブ（*Acorus*）のように見える、例：*Iris pseudacorus*（キショウブ）

pseudocamellia *soo-doh-kuh-MEE-lee-uh*
一見ツバキのように見える、例：*Stewartia pseudocamellia*（ナツツバキ）

pseudochrysanthus *soo-doh-kris-AN-thus*
pseudochrysantha, pseudochrysanthum
同じ属の*chrysanthus*種に似た、例：*Rhododendron pseudochrysanthum*（ニイタカシャクナゲ）、この場合は「*R. chrysanthum*（キバナシャクナゲ）に似ている」という意味

pseudodictamnus *soo-do-dik-TAM-nus*
一見*Dictamnus*（ハクセン属）のように見える、例：*Ballota pseudodictamnus*（シソ科バロタ属の多年草または亜低木）

pseudonarcissus *soo-doh-nar-SIS-us*
一見 *Narcissus*（スイセン属）のように見える、*N. pseudonarcissus*（ラッパズイセン）の場合は「*N. poeticus*（クチベニズイセン）に似ている」という意味

psilostemon *sigh-loh-STEE-mon*
平滑な雄ずいをもつ、例：*Geranium psilostemon*（フウロソウ属の多年草）

psittacinus *sit-uh-SIGN-us*
psittacina, psittacinum

psittacorum *sit-a-KOR-um*
オウムのような、オウムの、例：*Vriesea psittacinum*（インコアナナス属の多年草）

ptarmica *TAR-mik-uh*
ptarmica, ptarmicum
くしゃみをひき起こす植物（おそらくオオバナノコギリソウ）の古代ギリシア語名、例：*Achillea ptarmica*（オオバナノコギリソウ）

生きているラテン語

　Hippeastrum（アマリリス属）の地味な色の球根からは、どんな色の花が咲くかほとんど見当がつかない。幸い、*psittacinum* という小名は「オウムのような」という意味で、淡い微妙な色ではなく鮮やかで晴れやかな花が咲きそうなことをガーデナーに教えてくれる。

Hippeastrum psittacinum、amaryllis（アマリリス属の球根植物）

pteridoides *ter-id-OY-deez*
Pteris（イノモトソウ属）に似た、例：*Coriaria pteridioides*（ドクウツギ属の低木）

pteroneurus *ter-OH-new-rus*
pteroneura, pteroneurum
脈に翼がある、例：*Euphorbia pteroneura*（トウダイグサ属の多肉植物）

pubens *PEW-benz*
pubescens *pew-BESS-enz*
細軟毛がある、例：*Primula × pubescens*（サクラソウ属の多年草）

pubigerus *pub-EE-ger-us*
pubigera, pubigerum
細軟毛を生じる、例：*Schefflera pubigera*（フカノキ属の植物）

pudicus *pud-IH-kus*
pudica, pudicum
内気な、例：*Mimosa pudica*（オジギソウ）

pugioniformis *pug-ee-oh-nee-FOR-mis*
pugioniformis, pugioniforme
短剣のような形をした、例：*Celmisia pugioniformis*（キク科ケルミシア属の多年草）

pulchellus *pul-KELL-us*
pulchella, pulchellum
pulcher *PUL-ker*
pulchra, pulchrum
可愛い、美しい、例：*Correa pulchella*（ミカン科コレア属の低木）

pulcherrimus *pul-KAIR-ih-mus*
pulcherrima, pulcherrimum
非常に美しい、例：*Dierama pulcherrimum*（アヤメ科ディエラマ属の球根植物）

pulegioides *pul-eg-ee-OY-deez*
Mentha pulegium（メグサハッカ）のような、例：*Thymus pulegioides*（イブキジャコウソウ属の亜低木）

pulegium *pul-ee-GEE-um*
ノミ除けになるといわれたメグサハッカのラテン語［ノミのラテン語が *pulex*］、例：*Mentha pulegium*（メグサハッカ）

pullus *PULL-us*
pulla, pullum
暗い色の、例：*Campanula pulla*（ホタルブクロ属の多年草）

pulverulentus *pul-ver-oo-LEN-tus*
pulverulenta, pulverulentum
埃で覆われたように見える、例：*Primula pulverulenta*（プリムラ・プルウェルレンタ）

pulvinatus *pul-vin-AH-tus*
pulvinata, pulvinatum
クッションのような、例：*Echeveria pulvinata*（キンコウセイ）

pumilio *poo-MIL-ee-oh*
小さい、矮性の、例：*Edraianthus pumilio*（キキョウ科エドライアントゥス属の多年草）

PULMONARIA（プルモナリア）

　昔の薬草医たちは、多くの場合、特徴の原則にもとづく診断の考え方に従った。それは、植物の外見が人間にとって有益な特性の手がかりをあたえてくれるのではないかという考え方である。たとえばeyebright（*Euphrasia*、コゴメグサ属の植物の総称）は人間の目に似ていると考えられて目の症状の治療に使われ、そのためこの普通名がついた。同様に、*Dentaria*（アブラナ科デンタリア属）はその根茎に歯のような鱗片があって、歯の痛みをやわらげるのに使われた。このため、その普通名のひとつはtoothwortである（*dens*は歯を意味するラテン語）。

　プルモナリア（*Pulmonaria*、ヒメムラサキ属の植物の総称）の特徴的な葉は、昔の薬草医にとっては肺の形を暗示するもので、葉にある白い斑点は病気のしるしと考えられ、彼らはこの植物から作った調合薬を使って呼吸器系の疾患を治療した。*pulmo*は肺を意味するラテン語で、普通名はlungwortである（lungは肺、接尾語の-wortは薬用になることを示す）。*Pulmonaria saccharata*（ベツレヘムセージ）は、白い斑点のある葉が砂糖をふりかけたように見えることからそう命名された（*saccharatus, saccharata, saccharatum*、たんに「甘い」または「まるで砂糖をふりかけたような」という意味）。

　解剖学的な関連づけとはまったく別に、プルモナリアにはほかにじつにさまざまな普通名がある。多くは聖書と関係があり、Bethlehem sage、Jerusalem sage、Joseph and Mary、Adam and Eveなどがある。青とピンクの両方の花を咲かせる種もあり、boys and girls、soldier and his wife、soldiers and sailorsといった名前がつけられたのがそのせいなのはまちがいない。それほど詩的ではないspotted dogという名前もある。

　プルモナリアは*Boraginaceae*（ムラサキ科）に属し、数多くの園芸品種が栽培されてきた。そうしたもののなかには、いくつもの純色のもののほかに2色の園芸品種もある。好適な生育条件、すなわち涼しくて湿った日陰であれば、プルモナリアは放っておいてもすぐに広がるだろう。このため、この植物はすぐれた地被植物だが、生えてほしくない場所から根絶するのがやっかいな仕事になることもある。ミツバチはこの花の蜜をごちそうになるのが大好きである。

プルモナリアには、同じ植物体に青とピンクの両方の花がつくようすから、boys and girlsなどの普通名がついた。

葉にある目立つ白い斑点が、この属の多くの種に共通の特徴である。

pumilus *POO-mil-us*
pumila, pumilum
矮性の、例：*Trollius pumilus*（キンバイソウ属の多年草）

punctatus *punk-TAH-tus*
punctata, punctatum
斑点がある、例：*Anthemis punctata*（カミツレモドキ属の1年草）

pungens *PUN-genz*
鋭くとがった、例：*Elymus pungens*（ハマニンニク属の多年草）

puniceus *pun-IK-ee-us*
punicea, puniceum
赤紫色の、例：*Clianthus puniceus*（マメ科クリアントゥス属のつる性植物）

purpurascens *pur-pur-ASS-kenz*
紫色になる、例：*Bergenia purpurascens*（ヒマラヤユキノシタ属の多年草）

purpuratus *pur-pur-AH-tus*
purpurata, purpuratum
紫色になった、例：*Phyllostachys purpurata*（マダケ属のタケ）

生きているラテン語

この植物はイギリスに自生する美しい耐寒性のランで、白亜質の丘陵地帯や草原に生えているのをよく見かける。ロックガーデンや高山植物用ハウスでも栽培できる。イングランド南岸沖にあるワイト島の州花である。名前はこの植物の三角形をした花序のことをいっている。

Anacamptis pyramidalis、
pyramidal orchid
（ラン科アナカンプティス属の多年草）

purpureus *pur-PUR-ee-us*
purpurea, purpureum
紫色の、例：*Digitalis purpurea*（ジギタリス）

purpusii *pur-PUSS-ee-eye*
ドイツの植物収集者カール・プルプス（1851-1941）またはその弟ヨーゼフ・プルプス（1860-1932）への献名、例：*Lonicera × purpusii*（スイカズラ属の低木）

pusillus *pus-ILL-us*
pusilla, pusillum
非常に小さい、例：*Soldanella pusilla*（ミヤマカガミ）

pustulatus *pus-tew-LAH-tus*
pustulata, pustulatum
水疱ができたように見える、例：*Lachenalia pustulata*（キジカクシ科ラシュナリア属の球根植物）

pycnacanthus *pik-na-KAN-thus*
pycnacantha, pycnacanthum
密に刺がある、例：*Coryphantha pycnacantha*（コリファンタ属のサボテン）

pycnanthus *pik-NAN-thus*
pycnantha, pycnanthum
密集した花の、例：*Acer pycnanthum*（ハナノキ）

pygmaeus *pig-MAY-us*
pygmaea, pygmaeum
矮性の、ごく小さな、例：*Erigeron pygmaeus*（ムカシヨモギ属の多年草）

pyramidalis *peer-uh-mid-AH-lis*
pyramidalis, pyramidale
ピラミッド形の、例：*Ornithogalum pyramidale*（オオアマナ属の球根植物）

pyrenaeus *py-ren-AY-us*
pyrenaea, pyrenaeum

pyrenaicus *py-ren-AY-ih-kus*
pyrenaica, pyrenaicum
ピレネー山脈の、例：*Fritillaria pyrenaica*（バイモ属の多年草）

pyrifolius *py-rih-FOH-lee-us*
pyrifolia, pyrifolium
ナシ（*Pyrus*）のような葉の、例：*Salix pyrifolia*（ヤナギ属の低木）

pyriformis *py-rih-FOR-mis*
pyriformis, pyriforme
洋ナシ形の、例：*Rosa pyriformis*（バラ属の低木）

Q

quadr-
4を意味する接頭語

quadrangularis *kwad-ran-gew-LAH-ris*
quadrangularis, quadrangulare

quadrangulatus *kwad-ran-gew-LAH-tus*
quadrangulata, quadrangulatum
四角の、例：*Passiflora quadrangularis*（オオミノトケイソウ）

quadratus *kwad-RAH-tus*
quadrata, quadratum
4つずつの、例：*Restio quadratus*（サンアソウ科レスティオ属の多年草）

quadriauritus *kwad-ree-AWR-ry-tus*
quadriaurita, quadriauritum
4つ耳がある、例：*Pteris quadriaurita*（イノモトソウ属のシダ植物）

quadrifidus *kwad-RIF-ee-dus*
quadrifida, quadrifidum
4裂の、例：*Calothamnus quadrifidus*（フトモモ科カロタムヌス属の低木）

quadrifolius *kwod-rih-FOH-lee-us*
quadrifolia, quadrifolium
4葉の、例：*Marsilea quadrifolia*（デンジソウ）

quadrivalvis *kwad-rih-VAL-vis*
quadrivalvis, quadrivalve
4弁の、例：*Nicotiana quadrivalvis*（タバコ属の1年草）

quamash *KWA-mash*
Camassia（ユリ科カマッシア属）とくに *C. quamash*（ヒナユリ）を意味するネズパース族（アメリカ先住民）の言葉

quamoclit *KWAM-oh-klit*
おそらくインゲンマメを意味した古い属名、例：*Ipomoea quamoclit*（ルコウソウ）

quercifolius *kwer-se-FOH-lee-us*
quercifolia, quercifolium
オーク（*Quercus*）のような葉の、例：*Hydrangea quercifolia*（カシワバアジサイ）

quin-
5を意味する接頭語

quinatus *kwi-NAH-tus*
quinata, quinatum
5つずつの、例：*Akebia quinata*（アケビ）

quinoa *KEEN-oh-a*
Chenopodium quinoa（キノア）を意味するスペイン語で、ケチュア語のキヌアに由来

Paris quadrifolia、
herb Paris、true lover's knot（ハーブパリス）

quinqueflorus *kwin-kway-FLOR-rus*
quinqueflora, quinqueflorum
5花の、例：*Enkianthus quinqueflorus*（ホンコンドウダン）

quinquefolius *kwin-kway-FOH-lee-us*
quinquefolia, quinquefolium
5葉の、しばしば小葉のことをいう、例：*Parthenocissus quinquefolia*（ヴァージニアヅタ）

quinquevulnerus *kwin-kway-VUL-ner-us*
quinquevulnera, quinquevulnerum
5つの傷（つまり模様）がある、例：*Aerides quinquevulnerum*（アエリデス属の着生ラン）

QUERCUS（オーク）

　Quercus（コナラ属）の植物すなわちオークにまつわる神話、伝説、迷信は、ほかのたいていの植物よりも多いようだ。この高木はローマの神ユピテルと関連づけられたし、古代のドルイド僧たちから神聖視され、彼らはオークの木立ちのなかで儀式を行なった。この木と雷を結びつけるいくつもの迷信は北欧の神トールの話がもとになっており、トールは荒れ狂う嵐のあいだ、オークの木の下に隠れていて、無傷で出てきたといわれる。こうして、正しい忠告とは反対なのに、雷から身を守るにはオークの下にいればいいという迷信が広まった（だが、そんなことをしてはいけない！）。ちなみに、雷に打たれた木のドングリを集めて家にもって帰り、窓敷居の上に置くと、家とその住人は将来、落雷から守られるという伝説がある。オークが長寿であることは疑う余地がなく、それとの関連で、ポケットにドングリを入れておけば長く健康な人生がもたらされるといわれている。

　オークがもっているとされる守護の力はEnglish oak（オウシュウナラ）の種小名*robur*にも表れており、これはオークの森を意味するラテン語だが、強さも意味する。ほかに園芸上の利点を示唆する名前もある。*Quercus rubra*（アカガシワ）（*ruber, rubra, rubrum*、赤）と*Quercus coccinea*（ベニガシワ）（*coccineus, coccinea, coccineum*、緋色）は、秋の紅葉の鮮やかな色からそう命名された。常緑の*Quercus ilex*（holm oak、セイヨウヒイラギガシ）はセイヨウヒイラギ（*Ilex aquifolium*）に似ているためにその名がつけられたが、逆も真なりで、*ilex*はローマ人がこのオークに対して使っていた名前である。

　別の植物でオークと関係のある名前をもつものがいくつもあり、一般にoakleaf hydrangeaとよばれる*Hydrangea quercifolia*（カシワバアジサイ）がその例である（*quercifolius, quercifolia, quercifolium*はオークのような葉をもつ植物のこと）。また、*quercinus, quercina、quercinum*が名前にある場合、それはその植物がオークとなんらかの関係があることを示している。たとえば*Leccinum quercinum*（ヤマイグチ属のキノコ）は、オークの下に生えることがわかっている。

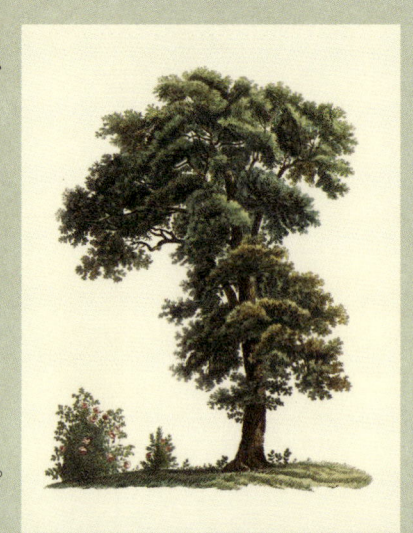

オークの巨木は多くの神話や伝説で重要な役割を演じ、強さを象徴する変わらぬシンボルである。

Quercus suber、
Cork oak
（コルクガシ）

Quercus（コナラ属）の葉と殻斗果（ドングリ）の特有の形は、何世紀ものあいだ、装飾のモチーフとして使われてきた。

R

racemiflorus *ray-see-mih-FLOR-us*
racemiflora, racemiflorum

racemosus *ray-see-MOH-sus*
racemosa, racemosum
総状花序で咲く花の、例：*Nepeta racemosa*（イヌハッカ属の多年草）

raddianus *rad-dee-AH-nus*
raddiana, raddianum
イタリアの植物学者ジュゼッペ・ラッディ（1770-1829）への献名、例：*Adiantum raddianum*（コバホウライシダ）

radiatus *rad-ee-AH-tus*
radiata, radiatum
放射状のものがある、例：*Pinus radiata*（ラジアータマツ）

radicans *RAD-ee-kanz*
茎から根を出す、例：*Campsis radicans*（アメリカノウゼンカズラ）

radicatus *rad-ee-KAH-tus*
radicata, radicatum
根が目立つ、例：*Papaver radicatum*（ホッキョクヒナゲシ）

radicosus *ray-dee-KOH-sus*
radicosa, radicosum
根が多い、例：*Silene radicosa*（マンテマ属の草本）

radiosus *ray-dee-OH-sus*
radiosa, radiosum
放射状のものが多くある、例：*Masdevallia radiosa*（マスデバリア属の着生ラン）

radula *RAD-yoo-luh*
スクレーパー（削り道具）のラテン語 *radula* より、例：*Silphium radula*（ツキヌキオグルマ属の多年草）

ramentaceus *ra-men-TA-see-us*
ramentacea, ramentaceum
鱗片で覆われた、例：*Begonia ramentacea*（ベゴニア属の多年草）

ramiflorus *ram-ee-FLOR-us*
ramiflora, ramiflorum
古い枝に花をつける、例：*Romulea ramiflora*（アヤメ科ロムレア属の球茎植物）

ramondioides *ram-on-di-OY-deez*
Ramonda（ピレナイイワタバコ属）に似た、例：*Conandron ramondoides*（イワタバコ）

ramosissimus *ram-oh-SIS-ih-mus*
ramosissima, ramosissimum
よく枝分かれした、例：*Lonicera ramosissima*（コウグイスカグラ）

ramosus *ram-OH-sus*
ramosa, ramosum
枝分かれした、例：*Anthericum ramosum*（ユリ科アンテリクム属の多年草）

ramulosus *ram-yoo-LOH-sus*
ramulosa, ramulosum
小枝の多い、例：*Celmisia ramulosa*（キク科ケルミシア属の多年草）

生きているラテン語

ラテン語の *radicans* という言葉は、茎から簡単に発根する植物を示す。そのようなもののひとつが *Campsis radicans*（アメリカノウゼンカズラ）で、トランペット形の花をつけ、trumpet creeper あるいは hummingbird vine ともよばれる。そのほか名前に *radicans* がある植物として、*Woodwardia radicans*（rooting chain fern、コモチシダ属のシダ植物）がある。この植物は、成長すると長さ2メートルにもなることがある巨大な葉をもち、まれにではあるが、発根する小さな植物体を葉の先に生じる。また、鮮やかなオレンジ色と赤色の花を咲かせる *Epidendrum radicans*（エピデンドルム属の着生ラン）は茎にそって小植物体を生じ、非常に育てやすいランのひとつである。そして、茎のあちこちから根が出る。これに対し、ガーデナーにとってあまりありがたくないのが、はびこるうえに有毒なツタの *Rhus radicans*（ヌルデ属のつる性植物）で、その汁は肌にひどいかぶれを生じさせることがある。

Campsis radicans、trumpet creeper（アメリカノウゼンカズラ）

ranunculoides *ra-nun-kul-OY-deez*
キンポウゲ（*Ranunculus*）に似た、例：*Anemone ranunculoides*（イエローアネモネ）

rariflorus *rar-ee-FLOR-us*
rariflora, rariflorum
まばらな花の、例：*Carex rariflora*（スゲ属の多年草）

re-
「後ろへ」または「ふたたび」という意味の接頭語

reclinatus *rek-lin-AH-tus*
reclinata, reclinatum
後方へ曲がった、例：*Phoenix reclinata*（カブダチソテツジュロ）

rectus *REK-tus*
recta, rectum
直立した、例：*Phygelius × rectus*（ゴマノハグサ科フィゲリウス属の多年草）

recurvatus *rek-er-VAH-tus*
recurvata, recurvatum
recurvus *re-KUR-vus*
recurva, recurvum
後方へ湾曲した［そり返った］、例：*Beaucarnea recurvata*（トックリラン）

redivivus *re-div-EE-vus*
rediviva, redivivum
よみがえった、生気をとりもどした（たとえば旱魃のあと）、例：*Lunaria rediviva*（ギンセンソウ属の多年草）

reductus *red-UK-tus*
reducta, reductum
矮性の、例：*Sorbus reducta*（ナナカマド属の低木）

reflexus *ree-FLEKS-us*
reflexa, reflexum
refractus *ray-FRAK-tus*
refracta, refractum
後方へ鋭く曲がった、例：*Correa reflexa*（ミカン科コレア属の低木）

refulgens *ref-FUL-genz*
明るく輝く、例：*Bougainvillea refulgens*（ブーゲンビレア属の低木）

regalis *re-GAH-lis*
regalis, regale
王者の、特別な価値がある、例：*Osmunda regalis*（レガリスゼンマイ）

reginae *ree-JIN-ay-ee*
女王の、例：*Strelitzia reginae*（ゴクラクチョウカ）

reginae-olgae *ree-JIN-ay-ee OL-gy*
ギリシアのオルガ王妃（1851–1926）への献名、例：*Galanthus reginae-olgae*（マツユキソウ属の球根植物）

regius *REE-jee-us*
regia, regium
王の、例：*Juglans regia*（ペルシアグルミ）

rehderi *REH-der-eye*
rehderianus *re-der-ee-AH-nus*
rehderiana, rehderianum
ドイツ生まれの林学者でアメリカのマサチューセッツ州にあるアーノルド樹木園で働いたアルフレート・レーダー（1863–1949）への献名、例：*Clematis rehderiana*（センニンソウ属のつる性植物）

rehmannii *re-MAN-ee-eye*
ドイツの医師ヨーゼフ・レーマン（1753–1831）、またはポーランドの植物学者アントン・レーマン（1840–1917）への献名、例：*Zantedeschia rehmannii*（モモイロカイウ）

reichardii *ri-KAR-dee-eye*
ドイツの植物学者ヨーハン・ヤーコプ・ライヒャルト（1743–82）への献名、例：*Erodium reichardii*（オランダフウロ属の多年草）

reichenbachiana *rike-en-bak-ee-AH-nuh*
reichenbachii *ry-ken-BAHK-ee-eye*
ハインリヒ・ゴットリープ・ルートヴィヒ・ライヘンバッハ（1793–1879）またはハインリヒ・グスタフ・ライヘンバッハへの献名、例：*Echinocereus reichenbachii*（エビサボテン属のサボテン）

religiosus *re-lij-ee-OH-sus*
religiosa, religiosum
宗教儀式の、神聖な、例：*Ficus religiosa*（インドボダイジュ）、その下でブッダが悟りを開いた

remotus *ree-MOH-tus*
remota, remotum
まばらな、例：*Carex remota*（スゲ属の多年草）

renardii *ren-AR-dee-eye*
シャルル・クロード・ルナール（1809–86）への献名、例：*Geranium renardii*（ゲラニウム・レナルディ）

reniformis *ren-ih-FOR-mis*
reniformis, reniforme
腎臓形の、例：*Begonia reniformis*（ベゴニア属の多年草）

repandus *REP-an-dus*
repanda, repandum
波状縁の、例：*Cyclamen repandum*（ツタバシクラメン）

repens *REE-penz*
匍匐性の、例：*Gypsophila repens*（カスミソウ属の多年草）

replicatus *rep-lee-KAH-tus*
replicata, replicatum
二重の、折り返された、例：*Berberis replicata*（メギ属の低木）

reptans *REP-tanz*
匍匐性の、例：*Ajuga reptans*（ヨウシュジュウニヒトエ）

requienii re-kwee-EN-ee-eye
フランスの博物学者エスプリ・ルキアン（1788–1851）への献名、例：*Mentha requienii*（コルシカミント）

resiniferus res-in-IH-fer-us
resinifera, resiniferum
resinosus res-in-OH-sus
resinosa, resinosum
樹脂を生産する、例：*Euphorbia resinifera*（トウダイグサ属の多肉植物）

reticulatus reh-tick-yoo-LAH-tus
reticulata, reticulatum
網状の、例：*Iris reticulata*（アヤメ属の多年草）

retortus re-TOR-tus
retorta, retortum
retroflexus ret-roh-FLEKS-us
retroflexa, retroflexum
retrofractus re-troh-FRAK-tus
retrofracta, retrofractum
後方へねじれたあるいは回旋した、例：*Helichrysum retortum*（ムギワラギク属の多年草）

retusus re-TOO-sus
retusa, retusum
先端が丸くて小さなへこみがある［微凹形の］、例：*Coryphantha retusa*（コリファンタ属のサボテン）

reversus ree-VER-sus
reversa, reversum
逆になった、例：*Rosa × reversa*（バラ属の低木）

revolutus re-vo-LOO-tus
revoluta, revolutum
後方へ巻いた（たとえば葉が）、例：*Cycas revoluta*（ソテツ）

rex reks
王、傑出した特性をもつ、例：*Begonia rex*（オオバベゴニア）

rhamnifolius ram-nih-FOH-lee-us
rhamnifolia, rhamnifolium
クロウメモドキ（*Rhamnus*）のような葉の、例：*Rubus rhamnifolius*（キイチゴ属の低木）

rhamnoides ram-NOY-deez
クロウメモドキ（*Rhamnus*）に似た、例：*Hippophae rhamnoides*（スナジグミ）

rhizophyllus ry-zo-FIL-us
rhizophylla, rhizophyllum
葉から発根する、例：*Asplenium rhizophyllum*（チャセンシダ属のシダ植物）

rhodanthus rho-DAN-thus
rhodantha, rhodanthum
バラ色の花の、例：*Mammillaria rhodantha*（イボサボテン属のサボテン）

rhodopensis roh-doh-PEN-sis
rhodopensis, rhodopense
ブルガリアのロドピ山脈産の、例：*Haberlea rhodopensis*（イワタバコ科ハベルレア属の多年草）

rhoeas RE-as
Papaver rhoeas（ヒナゲシ）の古代ギリシア語名 *rhoias* より

rhombifolius rom-bih-FOH-lee-us
rhombifolia, rhombifolium
菱形の葉の、例：*Cissus rhombifolia*（グレープアイビー）

rhomboideus rom-BOY-dee-us
rhomboidea, rhomboideum
菱形の、例：*Rhombophyllum rhomboideum*（ハマミズナ科ロムボフィルム属の多肉植物）

rhytidophyllus ry-ti-do-FIL-us
rhytidophylla, rhytidophyllum
しわが寄った葉の、例：*Viburnum rhytidophyllum*（ガマズミ属の低木）

richardii rich-AR-dee-eye
Richardという姓または名をもつさまざまな人物への献名、たとえば *Cortaderia richardii*（シロガネヨシ属の多年草）はフランスの植物学者アシル・リシャール（1794–1852）を記念

Papaver rhoeas、
corn poppy、field poppy（ヒナゲシ）

richardsonii rich-ard-SON-ee-eye
19世紀のスコットランドの探検家ジョン・リチャードソンへの献名、例：*Heuchera richardsonii*（ツボサンゴ属の多年草）

rigens RIG-enz
rigidus RIG-ih-dus
rigida, rigidum
硬直した、曲がらない、硬い、例：*Verbena rigida*（シュッコンバーベナ）

rigescens rig-ES-enz
やや硬直した、例：*Diascia rigescens*（ゴマノハグサ科ディアスキア属の多年草）

ringens RIN-jenz
口を大きく開けた、開いた、例：*Arisaema ringens*（ムサシアブミ）

Geum rivale、
water avens（ダイコンソウ属の多年草）

riparius rip-AH-ree-us
riparia, riparium
川岸の、例：*Ageratina riparia*（マルバフジバカマ属の多年草）

ritro RIH-tro
おそらくヒゴタイを意味するギリシア語 *rhytros* より、例：*Echinops ritro*（ルリタマアザミ）

ritteri RIT-ter-ee
ritterianus rit-ter-ee-AH-nus
ritteriana, ritterianum
ドイツのサボテン収集家フリードリヒ・リッター（1898-1989）への献名、例：*Cleistocactus ritteri*（クレイストカクトゥス属のサボテン）

rivalis riv-AH-lis
rivalis, rivale
流れのそばに生える、例：*Geum rivale*（ダイコンソウ属の多年草）

riversleaianum riv-ers-lee-i-AY-num
イギリスのハンプシャー州のリヴァーズリー種苗園にちなむ、例：*Geranium* × *riversleaianum*（フウロソウ属の多年草）

riviniana riv-in-ee-AH-nuh
ドイツの医師で植物学者アウグスト・クイリヌス・リヴィヌス（アウグスト・バッハマン、1652-1723）への献名、例：*Viola riviniana*（スミレ属の多年草）

rivularis riv-yoo-LAH-ris
rivularis, rivulare
小川を好む、例：*Cirsium rivulare*（アザミ属の多年草）

robur ROH-bur
オーク、例：*Quercus robur*（オウシュウナラ）

robustus roh-BUS-tus
robusta, robustum
たくましく成長する、頑丈な、例：*Eremurus robustus*（ツルボラン科エレムルス属の多年草）

rockii ROK-ee-eye
オーストリア生まれのアメリカ人プラントハンターのヨーゼフ・フランシス・チャールズ・ロック（1884-1962）への献名、例：*Paeonia rockii*（ボタン属の低木）

roebelenii roh-bel-EN-ee-eye
ラン収集家カール・ルーベレン（1855-1927）への献名、例：*Phoenix roebelenii*（シンノウヤシ）

romanus roh-MAHN-us
romana, romanum
ローマの、例：*Orchis romana*（ハクサンチドリ属の地生ラン）

romieuxii rom-YOO-ee-eye
フランスの植物学者アンリ・オーギュスト・ロミュー（1857-1937）への献名、例：*Narcissus romieuxii*（スイセン属の球根植物）

rosa-sinensis *RO-sa sy-NEN-sis*
中国のバラ、例：*Hibiscus rosa-sinensis*（ブッソウゲ）

rosaceus *ro-ZAY-see-us*
rosacea, rosaceum
バラのような、例：*Saxifraga rosacea*（ヨウシュクモマグサ）

roseus *RO-zee-us*
rosea, roseum
バラ（*Rosa*）のような色の、例：*Lapageria rosea*（ツバキカズラ）

rosmarinifolius *rose-ma-rih-nih-FOH-lee-us*
rosmarinifolia, rosmarinifolium
ローズマリー（*Rosmarinus*）のような葉の、例：*Santolina rosmarinifolia*（ワタスギギク属の矮性低木）

rostratus *ro-STRAH-tus*
rostrata, rostratum
くちばしがある、例：*Magnolia rostrata*（モクレン属の高木）

rotatus *ro-TAH-tus*
rotata, rotatum
車輪のような形をした、例：*Phlomis rotata*（オオキセワタ属の多年草）

rothschildianus *roths-child-ee-AH-nus*
rothschildiana, rothschildianum
ライオネル・ウォルター・ロスチャイルド（1868-1937）またはロスチャイルド家のそのほかの人物への献名、例：*Paphiopedilum rothschildianum*（パフィオペディルム属の地生ラン）

rotundatus *roh-tun-DAH-tus*
rotundata, rotundatum
丸みをおびた、例：*Carex rotundata*（コヌマスゲ）

rotundifolius *ro-tun-dih-FOH-lee-us*
rotundifolia, rotundifolium
円形葉の、例：*Prostanthera rotundifolia*（シソ科プロスタンテラ属の低木）

rotundus *ro-TUN-dus*
rotunda, rotundum
丸みをおびた、例：*Cyperus rotundus*（ハマスゲ）

rowleyanus *ro-lee-AH-nus*
イギリスの植物学者で多肉植物の専門家ゴードン・ダグラス・ローリー（1921生）への献名、例：*Senecio rowleyanus*（ミドリノスズ）

roxburghii *roks-BURGH-ee-eye*
カルカッタ植物園の園長ウィリアム・ロクスバーグ（1751-1815）への献名、例：*Rosa roxburghii*（イザヨイバラ）

roxieanum *rox-ee-AY-num*
19世紀のイギリスの宣教師ロクシー・ハンナへの献名、例：*Rhododendron roxieanum*（ツツジ属の低木）

rubellus *roo-BELL-us*
rubella, rubellum
薄い赤色の、赤くなる、例：*Peperomia rubella*（サダソウ属の多年草）

rubens *ROO-benz*
ruber *ROO-ber*
rubra, rubrum
赤い、例：*Plumeria rubra*（プルメリア）

rubescens *roo-BES-enz*
赤くなる、例：*Salvia rubescens*（サルビア・ルベスケンス）

rubiginosus *roo-bij-ih-NOH-sus*
rubiginosa, rubiginosum
さび色の、例：*Ficus rubiginosa*（フランスゴムノキ）

生きているラテン語

丸い葉をもつワイルドフラワー *Pyrola rotundifolia*（チョウセンイチヤクソウ）はめずらしい植物で、森林の下生えのような少し日陰のところが適している（*rotundifolia* は「円形の葉をもつ」という意味）。*Ericaceae*（ツツジ科）に属し、直立した茎に甘い香りのする白い花がつく。

Pyrola rotundifolia、
round-leaved wintergreen
（チョウセンイチヤクソウ）

rubioides roo-bee-OY-deez
アカネ（Rubia）に似た、例：Bauera rubioides（エリカモドキ）

rubri-
赤を意味する接頭語

rubricaulis roo-bri-KAW-lis
rubricaulis, rubricaule
赤い茎の、例：Actinidia rubricaulis（マタタビ属のつる性植物）

rubriflorus roo-brih-FLOR-us
rubiflora, rubiflorum
赤花の、例：Schisandra rubriflora（マツブサ属のつる性植物）

rudis ROO-dis
rudis, rude
荒々しい、未耕作地に生える、例：Persicaria rudis（イヌタデ属の植物）

rufus ROO-fus
rufa, rufum
赤い、例：Prunus rufa（サクラ属の小高木）

rufinervis roo-fi-NER-vis
rufinervis, rufinerve
赤い葉脈の、例：Acer rufinerve（ウリハダカエデ）

rugosus roo-GOH-sus
rugosa, rugosum
しわが寄った、例：Rosa rugosa（ハマナス）

rupestris rue-PES-tris
rupestris, rupestre
岩場の、例：Leptospermum rupestre（ネズミモドキ属の低木）

rupicola roo-PIH-koh-luh
崖や岩棚に生える、例：Penstemon rupicola（イワブクロ属の亜低木）

rupifragus roo-pee-FRAG-us
rupifraga, rupifragum
岩を割る、例：Papaver rupifragum（ケシ属の多年草）

ruscifolius rus-kih-FOH-lee-us
ruscifolia, ruscifolium
ナギイカダ（Ruscus）のような葉の、例：Sarcococca ruscifolia（コッカノキ属の低木）

russatus russ-AH-tus
russata, russatum
赤褐色の、例：Rhododendron russatum（ツツジ属の低木）

russellianus russ-el-ee-AH-nus
russelliana, russellianum
植物学および園芸学の著書が多数ある第6代ベッドフォード公爵ジョン・ラッセル（1766–1839）への献名、例：Miltonia russelliana（ミルトニア属のラン）

Acer rufinerve、
snakebark maple
（ウリハダカエデ）

rusticanus rus-tik-AH-nus
rusticana, rusticanum
rusticus RUS-tih-kus
rustica, rusticum
田舎の、例：Armoracia rusticana（セイヨウワサビ）

ruta-muraria ROO-tuh-mur-AY-ree-uh
文字どおりには城壁に生えるヘンルーダ、例：Asplenium ruta-muraria（イチョウシダ）

ruthenicus roo-THEN-ih-kus
ruthenica, ruthenicum
ルテニア（ロシアの一部と東ヨーロッパの一部からなる歴史的地域）の、例：Fritillaria ruthenica（バイモ属の多年草）

rutifolius roo-tih-FOH-lee-us
rutifolia, rutifolium
ヘンルーダ（Ruta）のような葉の、例：Corydalis rutifolia（キケマン属の多年草）

rutilans ROO-til-lanz
赤みをおびた、例：Parodia rutilans（パロディア属のサボテン）

S

sabatius *sa-BAY-shee-us*
sabatia, sabatium
イタリアのサヴォーナの、例：*Convolvulus sabatius*（セイヨウヒルガオ属のつる性植物）

saccatus *sak-KAH-tus*
saccata, saccatum
袋のような、嚢状の、例：*Lonicera saccata*（スイカズラ属の低木）

saccharatus *sak-kar-RAH-tus*
saccharata, saccharatum
saccharinus *sak-kar-EYE-nus*
saccharina, saccharinum
甘い、砂糖をふりかけた、例：*Pulmonaria saccharata*（ベツレヘムセージ）

sacciferus *sak-IH-fer-us*
saccifera, sacciferum
袋を生じる、例：*Dactylorhiza saccifera*（ハクサンチドリ属の地生ラン）

sachalinensis *saw-kaw-lin-YEN-sis*
sachalinensis, sachalinense
ロシア沖のサハリン島産の、例：*Abies sachalinensis*（トドマツ）

sagittalis *saj-ih-TAH-lis*
sagittalis, sagittale
sagittatus *saj-ih-TAH-tus*
sagittata, sagittatum
矢じり形の、例：*Genista sagittalis*（ヒトツバエニシダ属の低木）

sagittifolius *sag-it-ih-FOH-lee-us*
sagittifolia, sagittifolium
矢じり形の葉の、例：*Sagittaria sagittifolia*（クワイ）

salicarius *sa-lih-KAH-ree-us*
salicaria, salicarium
ヤナギ（*Salix*）のような、例：*Lythrum salicaria*（エゾミソハギ）

salicariifolius *sa-lih-kar-ih-FOH-lee-us*
salicariifolia, salicariifolium
salicifolius *sah-lis-ih-FOH-lee-us*
salicifolia, salicifolium
ヤナギ（*Salix*）のような葉の、例：*Magnolia salicifolia*（タムシバ）

salicinus *sah-lih-SEE-nus*
salicina, salicinum
ヤナギ（*Salix*）のような、例：*Prunus salicina*（スモモ）

salicornioides *sal-eye-korn-ee-OY-deez*
アッケシソウ（*Salicornia*）に似た、例：*Hatiora salicornioides*（ハティオラ属のサボテン）

salignus *sal-LIG-nus*
saligina, saliginum
ヤナギ（*Salix*）のような、例：*Podocarpus salignus*（マキ属の高木）

salinus *sal-LY-nus*
salina, salinum
塩性地域の、例：*Carex salina*（ウシオスゲ）

生きているラテン語

この水生多年草の葉は、たしかにその名前 *sagittifolia*（矢じり形の葉を意味する）にふさわしい。塊茎は食用になり、中国ではご馳走とみなされている。伝統的に春節に食され、その中国語名［慈菇］は「慈悲深いキノコ」を意味する。

Sagittaria sagittifolia、arrowhead（クワイ）

ジョーゼフ・フッカー
(1817–1911)

　ジョーゼフ・ダルトン・フッカーは19世紀のイギリスのきわめて重要な植物学者にして植物収集者である。ヒマラヤのシャクナゲを紹介したことで、世界中の多くの有名な庭園の発展に寄与した。ジョーゼフ・フッカーが生まれたのはサフォーク州だが、父親のウィリアム・ジャクソン・フッカーがグラスゴー大学の植物学の教授に任命されると、フッカー家は北のスコットランドへ移った。ジョーゼフはグラスゴー大学で医学を勉強したが、早くからもっていた植物への興味をふくらませつづけた。

　1839年、ジョーゼフ・フッカーはイギリス政府の南極探検に参加し、外科医補兼植物学者としてジェームズ・クラーク・ロス船長のエレバス号に乗船した。4年におよんだこの探検のおもな任務は磁南極の位置を確定することだったが、フッカーには自生している経済的価値のある植物を同定し収集する任務もあたえられていた。エレバス号はマデイラ、喜望峰、タスマニア、ニュージーランド、オーストラリア、フォークランド諸島、南米の最南端といったさまざまな場所に停泊した。強風や氷山などが原因で緊張高まる出来事が数多く起こったものの、この航海はフッカーにとってその後の植物調査の探検のための重要な準備の機会になった。

　イングランドに帰還したのちフッカーは1847年にふたたび出発し、このときはインドへの植物収集の遠征だった。まずダージリンに基地を置き、勇敢なフッカーはゾウに乗ってソーン渓谷を探検し、途中で人喰いトラやワニに遭遇した。しかし、フッカーをもっとも苦しめ、最大の不快をもたらしたのは虫だったようで、なかでもひどかったのが「いまわしいダニ…それも小指の爪ほどの大きさの」だった。彼は次のように書いている。「今ではわたしはヒルは平気になり…ほかの健康に支障のなさそうな吸血動物もだいじょうぶだ。だが、ダニにはナンキンムシと同様、わたしを不快にさせるところがあり、それについてこうして書いているだけで虫ずが走る」

　インドですごした数年のあいだにフッカーは広く旅し、それにはガンジス川の航行やヒマラヤの山岳地帯の横断もふくまれていた。国境を越えてシッキムを旅しようとして、一種の国際問題をひき起こしたこともある。というのは、一緒に旅していた同国人の医師アーチボルド・キャンベルが現地人に捕らえられてしまったのである。フッカーは総督のダルハウジー卿に支援を要請し、ダルハウジーは侵入するつもりで一個連隊の兵士を国境へ派遣した。戦闘は避けられたが、結果としてシッキムはインドへ併合され、したがって大英帝国の一部になった。フッカーが*Magnolia campbellii*（モクレン属の高木）と命名したのは、キャンベルに敬意を表してのことである。帝国の探検家のやり方そのままに、なくてはならないガイドや護衛者をふくめ50人もの現地人の一隊とともに旅をするのは、フッカーにとって

19世紀の多くの植物学者と同様、フッカーもチャールズ・ダーウィンと親しく、彼の進化論の支持者だった。

はあたりまえのことだった。彼はロンドンのキュー植物園へ膨大な数の新しい植物を送った。フッカーのきわめて重要な発見に、*Rhododendron griffithianum* var. *aucklandii*や *R. edgeworthii*など、多くのシャクナゲがある。また、Himalayan woodland-poppy（ケシ科の多年草）を、インドで出会ったイギリスの役人ジェームズ・ファーガソン・カスカートにちなんで*Cathcartia villosa*と命名した。今日、*Meconopsis villosa*として栽培されているこの植物は、いまだに多くのガーデナーにとって憧れの的である。カスカートはスケッチを提供し、のちに画家のウォルター・フード・フィッチがこれをもとにフッカーの1855年の『ヒマラヤ植物図譜（Illustrations of Himalayan Plants）』の図版を制作した。ほかにインドですごした年月から生まれた出版物として、2巻からなる『ヒマラヤ紀行（Himalayan Journeys）』、『インド植物誌（*Flora Indica*）』、『シッキム・ヒマラヤのシャクナゲ（Rhododendrons of Sikkim-Himalaya）』がある。

母国においてはフッカーはキュー植物園の園長という権威ある地位につき、この職を20年つとめた。そしてこの役職は世襲のようになった。フッカーの前には彼の父親がこの地位についていたし、あとは義理の息子ウィリアム・ティスルトン＝ダイアー（フッカーの娘ハリエットと結婚していた）が継いだのである。チャールズ・ダーウィンの親しい友人だったフッカー（ダーウィンにその画期的な著書『種の起源』を発表するよう勧めた人々のひとりだった）は旅を続け、1870年代にはアメリカを訪れ、さまざまな場所の植物にかんする本を出した。たとえば『南極植物誌（*Flora Antarctica*）』、『ニュージーランド植物誌（*Flora Novae-Zelandiae*）』、『タスマニア植物誌（*Flora Tasmaniae*）』がある。もっと故郷に近いところでは、植物学者のジョージ・ベンサム（1800-84）との共著『植物の属（*Genera Plantarum*）』と、『イギリス植物誌便覧（Handbook of the British Flora）』を出した。後者は植物学を学ぶ者にとって一種のバイブルになり、何十年も使われて、たんに『ベンサムとフッカー（Bentham and Hooker）』とよばれた。長く立派な経歴ののち、フッカーは94歳という高齢で亡くなった。

Rhododendron dalhousiae（ツツジ属の低木）

フッカーがインドにいたときに収集したこのシャクナゲは、インド総督ダルハウジー卿の妻にちなんで命名された。クリームがかった白から淡黄色の大きな花をつけ、フッカーはこれをおしみなく称賛して「想像できるもっとも美しいもの」で「仲間のなかでもっとも気品のある種」だと表現した。

「キューでは彼ら（フッカー一族）の名はほかのどんな名前より尊敬され、彼らの影響はつねにこの植物園のすみずみまでいきわたり、キューにかかわりのあるあらゆる人にとってインスピレーションの源である」

ジョージ・テイラー、キュー植物園の園長（1956-71年在任）

saluenensis *sal-WEN-en-sis*
saluenensis, saluenense
中国のサルウィン川産の、例：*Camellia saluenensis*（サルウィンツバキ）

salviifolius *sal-vee-FOH-lee-us*
salviifolia, salviifolium
サルビアのような葉の、例：*Cistus salviifolius*（ゴジアオイ属の低木）

sambucifolius *sam-boo-kih-FOH-lee-us*
sambucifolia, sambucifolium
ニワトコ（*Sambucus*）のような葉の、例：*Rodgersia sambucifolia*（ヤグルマソウ属の多年草）

sambucinus *sam-byoo-ki-nus*
sambucina, sambucinum
ニワトコ（*Sambucus*）のような、例：*Rosa sambucina*（ヤマイバラ）

samius *SAM-ee-us*
samia, samium
ギリシアのサモス島の、例：*Phlomis samia*（オオキセワタ属の多年草）

sanctus *SANK-tus*
sancta, sanctum
神聖な、例：*Rhododendron sanctum*（ジングウツツジ）

sanderi *SAN-der-eye*
sanderianus *san-der-ee-AH-nus*
sanderiana, sanderianum
ドイツ生まれのイギリスの植物収集者で種苗業者そしてランの専門家ヘンリー・フレデリック・コンラッド・サンダー（1847-1920）への献名、例：*Dracaena sanderiana*（ギンヨウセンネンボク）

sanguineus *san-GWIN-ee-us*
sanguinea, sanguineum
血のように赤い、例：*Geranium sanguineum*（アケボノフウロ）

sapidus *sap-EE-dus*
sapida, sapidum
美味しい、例：*Rhopalostylis sapida*（ナガバハケヤシ）

saponarius *sap-oh-NAIR-ee-us*
saponaria, saponarium
石鹸のような、例：*Sapindus saponaria*（シャボンノキ）

sarcocaulis *sar-koh-KAW-lis*
sarcocaulis, sarcocaule
肉質茎の、例：*Crassula sarcocaulis*（ベンケイソウ科クラッスラ属の多肉植物）

sarcodes *sark-OH-deez*
肉状の、例：*Rhododendron sarcodes*（ツツジ属の植物）

sardensis *saw-DEN-sis*
sardensis, sardense
トルコのサルディス（現在のサルト）の、例：*Chionodoxa sardensis*（ヒメユキゲユリ）

sargentianus *sar-jen-tee-AH-nus*
sargentiana, sargentianum

sargentii *sar-JEN-tee-eye*
アメリカの林学者でハーヴァード大学アーノルド樹木園の園長チャールズ・スプレイグ・サージェント（1841-1927）への献名、例：*Sorbus sargentiana*（ナナカマド属の高木）

sarmaticus *sar-MAT-ih-kus*
sarmatica, sarmaticum
現在一部はポーランドに一部はロシアに属している歴史的領域サルマタイ産の、例：*Campanula sarmatica*（ホタルブクロ属の多年草）

sarmentosus *sar-men-TOH-sus*
sarmentosa, sarmentosum
ランナーを生じる、例：*Androsace sarmentosa*（ツルハナガタ）

sarniensis *sarn-ee-EN-sis*
sarniensis, sarniense
サーニア（ガーンジー）島産の、例：*Nerine sarniensis*（ガーンジーリリー）

sasanqua *suh-SAN-kwuh*
Camellia sasanqua（サザンカ）の和名より

sativus *sa-TEE-vus*
sativa, sativum
栽培された、例：*Castanea sativa*（ヨーロッパグリ）

saundersii *son-DER-see-eye*
チャールズ・サーンダーズ（1857-1935）などSaundersという名のさまざまな著名人を記念、例：*Pachypodium saundersii*（キョウチクトウ科パキポディウム属の多肉植物）

saxatilis *saks-A-til-is*
saxatilis, saxatile
岩場の、例：*Aurinia saxatilis*（イワナズナ）

saxicola *saks-IH-koh-luh*
岩場に生える、例：*Juniperus saxicola*（ビャクシン属の低木または小高木）

saxifraga *saks-ee-FRAH-gah*
岩を割る、例：*Petrorhagia saxifraga*（ハリナデシコ）

saxorum *saks-OR-um*
岩の、例：*Streptocarpus saxorum*（ウシノシタ属の多年草）

saxosus *saks-OH-sus*
saxosa, saxosum
岩ばかりの場所の、例：*Gentiana saxosa*（リンドウ属の多年草）

scaber *SKAB-er*
scabra, scabrum
ざらざらした［粗面の］、例：*Eccremocarpus scaber*（ノウゼンカズラ科エックレモカルプス属のつる性植物）

生きているラテン語

*sativus*は「栽培されている」という意味で、食材や医薬としての用途があるいくつもの植物の学名で使われている。*Crocus sativus*（サフラン）はその深紅色の柱頭が目的で栽培され、それを乾燥させたものが大いに珍重される高価なスパイス「サフラン」として販売される。*Cannabis sativa*（アサ）には悪名高い用途（マリファナ）もあるが、この1年草からは蛋白質に富む鳥の餌も生産される。きっと、野菜を栽培する人ならたいていの人が摘んだばかりの生の*Pisum sativum*（garden pea、エンドウ）の莢をむいて食べる喜びを味わったことがあるだろう。じつは、紀元前7800年というはるか昔にエンドウの野生の系統が採集されていて、長いあいだに選択によって改良され、今日エンドウとされているものになったのである。台所に目をやれば、うまく料理しようとすれば*Allium sativum*（garlic、ニンニク）が不可欠だし、*Oryza sativa*（イネ）はコメである。

Pisum sativum、garden pea（エンドウ）

scabiosus skab-ee-OH-sus
scabiosa, scabiosum
粗面の、疥癬の、例：*Centaurea scabiosa*（ヤグルマギク属の多年草）

scabiosifolius skab-ee-oh-sih-FOH-lee-us
scabiosifolia, scabiosifolium
マツムシソウ（*Scabiosa*）のような葉の、例：*Salvia scabiosifolia*（アキギリ属の多年草または亜低木）

scalaris skal-AH-ris
scalaris, scalare
梯子のような、例：*Sorbus scalaris*（ナナカマド属の低木または小高木）

scandens SKAN-denz
よじ登る、例：*Cobaea scandens*（ツルコベア）

scaposus ska-POH-sus
scaposa, scaposum
葉のない花茎がある、例：*Aconitum scaposum*（トリカブト属の多年草）

scariosus skar-ee-OH-sus
scariosa, scariosum
しなびた［乾いて薄膜状の］、例：*Liatris scariosa*（マツカサギク）

sceptrum SEP-trum
王笏のような、例：*Isoplexis sceptrum*（オオバコ科イソプレクシス属の低木）

schafta SHAF-tuh
Silene schafta（マンテマ属の多年草）のカスピ海地方の方言での名前

schidigera ski-DEE-ger-ruh
刺をもつ、例：*Yucca schidigera*（イトラン属の植物）

schillingii shil-LING-ee-eye
イギリスの植物栽培家トニー・シリング（1935生）への献名、例：*Euphorbia schillingii*（トウダイグサ属の多年草）

schizopetalus ski-zo-pe-TAY-lus
schizopetala, schizopetalum
裂けた花弁の、例：*Hibiscus schizopetalus*（フウリンブッソウゲ）

schizophyllus skits-oh-FIL-us
schizophylla, schizophyllum
裂けた葉の、例：*Syagurus schizophylla*（スジミココヤシ属のヤシ）

schmidtianus shmit-ee-AH-nus
schmidtiana, schmidtianum

schmidtii SHMIT-ee-eye
Schmidt（シュミット）という名のさまざまな著名な植物学者を記念、例：*Artemisia schmidtiana*（アサギリソウ）

schoenoprasum skee-no-PRAY-zum
チャイブ（*Allium schoenoprasum*）の小名で、ギリシア語で「イグサのようなニラネギ」という意味

schottii *SHOT-ee-eye*
アーサー・カール・ヴィクター・ショット（1814–75）など Schottという名のさまざまな博物学者を記念、例：*Yucca schottii*（イトラン属の植物）

schubertii *shoo-BER-tee-eye*
ドイツの博物学者ゴットヒルフ・フォン・シューベルト（1780–1860）への献名、例：*Allium schubertii*（ネギ属の多年草）

schumannii *shoo-MAHN-ee-eye*
ドイツの植物学者カール・モーリッツ・シューマン博士（1851–1904）への献名、例：*Abelia schumannii*（ツクバネウツギ属の低木）

scillaris *sil-AHR-is*
scillaris, scillare
Scilla（ツルボ属）のような、例：*Ixia scillaris*（アヤメ科イクシア属の小球茎植物）

scillifolius *sil-ih-FOH-lee-us*
scillifolia, scillifolium
Scilla（ツルボ属）のような葉の、例：*Roscoea scillifolia*（ショウガ科ロスコエア属の多年草）

Allium scorodoprasum、sand leek（ヒメニンニク）

scilloides *sil-OY-deez*
Scilla（ツルボ属）に似た、例：*Puschkinia scilloides*（ユリ科プシュキニア属の球根植物）

scilloniensis *sil-oh-nee-EN-sis*
scilloniensis, scilloniense
イギリスのシリー諸島産の、例：*Olearia* × *scilloniensis*（キク科オレアリア属の低木）

sclarea *SKLAR-ee-uh*
clarus（明るい、澄んだ）より、例：*Salvia sclarea*（オニサルビア）

sclerophyllus *skler-oh-FIL-us*
sclerophylla, sclerophyllum
硬い葉の、例：*Castanopsis sclerophylla*（シイ属の高木）

scolopendrius *skol-oh-PEND-ree-us*
scolopendria, scolopendrium
Asplenium scolopendrium（コタニワタリ）のギリシア語より、葉の裏側がヤスデやムカデ（ギリシア語で*skolopendra*）に似ているとされることから

scolymus *SKOL-ih-mus*
食べられる種類のアザミつまりアーティチョークのギリシア語より、例：*Cynara scolymus*（アーティチョーク）

scoparius *sko-PAIR-ee-us*
scoparia, scoparium
箒のような、例：*Cytisus scoparius*（エニシダ）

scopulorum *sko-puh-LOR-um*
岩山あるいは崖の、例：*Cirsium scopulorum*（アザミ属の多年草）

scorodoprasum *skor-oh-doh-PRAY-zum*
ニラネギとニンニクのあいだの植物のギリシア語名、例：*Allium scorodoprasum*（ヒメニンニク）

scorpioides *skor-pee-OY-deez*
サソリの尾に似た、例：*Myosotis scorpioides*（シンワスレナグサ）

scorzonerifolius *skor-zon-er-ih-FOH-lee-us*
scorzonerifolia, scorzonerifolium
Scorzonera（フタナミソウ属）のような葉の、例：*Allium scorzonerifolium*（ネギ属の多年草）

scoticus *SKOT-ih-kus*
scotica, scoticum
スコットランドの、例：*Primula scotica*（スコティッシュプリムローズ）

scouleri *SKOOL-er-ee*
スコットランドの植物学者ジョン・スクーラー博士（1804–71）への献名、例：*Hypericum scouleri*（オトギリソウ属の多年草）

scutatus *skut-AH-tus*
scutata, scutatum
scutellaris *skew-tel-AH-ris*
scutellaris, scutellare
scutellatus *skew-tel-LAH-tus*
scutellata, scutellatum
盾または大皿のような形をした、例：*Rumex scutatus*（テガタスイバ）

secundatus *see-kun-DAH-tus*
secundata, secundatum
secundiflorus *sek-und-ee-FLOR-us*
secundiflora, secundiflorum
secundus *se-KUN-dus*
secunda, secundum
葉または花が柄の片側だけにつく、例：*Echeveria secunda*（ベンケイソウ科エチェベリア属の多肉植物）

seemannianus *see-mahn-ee-AH-nus*
seemanniana, seemannianum
seemannii *see-MAN-ee-eye*
ドイツの植物収集者バートホルト・カール・ジーマン（1825-71）への献名、例：*Hydrangea seemannii*（アジサイ属のつる性植物）

segetalis *seg-UH-ta-lis*
segetalis, segetale
segetum *seg-EE-tum*
穀物畑の、例：*Euphorbia segetalis*（トウダイグサ属の1年草または越年草）

selaginoides *sel-ag-ee-NOY-deez*
Selaginella（イワヒバ属）に似た、例：*Athrotaxis selaginoides*（タスマニアスギ）

selloanus *sel-lo-AH-nus*
selloana, selloanum
19世紀のドイツの探検家で植物収集者フリードリヒ・ゼロへの献名、例：*Cortaderia selloana*（シロガネヨシ）

semperflorens *sem-per-FLOR-enz*
四季咲きの、例：*Grevillea × semperflorens*（ハゴロモノキ属の低木）

sempervirens *sem-per-VY-renz*
常緑の、例：*Lonicera sempervirens*（ツキヌキニンドウ）

sempervivoides *sem-per-vi-VOY-deez*
Sempervivum（クモノスバンダイソウ属）に似た、
例：*Androsace sempervivoides*（トチナイソウ属の小型草本）

senegalensis *sen-eh-gal-EN-sis*
senegalensis, senegalense
アフリカのセネガル産の、例：*Persicaria senegalensis*（イヌタデ属の多年草）

senescens *sen-ESS-enz*
老いるように見える（すなわち白または灰色の）、例：*Allium senescens*（セッカヤマネギ）

生きているラテン語

Buxus sempervirens（セイヨウツゲ）は小さな常緑の葉が密集しており、背の低い生垣として申し分ない選択肢である。この植物は昔からハーブガーデンやノットガーデン［ツゲや矮性植物を使って結び目模様を描いた装飾庭園］の縁どりに使われている（*sempervirens*は「常緑の」という意味）。トピアリー［刈りこんで造形的な形にした樹木］にも使われ、刈りこまないで放っておくと成長して小高木になる。

Buxus sempervirens、
common box（セイヨウツゲ）

senilis *SEE-nil-is*
senilis, senile
白い毛がある、例：*Rebutia senilis*（レブティア属のサボテン）

sensibilis *sen-si-BIL-is*
sensibilis, sensibile
sensitivus *sen-si-TEE-vus*
sensitiva, sensitivum
光や接触に敏感な、例：*Onoclea sensibilis*（コウヤワラビ）

sepium *SEP-ee-um*
生垣にそって生える、例：*Calystegia sepium*（ヒロハヒルガオ）

sept-
7を意味する接頭語

SEMPERVIVUM（センペルヴィヴム）

　Crassulaceae（ベンケイソウ科）に属す長命な*Sempervivum*（クモノスバンダイソウ属）の名前は、*semper*（つねに）と*vivus*（生きている）というラテン語に由来する。したがって、そのさまざまな普通名のひとつにlive-forever［「永遠に生きる」］という名前があっても驚くにはあたらないが、ちょっとよくわからないのが、さまざまなセンペルヴィヴムにhen and chickensという名前が使われていることである（このhen［雌鶏］は親植物をさすのに対し、chickens［ひな］はそれから分かれたものをさす）。
　センペルヴィヴムのもっともふつうに使われる名前がhouseleekで、これはとくに*Sempervivum tectorum*（ヤネバンダイソウ）のことをいう。*tectorum*は家の屋根のことで、この植物で住まいの屋根瓦を覆うと、落雷から守ってくれるといわれている。しかし、それを他人に屋根から摘みとられると、恐ろしい不幸、死さえもたらされることがあるという。このような関連づけは古代にまでさかのぼり、北欧の雷神トールやローマの神ユピテルと結びついている。このため、Jupiter's beard、Jupiter's eye、ドイツ語名Donnersbart（雷の髭）といった名前がある。もっと最近では、センペルヴィヴムに抗炎症作用があるという主張がなされている。これらの植物は虫さされの痛みをやわらげるために塗られるだけでなく、不眠症から視力のおとろえまであらゆることの治療薬として使われてきた。*S. arachnoideum*はその名が示すようにcobweb houseleek（クモノスバンダイソウ）である（*arachnoideus, arachnoidea, arachnoideum*、クモ

Sempervivum tectorum（common houseleek、ヤネバンダイソウ）の立ち上がり密生した赤い花。

Sempervivum arachnoideum（クモノスバンダイソウ）のクモの巣のような毛。

の巣に似た）。
　この属には非常に多くの種といくつもの園芸品種があり、耐寒性および半耐寒性の常緑の多肉植物である。密集した光沢のある群葉から立ち上がった花茎の先が枝分かれして星形の花がつく。ロックガーデン、壁の割れ目、屋根瓦の隙間のような乾いた場所でよく生育し、うまい具合に日あたりのよい場所であれば急速に広がる。最良の結果を得るため、水はけを改善する必要があれば粗砂をくわえてみるとよい。

septemfidus *sep-TEM-fee-dus*
septemfida, septemfidum
7裂の、例：*Gentiana septemfida*（ナツリンドウ）

septemlobus *sep-tem-LOH-bus*
septemloba, septemlobum
7裂片の、例：*Primula septemloba*（サクラソウ属の多年草）

septentrionalis *sep-ten-tree-oh-NAH-lis*
septentrionalis, septentrionale
北方産の、例：*Beschorneria septentrionalis*（リュウゼツラン科ベショルネリア属の多年草）

sericanthus *ser-ee-KAN-thus*
sericantha, sericanthum
絹毛で覆われた花の、例：*Philadelphus sericanthus*（バイカウツギ属の低木）

sericeus *ser-IK-ee-us*
sericea, sericeum
絹毛で覆われた、例：*Rosa sericea*（バラ属の低木）

serotinus *se-roh-TEE-nus*
serotina, serotinum
遅咲きあるいは晩生の、例：*Iris serotina*（アヤメ属の多年草）

serpens *SUR-penz*
匍匐する、例：*Agapetes serpens*（ツツジ科アガペテス属の小低木）

serpyllifolius *ser-pil-ly-FOH-lee-us*
serpyllifolia, serpyllifolium
ヨウシュイブキジャコウソウ（*Thymus serpyllum*）のような葉の、例：*Arenaria serpyllifolia*（ノミノツヅリ）

serpyllum *ser-PIE-lum*
タイム（*Thymus*）の一種をさすギリシア語より、例：*Thymus serpyllum*（ヨウシュイブキジャコウソウ）

serratifolius *sair-rat-ih-FOH-lee-us*
serratifolia, serratifolium
鋸歯がある葉の、例：*Photinia serratifolia*（オオカナメモチ）

serratus *sair-AH-tus*
serrata, serratum
葉縁に小さな歯がある［鋸歯状の］、例：*Zelkova serrata*（ケヤキ）

serrulatus *ser-yoo-LAH-tus*
serrulata, serrulatum,
葉縁に細かな鋸歯がある［小鋸歯状の］、例：*Enkianthus serrulatus*（ドウダンツツジ属の低木または小高木）

sesquipedalis *ses-kwee-ped-AH-lis*
sesquipedalis, sesquipedale
長さ約45センチ［文字どおりには1フィート半の］、例：*Angraecum sesquipedale*（アングラエクム属の着生ラン）

sessili-
柄がないことを意味する接頭語

Angraecum sesquipedale、star of Bethlehem orchid、Darwin's orchid
（アングラエクム属の着生ラン）

sessiliflorus *sess-il-ee-FLOR-us*
sessiliflora, sessililforum
無柄花の、例：*Libertia sessiliflora*（アヤメ科リベルティア属の多年草）

sessilifolius *ses-ee-lee-FOH-lee-us*
sessilifolia, sessilifolium
無柄葉の、例：*Uvularia sessilifolia*（ユリ科ウーウラリア属の多年草）

sessilis *SES-sil-is*
sessilis, sessile
無柄の、例：*Trillium sessile*（エンレイソウ属の多年草）

setaceus *se-TAY-see-us*
setacea, setaceum
剛毛がある、例：*Pennisetum setaceum*（ファウンテングラス）

setchuenensis *sech-yoo-en-EN-sis*
setchuenensis, setchuenense
中国四川省産の、例：*Deutzia setchuenensis*（ウツギ属の低木）

seti-
剛毛があることを意味する接頭語

setiferus *set-IH-fer-us*
setifera, setiferum
剛毛がある、例：*Polystichum setiferum*（イノデ属のシダ植物）

setifolius *set-ee-FOH-lee-us*
setifolia, setifolium
剛毛が生えた葉をもつ、例：*Lathyrus setifolius*（レンリソウ属の1年草）

setiger *set-EE-ger*
setigerus *set-EE-ger-us*
setigera, setigerum
剛毛をもつ、例：*Gentiana setigera*（リンドウ属の多年草）

生きているラテン語

このピンクのよじ登り植物 *Rosa setigera* の種小名は、茎の上から下まで散在する剛毛状の刺のことをいっている。原産地はアメリカのミズーリ州で、開張性の低木またはよじ登り植物として栽培され、*Rosa canina*（カニナバラ）の花に似たシンプルな一重の花をつける。

Rosa setigera、climbing prairie rose（バラ属の低木）

---

setispinus *set-i-SPIN-us*
setispina, setispinum
剛毛状の刺がある、例：*Thelocactus setispinus*（テロカクトゥス属のサボテン）

setosus *set-OH-sus*
setosa, setosum
剛毛が多い、例：*Iris setosa*（ヒオウギアヤメ）

setulosus *set-yoo-LOH-sus*
setulosa, setulosum
小さな剛毛が多い、例：*Salvia setulosa*（サルビア・セツロサ）

sex-
6を意味する接頭語

sexangularis *seks-an-gew-LAH-ris*
sexangularis, sexangulare
六角の、例：*Sedum sexangulare*（マンネングサ属の多年草）

sexstylosus *seks-sty-LOH-sus*
sexstylosa, sexstylosum
6花柱の、例：*Hoheria sexstylosa*（アオイ科ホヘリア属の低木または小高木）

sherriffii *sher-RIF-ee-eye*
スコットランドの植物収集者ジョージ・シェリフ（1898-1967）への献名、例：*Rhododendron sherriffii*（ツツジ属の低木）

shirasawanus *shir-ah-sa-WAH-nus*
shirasawana, shirasawanum
日本の植物学者の白沢保美（1868-1947）への献名、例：*Acer shirasawanum*（オオイタヤメイゲツ）

sibiricus *sy-BEER-ih-kus*
sibirica, sibiricum
シベリアの、例：*Iris sibirica*（コアヤメ）

sichuanensis *sy-CHOW-en-sis*
sichuanensis, sichuanense
中国四川省産の、例：*Cotoneaster sichuanensis*（シャリントウ属の低木）

siculus *SIK-yoo-lus*
sicula, siculum
イタリアのシチリア産の、例：*Nectaroscordum siculum*（ユリ科ネクタロスコルドゥム属の多年草）

sideroxylon *sy-der-oh-ZY-lon*
鉄のような材、例：*Eucalyptus sideroxylon*（アカゴムノキ）

sieberi *sy-BER-ee*
プラハ生まれの植物学者で植物収集者フランツ・シーバー（1789-1844）への献名、例：*Crocus sieberi*（クロッカス属の球茎植物）

sieboldianus *see-bold-ee-AH-nus*
sieboldiana, sieboldianum
sieboldii *see-bold-ee-eye*
ドイツの医師で日本で植物を収集したフィリップ・フォン・シーボルト（1796-1866）への献名、例：*Magnolia sieboldii*（オオバオオヤマレンゲ）

signatus *sig-NAH-tus*
signata, signatum
はっきりした印のある、例：*Saxifraga signata*（ユキノシタ属の多年草）

sikkimensis *sik-im-EN-sis*
sikkimensis, sikkimense
インドのシッキム産の、例：*Euphorbia sikkimensis*（トウダイグサ属の多年草）

siliceus *sil-ee-SE-us*
silicea, siliceum
砂地に生える、例：*Astragalus siliceus*（ゲンゲ属の多年草）

siliquastrum *sil-ee-KWAS-trum*
莢をもつある植物の古代ローマの名前、例：*Cercis siliquastrum*（セイヨウハナズオウ）

silvaticus *sil-VAT-ih-kus*
silvatica, silvaticum
silvestris *sil-VES-tris*
silvestris, silvestre
森林に生える、例：*Polystichum silvaticum*（イノデ属のシダ植物）

similis *SIM-il-is*
similis, simile
類似の、同様の、例：*Lonicera similis*（スイカズラ属のつる性低木）

simplex *SIM-plecks*
単一の、枝がない、例：*Actaea simplex*（サラシナショウマ）

simplicifolius *sim-plik-ih-FOH-lee-us*
simplicifolia, simplicifolium
単葉の、例：*Astilbe simplicifolia*（ヒトツバショウマ）

simulans *sim-YOO-lanz*
似ている、例：*Calochortus simulans*（ユリ科カロコルトゥス属の多年草）

sinensis *sy-NEN-sis*
sinensis, sinense
中国産の、例：*Corylopsis sinensis*（トサミズキ属の低木）

sinicus *SIN-ih-kus*
sinica, sinicum
中国の、例：*Amelanchier sinica*（ザイフリボク属の高木）

sinuatus *sin-yoo-AH-tus*
sinuata, sinuatum
波状縁の、例：*Salpiglossis sinuata*（サルメンバナ）

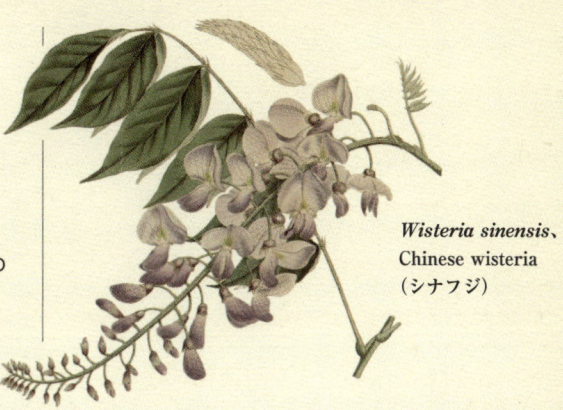

Wisteria sinensis、Chinese wisteria（シナフジ）

siphiliticus *sigh-fy-LY-tih-kus*
siphilitica, siphiliticum
梅毒の［梅毒に効くといわれたことから］、例：*Lobelia siphilitica*（オオロベリアソウ）

sitchensis *sit-KEN-sis*
sitchensis, sitchense
アラスカのシトカ産の、例：*Sorbus sitchensis*（ナナカマド属の低木）

skinneri *SKIN-ner-ee*
スコットランドの植物収集者ジョージ・ユーア・スキナー（1804-67）への献名、例：*Cattleya skinneri*（カトレア属のラン）

smilacinus *smil-las-SY-nus*
smilacina, smilacinum
Smilax（サルトリイバラ属）の、例：*Disporum smilacinum*（チゴユリ）

smithianus *SMITH-ee-ah-nus*
smithiana, smithianum
smithii *SMITH-ee-eye*
ジェームズ・エドワード・スミス（1759-1828）など何人かのSmithという名の人物を記念、例：*Senecio smithii*（キオン属の多年草）

soboliferus *soh-boh-LIH-fer-us*
sobolifera, soboliferum
出根する匍匐茎をもつ、例：*Geranium soboliferum*（アサマフウロ）

socialis *so-KEE-ah-lis*
socialis, sociale
集団を形成する、例：*Crassula socialis*（ベンケイソウ科クラッスラ属の多肉植物）

solidus *SOL-id-us*
solida, solidum
中身のつまった、密な、例：*Corydalis solida*（キケマン属の多年草）

somaliensis *soh-mal-ee-EN-sis*
somaliensis, somaliense
アフリカのソマリア産の、例：*Cyanotis somaliensis*（アラゲツユクサ属の多年草）

somniferus *som-NIH-fer-us*
somnifera, somniferum
催眠性がある、例：*Papaver somniferum*（ケシ）

sonchifolius *son-chi-FOH-lee-us*
sonchifolia, sonchifolium
Sonchus（ノゲシ属）のような葉の、例：*Francoa sonchifolia*（ブライダルリース）

sorbifolius *sor-bih-FOH-lee-us*
sorbifolia, sorbifolium
ナナカマド（*Sorbus*）のような葉の、例：*Xanthoceras sorbifolium*（ブンカンカ）

sordidus *SOR-deh-dus*
sordida, sordidum
汚れたような、例：*Salix × sordida*（ヤナギ属の低木）

soulangeanus *soo-lan-jee-AH-nus*
soulangeana, soulangeanum
フランスの外交官でフランス王立農業学会（現在のフランス農業アカデミー）の幹事をつとめ*Magnolia × soulangeana*（モクレン属の高木）を育成したエティエンヌ・スーランジュ＝ボダン（1774-1846）を記念

spachianus *spak-ee-AH-nus*
spachiana, spachianum
フランスの植物学者エドゥアール・スパーシュ（1801-79）への献名、例：*Genista × spachiana*（ヒトツバエニシダ属の低木）

sparsiflorus *spar-see-FLOR-us*
sparsiflora, sparsiflorum
まばらな花の、散生花の、例：*Lupinus sparsiflorus*（ルピナス属の1年草）

spathaceus *spath-ay-SEE-us*
spathacea, spathaceum
仏炎苞がある、仏炎苞状の、例：*Salvia spathacea*（ハミングバードセージ）

spathulatus *spath-yoo-LAH-tus*
spathulata, spathulatum
へら形の、端が広がって扁平になった、例：*Aeonium spathulatum*（ベンケイソウ科アエオニウム属の多肉植物）

speciosus *spee-see-OH-sus*
speciosa, speciosum
人目を引く、例：*Ribes speciosum*（スグリ属の低木）

spectabilis *speck-TAH-bih-lis*
spectabilis, spectabile
壮観な、人目を引く、例：*Sedum spectabile*（オオベンケイソウ）

sphaericus *SFAY-rih-kus*
sphaerica, sphaericum
球形の、例：*Mammillaria sphaericus*（イボサボテン属のサボテン）

sphaerocarpos *sfay-ro-KAR-pus*
sphaerocarpa, sphaerocarpum
丸い果実の、例：*Medicago sphaerocarpos*（ウマゴヤシ属の1年草）

sphaerocephalon *sfay-ro-SEF-uh-lon*
sphaerocephalus *sfay-ro-SEF-uh-lus*
sphaerocephala, sphaerocephalum
丸い頭の、例：*Allium sphaerocephalon*（ネギ属の多年草）

spicant *SPIK-ant*
由来がはっきりしない言葉、おそらく穂や房を意味する*spica*のドイツ語訛り、例：*Blechnum spicant*（ヒリュウシダ属のシダ植物）

spicatus *spi-KAH-tus*
spicata, spicatum
穂状花序をなす、例：*Mentha spicata*（オランダハッカ）

Papaver somniferum（八重咲き品種）、opium poppy（ケシ）

spiciformis, *spiciforme*
穂の形をした、例：*Celastrus spiciformis*（ツルウメモドキ属の低木）

spicigerus *spik-EE-ger-us*
spicigera, spicigerum
穂状花序を生じる、例：*Justicia spicigera*（キツネノマゴ属の亜低木）

spiculifolius *spik-yoo-lih-FOH-lee-us*
spiculifolia, spiculifolium
小さな針状の葉をもつ、例：*Erica spiculifolia*（エリカ属の低木）

spinescens *spy-NES-enz*
spinifex *SPIN-ee-feks*
spinosus *spy-NOH-sus*
spinosa, spinosum
刺がある、例：*Acanthus spinosus*（トゲハアザミ）

spinosissimus *spin-oh-SIS-ih-mus*
spinosissima, spinosissimum
刺が非常に多い、例：*Rosa spinosissima*（スコッチローズ）

spinulosus *spin-yoo-LOH-sus*
spinulosa, spinulosum
小さな刺がある、例：*Woodwardia spinulosa*（コモチシダ属のシダ植物）

spiralis *spir-AH-lis*
spiralis, spirale
螺旋形の、例：*Macrozamia spiralis*（ネジレオニザミア）

splendens *SPLEN-denz*
splendidus *splen-DEE-dus*
splendida, splendidum
光り輝いた、例：*Fuchsia splendens*（フクシア属の低木）

sprengeri *SPRENG-er-ee*
ドイツの植物学者で植物栽培家でもあり、多くの新しい植物を育成および導入したカール・ルートヴィヒ・シュプレンガー（1846–1917）への献名、例：*Tulipa sprengeri*（チューリップ属の球根植物）

spurius *SPEW-eee-us*
spuria, spurium
偽の、擬似の、例：*Iris spuria*（アヤメ属の多年草）

squalidus *SKWA-lee-dus*
squalida, squalidum
汚れたような、すすけた、例：*Leptinella squalida*（キク科レプティネラ属の多年草）

squamatus *SKWA-ma-tus*
squamata, squamatum
小さな鱗状の葉または苞葉がある、例：*Juniperus squamata*（ニイタカビャクシン）

squamosus *skwa-MOH-sus*
squamosa, squamosum
多くの鱗片がある、例：*Annona squamosa*（バンレイシ）

Rosa spinosissima var. *luteola*、burnet rose（バラ属の低木）

squarrosus *skwa-ROH-sus*
squarrosa, squarrosum
先端に広がるか湾曲する部分がある、例：*Dicksonia squarrosa*（ディクソニア属の木生シダ）

stachyoides *stah-kee-OY-deez*
イヌゴマ（*Stachys*）に似た、例：*Buddleja stachyoides*（フジウツギ属の低木）

stamineus *stam-IN-ee-us*
staminea, stamineum
雄ずいが顕著な、例：*Vaccinium stamineum*（スノキ属の低木）

standishii *stan-DEE-shee-eye*
ロバート・フォーチュンが収集した植物を育てたイギリスの種苗業者ジョン・スタンディッシュ（1814–75）への献名、例：*Lonicera standishii*（スイカズラ属の低木）

stans *stanz*
直立した、例：*Clematis stans*（クサボタン）

stapeliiformis *sta-pel-ee-ih-FOR-mis*
stapeliiformis, stapeliiforme
Stapelia（ガガイモ科スタペリア属）のような、例：*Ceropegia stapeliiformis*（キョウチクトウ科ケロペギア属の多肉な多年草）

stellaris *stell-AH-ris*
stellaris, stellare
stellatus *stell-AH-tus*
stellata, stellatum
星形の、例：*Magnolia stellata*（シデコブシ）

steno-
幅が狭いことを意味する接頭語

stenocarpus *sten-oh-KAR-pus*
stenocarpa, stenocarpum
狭い果実の、例：*Carex stenocarpa*（スゲ属の多年草）

stenopetalus *sten-oh-PET-al-lus*
stenopetala, stenopetalum
狭い花弁の、例：*Genista stenopetala*（ヒトツバエニシダ属の低木）

stenophyllus *sten-oh-FIL-us*
stenophylla, stenophyllum
狭い葉の、例：*Berberis × stenophylla*（メギ属の低木）

stenostachyus *sten-oh-STAK-ee-us*
stenostachya, stenostachyum
狭い穂の、例：*Buddleja stenostachya*（フジウツギ属の低木）

Tulipa clusiana var. *stellata*
（チューリップ属の球根植物）

sterilis *STER-ee-lis*
sterilis, sterile
不稔の、実を結ばない、例：*Potentilla sterilis*（キジムシロ属の多年草）

sternianus *stern-ee-AH-nus*
sterniana, sternianum
sternii *STERN-ee-eye*
イギリスの園芸家で作家、とくに白亜での園芸に関心をもっていたフレデリック・クロード・スターン（1884–1967）への献名、例：*Cotoneaster sternianus*（シャリントウ属の低木）

stipulaceus *stip-yoo-LAY-see-us*
stipulacea, stipulaceum
stipularis *stip-yoo-LAH-ris*
stipularis, stipulare
stipulatus *stip-yoo-LAH-tus*
stipulata, stipulatum
托葉がある、例：*Oxalis stipularis*（カタバミ属の多年草）

stoechas *STOW-kas*
Lavandula stoechas（フレンチラヴェンダー）のギリシア語名で、列をなしていることを意味する*stoichas*より

stoloniferus *sto-lon-IH-fer-us*
stolonifera, stoloniferum
出根するランナーがある［ストロンがある］、例：*Saxifraga stolonifera*（ユキノシタ）

strepto-
ねじれていることを意味する接頭語

streptophyllus *strep-toh-FIL-us*
streptophylla, streptophyllum
ねじれた葉の、例：*Ruscus streptophyllum*（ナギイカダ属の半木本性多年草）

striatus *stree-AH-tus*
striata, striatum
縞模様がある、例：*Bletilla striata*（シラン）

strictus *STRIK-tus*
stricta, strictum
剛直の、直立した、例：*Penstemon strictus*（イワブクロ属の多年草）

strigosus *strig-OH-sus*
strigosa, strigosum
硬い剛毛がある、例：*Rubus strigosus*（アメリカンレッドラズベリー）

striolatus *stree-oh-LAH-tus*
striolata, striolatum
細かい縞あるいは線条がある、例：*Dendrobium striolatum*（デンドロビウム・ストリオラツム）

strobiliferus *stroh-bil-IH-fer-us*
strobilifera, strobiliferum
球果を生じる、例：*Epidendrum strobiliferum*（エピデンドルム属の着生ラン）

STREPTOCARPUS（ストレプトカーパス）

strepto- という接頭語は、ねじれていることを示す複合語で使われる。たとえば、ねじれた花弁をもつ植物を表現する *streptopetalus* (*streptopetala, streptopetalum*) という語がある。ほかにも同様に、*streptophyllus* (*streptophylla, streptophyllum*) はねじれた葉を、*streptosepalus* (*streptosepala, streptosepalum*) はねじれた萼片をもつことを意味する。一般に Cape primrose とよばれる愛らしい花がたくさん咲く植物の蒴果は螺旋状にねじれ、この特徴からその属名 *Streptocarpus*（ウシノシタ属）がつけられた。*streptocarpus* の文字どおりの意味は「ねじれた果実をもつ」で、ギリシア語のねじれていることを意味する *streptos* と果物を意味する *karpos* に由来する。

ウシノシタ属は *Gesneriaceae*（イワタバコ科）に属し、原産地はアフリカの南部および東部で、本来の生育場所は湿った森林である。これらの植物は明るい条件を好むが、一日中日があたるところはよくない。多年草だが比較的冷涼な地域では寒さに耐えられず、室内用鉢植え植物として育てるか、霜の降りない温室で栽培する必要がある。いくつかの種は葉がロゼット化してそれから花茎が抽出するが、*Streptocarpus dunnii* や *S. wendlandii*（ウシノシタ）などはかなり奇妙で、大きな葉を1枚だけ生じてこの葉が一生ずっと成長しつづける。*S. dunnii* は南アフリカのケープタウン出身のE・ダンという人物により19世紀末にトランスバールで発見されたため、彼に敬意を表してその名がつけられた。一方 *wendlandii* は、代々ハノーファーのヘレンハウゼン王宮庭園の園長をつとめた有名なドイツ人植物学者の一族にちなんでつけられた。ほかに、その青い花にちなんで命名された *S. cyaneus*、花がよくつく性

この植物のグループは長期にわたって多数の花をつけ、さまざまな色のものが入手できる。

葉を1枚しか生じないストレプトカーパスの例。

質を表している *S. floribunda*、本来の生育地が森林であることを示している *S. silvaticus* などの種がある（*cyaneus, cyanea, cyaneum* は青、*floribundus, floribunda, floribundum* は花が非常に多く咲くこと、*silvaticus, silvatica, silvaticum* は森に生えることを意味する）。

ほかに *strepto-* という接頭語がつく植物に *Streptopus*（タケシマラン属）がある。*Liliaceae*（ユリ科）に属し、この漿果がなる植物には clasping twisted stalk, claspleaf twisted stalk, white twisted stalk など、さまざまな普通名がある（*pous* は足を意味するギリシア語［足は柄を意味し、*Streptopus* は花柄がねじれて花が下向きにつくことから］）。また、*Streptosolen*（marmalade bush、ナス科ストレプトソレン属）はその花冠の筒状部がねじれていることにちなんで名づけられた（*solen* は筒を意味する）。

strobus *STROH-bus*
旋回運動を意味するギリシア語 *strobos*（ちなみにギリシア語の *strobilos* は松かさ）、あるいはプリニウスが書いているある種の香木のラテン語 *strobus* より、例：*Pinus strobus*（ストローブマツ）

strumosus *stroo-MOH-sus*
strumosa, strumosum
クッション状のふくらみがある、例：*Nemesia strumosa*（ウンランモドキ）

struthiopteris *struth-ee-OP-ter-is*
ダチョウの翼のような、例：*Matteuccia struthiopteris*（クサソテツ）

stygianus *sty-jee-AH-nuh*
stygiana, stygianum
暗い、例：*Euphorbia stygiana*（トウダイグサ属の低木）

生きているラテン語

Pinus strobus（ストローブマツ）の小名は、このかなり大型の常緑樹がつける大きな松かさのことをいっている。アメリカ北東部原産で、ほかに northern white pine や soft pine といった普通名があるが、イギリスでは Weymouth pine とよばれることもある［ストローブマツをイギリスにもたらした探検家ジョージ・ウェイマスにちなむ］。

Pinus strobus、
eastern white pine（ストローブマツ）

---

stylosus *sty-LOH-sus*
stylosa, stylosum
花柱が顕著な、例：*Rosa stylosa*（バラ属の低木）

styracifluus *sty-rak-IF-lu-us*
styraciflua, styracifluum
樹脂を生産する、エゴノキのギリシア語名 *styrax* より［セイヨウエゴノキからストラックスとよばれる樹脂がとれ、薬用や香料に用いられた］、例：*Liquidambar styraciflua*（モミジバフウ）

suaveolens *swah-vee-OH-lenz*
甘い芳香がある、例：*Brugmansia suaveolens*（キダチチョウセンアサガオ）

suavis *SWAH-vis*
suavis, suave
甘い、甘い香りがする、例：*Asperula suavis*（クルマバソウ属の草本）

sub-
ほとんど、一部、わずかに、やや、下のといったさまざまな意味を示す接頭語

subacaulis *sub-a-KAW-lis*
subacaulis, subacaule
あまり茎がない、例：*Dianthus subacaulis*（ナデシコ属の多年草）

subalpinus *sub-al-PY-nus*
subalpina, subalpinum
山岳地帯の比較的低いところに生える［亜高山の］、例：*Viburnum subalpinum*（ガマズミ属の低木）

subcaulescens *sub-kawl-ESS-enz*
小さな茎の、例：*Geranium subcaulescens*（フウロソウ属の多年草）

subcordatus *sub-kor-DAH-tus*
subcordata, subcordatum
やや心臓形の、例：*Alnus subcordata*（ハンノキ属の高木）

suberosus *sub-er-OH-sus*
suberosa, suberosum
コルク質の樹皮をもつ、例：*Scorzonera suberosa*（フタナミソウ属の多年草）

subhirtellus *sub-hir-TELL-us*
subhirtella, subhirtellum
やや有毛の、例：*Prunus × subhirtella*（コヒガン）

submersus *sub-MER-sus*
submersa, submersum
水中に沈んだ、例：*Ceratophyllum submersum*（セイロンマツモ）

subsessilis *sub-SES-sil-is*
subsessilis, subsessile
固定された［柄がほとんどない］、例：*Nepeta subsessilis*（ミソガワソウ）

subterraneus *sub-ter-RAY-nee-us*
subterranea, subterraneum
地下の、例：*Parodia subterranea*（パロディア属のサボテン）

subtomentosus *sub-toh-men-TOH-sus*
subtomentosa, subtomentosum
ほぼ毛に覆われた、例：*Rudbeckia subtomentosa*（オオハンゴンソウ属の多年草）

subulatus *sub-yoo-LAH-tus*
subulata, subulatum
錐または針形の、例：*Phlox subulata*（シバザクラ）

subvillosus *sub-vil-OH-sus*
subvillosa, subvillosum
やや軟毛がある、例：*Begonia subvillosa*（ベゴニア属の多年草）

succulentus *suk-yoo-LEN-tus*
succulenta, succulentum
多肉質の、多汁の、例：*Oxalis succulenta*（カタバミ属の多年草）

suffrutescens *suf-roo-TESS-enz*
suffruticosus *suf-roo-tee-KOH-sus*
suffruticosa, suffruticosum
亜低木状の、例：*Paeonia suffruticosa*（ボタン）

sulcatus *sul-KAH-tus*
sulcata, sulcatum
溝がある、例：*Rubus sulcatus*（キイチゴ属の低木）

sulphureus *sul-FER-ee-us*
sulphurea, sulphureum
硫黄色の、例：*Lilium sulphureum*（ユリ属の多年草）

suntensis *sun-TEN-sis*
suntensis, suntense
イギリスのサセックスのサント・ハウスにちなむ、例：*Abutilon × suntense*（イチビ属の低木）

superbiens *soo-PER-bee-enz*
superbus *soo-PER-bus*
superba, superbum
並はずれてよい、例：*Salvia × superba*（アキギリ属の多年草）

supinus *sup-EE-nus*
supina, supinum
平伏した［匍匐性の］、例：*Verbena supina*（クマツヅラ属の多年草）

surculosus *sur-ku-LOH-sus*
surculosa, surculosum
地下匍匐枝を生じる、例：*Dracaena surculosa*（ホシセンネンボク）

suspensus *sus-PEN-sus*
suspensa, suspensum
ぶら下がった、例：*Forsythia suspensa*（レンギョウ）

sutchuenensis *sech-yoo-en-EN-sis*
sutchuenensis, sutchuenense
中国四川省産の、例：*Adonis sutchuenensis*（フクジュソウ属の多年草）

Paeonia suffruticosa、
tree peony、moutan（ボタン）

sutherlandii *suth-er-LAN-dee-eye*
Begonia sutherlandii（ワイルドベゴニア）を発見したピーター・サザランド博士（1822–1900）への献名

sylvaticus *sil-VAT-ih-kus*
sylvatica, sylvaticum
sylvester *sil-VESS-ter*
sylvestris *sil-VESS-tris*
sylvestris, sylvestre
sylvicola *sil-VIH-koh-luh*
森林に生える、例：*Pinus sylvestris*（ヨーロッパアカマツ）、*Nyssa sylvatica*（ヌマミズキ）

syriacus *seer-ee-AH-kus*
syriaca, syriacum
シリアの、例：*Asclepias syriaca*（オオトウワタ）

szechuanicus *se-CHWAN-ih-kus*
szechuanica, szechuanicum
中国四川省の、例：*Populus szechuanica*（ポプラ属の高木）

植物と動物

動物と関連のある植物の名をあげるよう求められたら、最初に頭に浮かぶのはdog roseすなわち*Rosa canina*（カニナバラ）だろう。これは田舎の生垣を這っているのをよく見かける野バラである（*caninus, canina, caninum*、イヌの、したがっておとった）。一方、ネコ好きの人ならcatmint、catnip、catswortといった普通名がある*Nepeta cataria*（キャットニップ）をあげるかもしれない（*cataria*は「ネコにつきものの」という意味）。しかし、これらは動物界と関連づけられた多数の植物名のごく一部にすぎない。実際には、ノアの箱舟まるごと分、そのような呼び名がありそうなのだ。言及されている動物は*Aeschynanthus myrmecophilus*（gesneriad、イワタバコ科アエスキナントゥス属の植物）の場合のようにきわめて小さな昆虫（*myrmecophilus, myrmecophila, myrmecophilum*、アリが好む）から、*Yucca elephantipes*（メキシコチモラン）の場合のように最大級の動物（*elephantipes*、ゾウの足に似た）まで、さまざまである。

非常に多くの植物名にいえることだが、普通名とラテン名の関係や類似性はかならずしも直接的、論理的、さらには非常にわかりやすいとはかぎらない。たとえばイギリスの草原に自生するとても可愛らしいワイルドフラワーである*Fritillaria meleagris*（チェッカードリリー）について考えてみよう。そのうつむいた花のヘビのような独特の形から、この植物は一般にsnake's head fritillary〔「ヘビの頭のバイモ」〕とよばれるが、種小名のほうはというと*meleagris*（*meleagris, meleagre*）は「ホロホロチョウのような斑点がある」という意味で、花弁の装飾的な模様のことをいっている。動物を表すいくつもの言葉が、特徴的あるいはめずらしい模様を表現するのに使われている。たとえば*pardalinus*（*pardalina, pardalinum*）は「ヒョウの斑点のような」という意味で、*Gladiolus pardalinus*（グラジオラス属の球茎植物）の名前にみられる。*zebrinus*（*zebrina, zebrinum*）はシマウマの縞模様のことで、*Miscanthus sinensis* 'Zebrinus'（zebra grass、タカノハススキ）の葉の独特の模様を表現している。

面白いのであげておくと、ラテン語の*colubrinus*（*colubrina, colubrinum*）は「ヘビのような」という意味で、*Anadenanthera colubrina*（マメ科アナデナンテラ属の高木）がその例だが、これに対して*columbarius*（*columbaria, columbarium*）は「ハトのような」という意味で、pigeon's scabious〔「ハトのマツムシソウ」〕とよばれることもある*Scabiosa columbaria*（pincushion flower、セイヨウイトバマツムシソウ）がその例である。larkspur（ヒエンソウ）の属名*Delphinium*（デルフィニウム属）はイルカを意味するギリシア語に由来し、その花とこの海洋動物に似たところがあるという昔の考えがもとになっている。人気のある球根植物*Hippeastrum puniceum*（syn. *Amaryllis equestris*）（キンサンジコ）とウマのつながりを推測するのは容易ではないが、*equestris*（*equestris, equestre*）は「ウマまたは騎手と関係がある」という意味である。一方、*Hippeastrum*はギリシア語でウマに乗った人を意味

Rosa canina、
Dog rose（カニナバラ）

このシンプルな愛らしいバラは生垣でふつうに見かける。

Hippeastrum puniceum、
Barbados lily（キンサンジコ）

なぜこの植物の属名がウマと関係があるのか、多くの
ガーデナーが不思議に思うかもしれない。

ア諸島に自生する *Dracaena draco*（dragon tree、
リュウケツジュ）で、*draco*はドラゴンを意味する。
　また、*Dracocephalum thymiflorum*（ムシャリン
ドウ属の多年草）は thyme-leaf dragonhead という
普通名をもつ草本である（*dracocephalus,
dracocephala, dracocephalum*、ドラゴンの頭の）。
名前に *dracunculus* という語がある植物なら、出く
わしてもそれほど怖がらなくてすむ。これは小さな
ドラゴンのことで、dragon arum あるいは snake
lily とよばれる印象的な姿をした *Dracunculus
vulgaris*（ドラゴンアルム）がその例である
（*dracunculus, dracuncula, dracunculum*）。

する *hippeos* と星を意味する *astron* に由来する。
puniceus（*punicea, puniceum*）はもう少し単純で、
たんに色が赤紫であることを意味する。ランやソラ
マメなどほかにもさまざまな植物にウマと関係のあ
る名前がついており、たとえば普通名が horseshoe
orchid［「蹄鉄ラン」］は *Ophrys ferrum-equinum*（オ
フィリス属の地生ラン）で、horse bean［「ウマの
豆」］は *Vicia faba* var. *equina*（ソラマメの中粒種）
である（*equinus, equina, equinum*、ウマの）。
　動物を示す名前が警告の役割を果たすこともあり、
たとえば *Citrus hystrix*（makrut lime、コブミカン）
の場合、幹と枝に長さ約4センチの鋭い刺がある。
hystrix は「剛毛で覆われた」、あるいは「ヤマアラ
シのような」という意味である。同様に、*Dianthus
erinaceus*（ナデシコ属の多年草）はハリネズミに
ちなんだ名前がつけられ、それはこの植物の群葉が
密集したチクチクする小山を形成するからである
（*erinaceus, erinacea, erinaceum*、ハリネズミのよ
うな）。植物の名前には神話の生き物も登場し、た
とえばドラゴンにちなんで名前がつけられた種がい
くつもある。かなり衝撃的なのがスペイン領カナリ

Fritillaria meleagris、
Snake's head fritillary（チェッカードリリー）

meleagris は、ホロホロチョウの羽の斑点に似た模様があ
る装飾的な花弁のことをいっている。

T

tabularis *tab-yoo-LAH-ris*
tabularis, tabulare

tabuliformis *tab-yoo-lee-FORM-is*
tabuliformis, tabuliforme
平たい、例：*Blechnum tabulare*（ヒリュウシダ属のシダ植物）
[*tabulris*には「テーブル状の」という意味があって、この場合、南アフリカのテーブル・マウンテンをさす]

tagliabuanus *tag-lee-ah-boo-AH-nus*
tagliabuana, tagliabuanum
19世紀のイタリアの種苗業者アルベルトおよびカルロ・タリアブーエを記念、例：*Campsis* × *tagliabuana*（ノウゼンカズラ属のつる性植物）

taiwanensis *tai-wan-EN-sis*
taiwanensis, taiwanense
台湾産の、例：*Chamaecyparis taiwanensis*（タイワンヒノキ）

takesimanus *tak-ess-ih-MAH-nus*
takesimana, takesimanum
リアンクール岩礁（日本の竹島）の、例：*Campanula takesimana*（ホタルブクロ属の多年草）

Prumnopitys taxifolia、
black pine（マキ科プルムノビティス属の高木）

taliensis *tal-ee-EN-sis*
taliensis, taliense
中国雲南省大理地域産の、例：*Lobelia taliensis*（ミゾカクシ属の多年草）

tanacetifolius *tan-uh-kee-tih-FOH-lee-us*
tanacetifolia, tanacetifolium
Tanacetum（ヨモギギク属）のような葉の、例：*Phacelia tanacetifolia*（ハゼリソウ）

tangelo *TAN-jel-oh*
タンジェリン（*Citrus reticula*）とポメロ（*C. maxima*）の交雑種、例：*Citrus* × *tangelo*（タンジェロ）

tanguticus *tan-GOO-tih-kus*
tangutica, tanguticum
チベットのタングートの地域の、例：*Daphne tangutica*（ジンチョウゲ属の低木）

tardiflorus *tar-dee-FLOR-us*
tardiflora, tardiflorum
遅咲きの、例：*Cotoneaster tardiflorus*（シャリントウ属の低木）

tardus *TAR-dus*
tarda, tardum
遅い、例：*Tulipa tarda*（チューリップ属の球根植物）

tasmanicus *tas-MAN-ih-kus*
tasmanica, tasmanicum
オーストラリアのタスマニアの、例：*Dianella tasmanica*（キキョウラン属の多年草）

tataricus *tat-TAR-ih-kus*
tatarica, tataricum
歴史的地域タタール（現在のクリミア半島）の、例：*Lonicera tatarica*（タタールスイカズラ）

tatsienensis *tat-see-en-EN-sis*
tatsienensis, tatsienense
中国の打箭爐［四川省康定県］産の、例：*Delphinium tatsienense*（デルフィニウム属の多年草）

tauricus *TAW-ih-kus*
taurica, tauricum
タウリカ（現在のクリミア）の、例：*Onosma taurica*（ムラサキ科オノスマ属の植物）

taxifolius *taks-ih-FOH-lee-us*
taxifolia, taxifolium
イチイ（*Taxus*）のような葉の、例：*Prumnopitys taxifolia*（マキ科プルムノビティス属の高木）

tazetta *taz-ET-tuh*
小さなカップ、例：*Narcissus tazetta*（フサザキスイセン）

tectorum *tek-TOR-um*
家の屋根の、例：*Sempervivum tectorum*（ヤネバンダイソウ）

temulentus *tem-yoo-LEN-tus*
temulenta, temulentum
酔っぱらった、例：*Lolium temulentum*（ドクムギ）

tenax TEN-aks
じょうぶな、からみあった、例：*Phormium tenax*（マオラン）

tenebrosus teh-neh-BROH-sus
tenebrosa, tenebrosum
暗い日陰の場所の、例：*Catasetum tenebrosum*（カタセトゥム属の着生ラン）

tenellus ten-ELL-us
tenella, tenellum
か弱い、繊細な、例：*Prunus tenella*（サクラ属の低木）

tener TEN-er
tenera, tenerum
か細い、軟らかい、例：*Adiantum tenerum*（クジャクシダ属のシダ植物）

tentaculatus ten-tak-yoo-LAH-tus
tentaculata, tentaculatum
触毛がある、例：*Nepenthes tentaculata*（ウツボカズラ属の食虫植物）

tenuicaulis ten-yoo-ee-KAW-lis
tenuicaulis, tenuicaule
か細い茎の、例：*Dahlia tenuicaulis*（ダリア属の多年草）

tenuiflorus ten-yoo-ee-FLOR-us
tenuiflora, tenuiflorum
きゃしゃな花の、例：*Muscari tenuiflorum*（ムスカリ属の球根植物）

tenuifolius ten-yoo-ih-FOH-lee-us
tenuifolia, tenuifolium
薄い葉の、例：*Pittosporum tenuifolium*（クロバトペラ）

tenuis TEN-yoo-is
tenuis, tenue
か細い、薄い、例：*Bupleurum tenue*（ミシマサイコ属の多年草）

tenuissimus ten-yoo-ISS-ih-mus
tenuissima, tenuissimum
非常にか細い、薄い、例：*Stipa tenuissima*（ハネガヤ属の多年草）

tequilana te-kee-lee-AH-nuh
メキシコのテキーラ（ハリスコ州）の、例：*Agave tequilana*（テキーラリュウゼツラン）

terebinthifolius ter-ee-binth-ih-FOH-lee-us
terebinthifolia, terebinthifolium
ターペンタイン（松脂油）のにおいがする葉をもつ、例：*Schinus terebinthifolius*（サンショウモドキ）

teres TER-es
円柱形の、例：*Vanda teres*（ハナボウラン）

terminalis term-in-AH-lis
terminalis, terminale
頂生の、例：*Erica terminalis*（エリカ属の低木）

ternatus ter-NAH-tus
ternata, ternatum
3つずつになった［3出の］、例：*Choisya ternata*（ミカン科ショワジア属の低木）

terrestris ter-RES-tris
terrestris, terrestre
陸地の、地上に生える、例：*Lysimachia terrestris*（オカトラノオ属の多年草）

tessellatus tess-ell-AH-tus
tessellata, tessellatum
格子縞の、例：*Indocalamus tessellatus*（インドカラムス属のタケ）

testaceus test-AY-see-us
testacea, testaceum
れんが色の、例：*Lilium × testaceum*（ナンキンリリー）

生きているラテン語

この細くて優美な葉をもつ美しいシャクヤクは、1750年代にリンネが記述した植物のひとつである。ロシア原産で、湿潤な水はけのよい森林でもっともよく生育する。

Paeonia tenuifolia、
fern leaf peony（ホソバシャクヤク）

testicularis *tes-tik-yoo-LAY-ris*
testicularis, testiculare
睾丸のような形をした、例：*Argyroderma testiculare*（ツルナ科アルギロデルマ属の多肉植物）

testudinarius *tes-tuh-din-AIR-ee-us*
testudinaria, testudinarium
カメの甲のような形をした、例：*Durio testudinarius*（ドリアン属の高木）

tetra-
4を意味する接頭語

tetragonus *tet-ra-GON-us*
tetragona, tetragonum
四角の、例：*Nymphaea tetragona*（ヒツジグサ）

tetrandrus *tet-RAN-drus*
tetrandra, tetrandrum
4つ葯がある、例：*Tamarix tetrandra*（ギョリュウ属の小高木）

tetraphyllus *tet-ruh-FIL-us*
tetraphylla, tetraphyllum
4葉の、例：*Peperomia tetraphylla*（ヒメゴショウ）

tetrapterus *tet-rap-TER-us*
tetraptera, tetrapterum
4翼の、例：*Sophora tetraptera*（エンジュ属の低木または小高木）

texanus *tek-SAH-nus*
texana, texanum

texensis *tek-SEN-sis*
texensis, texense
アメリカのテキサス州の、テキサス州産の、例：*Echinocactus texensis*（エキノカクトゥス属のサボテン）

textilis *teks-TIL-is*
textilis, textile
織物あるいは編むことと関係がある、例：*Bambusa textilis*（ホウライチク属のタケ）

thalictroides *thal-ik-TROY-deez*
Thalictrum（カラマツソウ属）に似た、例：*Anemonella thalictroides*（バイカカラマツソウ）

thibetanus *ti-bet-AH-nus*
thibetana, thibetanum

thibeticus *ti-BET-ih-kus*
thibetica, thibeticum
チベットの、例：*Rubus thibetanus*（キイチゴ属の低木）

thomsonii *tom-SON-ee-eye*
19世紀のスコットランドの博物学者でインドのカルカッタ植物園の園長トマス・トムソン博士への献名、例：*Clerodendrum thomsoniae*（ゲンペイクサギ）

thunbergii *thun-BERG-ee-eye*
スウェーデンの植物学者カール・ペーター・トゥーンベリ（1743-1828）への献名、例：*Spiraea thunbergii*（ユキヤナギ）

生きているラテン語

この挿絵は、スウェーデンの医師で植物学者のカール・ペーター・トゥーンベリ（p.72）が、1770年代に実施した南アフリカでのプラントハンティングの遠征のときにケープで採集した*Chrysanthemum thunbergii*（キク属の植物）である。*Thunbergia*（ヤハズカズラ属）という属名は彼に敬意を表してつけられたもので、人気のある鮮やかな色のよじ登り植物*Thunbergia alata*（blackeyed Susan、ヤハズカズラ）がある（*alata*は「翼がある」という意味）。原産地である熱帯アフリカでは多年草に分類されるが、もっと冷涼な気候のところでは1年草として栽培される。トゥーンベリはのちに日本へ行き、そこで多くの標本を収集したが、その中に*Berberis thunbergii* 'Atropurpurea'（アカバメギ）があって Thunberg's barberry〔『トゥーンベリのメギ』〕ともよばれており、これほど鮮やかな色の生垣を作る植物は少ない（名前に*atropurpurea*がある植物は暗紫色をしている）。トゥーンベリが日本から伝えたもうひとつの植物が、愛らしく繊細な*Fritillaria thunbergii*（バイモ）である。

Chrysanthemum thunbergii（キク属の植物）

thymifolius *ty-mih-FOH-lee-us*
thymifolia, thymifolium
タイム（*Thymus*）のような葉の、例：*Lythrum thymifolium*（ミソハギ属の草本）

thymoides *ty-MOY-deez*
タイム（*Thymus*）に似た、例：*Eriogonum thymoides*（タデ科エリオゴヌム属の小低木）

thyrsiflorus *thur-see-FLOR-us*
thyrsiflora, thyrsiflorum
主軸だけでなく側枝も花房をつける密穂花序状の花房の、例：*Ceanothus thyrsiflorus*（ソリチャ属の低木）

thyrsoideus *thurs-OY-dee-us*
thyrsoidea, thyrsoideum
thyrsoides *thurs-OY-deez*
バッカスの杖のような〔「バッカスの杖」はラテン語で*thyrsus*で、密穂花序のこと〕、例：*Ornithogalum thyrsoides*（オオアマナ属の球根植物）

tiarelloides *tee-uh-rell-OY-deez*
Tiarella（ズダヤクシュ属）に似た、例：×*Heucherella tiarelloides*（ツボサンゴ属とズダヤクシュ属の属間雑種）

tibeticus *ti-BET-ih-kus*
tibetica, tibeticum
チベットの、例：*Roscoea tibetica*（ショウガ科ロスコエア属の多年草）

tigrinus *tig-REE-nus*
tigrina, tigrinum
アジアのトラのような縞模様あるいはジャガー（南米でタイガーとよばれる）のような斑点がある、例：*Faucaria tigrina*（ツルナ科ファウカリア属の多肉植物）

tinctorius *tink-TOR-ee-us*
tinctoria, tinctorium
染料として使われる、例：*Genista tinctoria*（ヒトツバエニシダ）

tingitanus *ting-ee-TAH-nus*
tingitana, tingitanum
タンジール〔モロッコ北部の地名〕の、例：*Lathyrus tingitanus*（ハットクマメ）

titanus *ti-AH-nus*
titana, titanum
巨大な、例：*Amorphophallus titanum*（ショクダイオオコンニャク）

tobira *TOH-bir-uh*
Pittosporum tobira（トベラ）の和名より

tomentosus *toh-men-TOH-sus*
tomentosa, tomentosum
綿毛に覆われた、密生した、例：*Paulownia tomentosa*（キリ）

tommasinianus *toh-mas-see-nee-AH-nus*
tommasiniana, tommasinianum
19世紀のイタリアの植物学者ムツィオ・ジュゼッペ・スピリト・デ・トンマジーニへの献名、例：*Campanula tommasiniana*（ホタルブクロ属の多年草）

torreyanus *tor-ree-AH-nus*
torreyana, torreyanum
アメリカの植物学者ジョン・トーリー博士（1796–1873）への献名、例：*Pinus torreyana*（マツ属の高木）

tortifolius *tor-tih-FOH-lee-us*
tortifolia, tortifolium
ねじれた葉の、例：*Narcissus tortifolius*（スイセン属の球根植物）

tortilis *TOR-til-is*
tortilis, tortile
ねじれた、例：*Acacia tortilis*（アカシア属の高木）

tortuosus *tor-tew-OH-sus*
tortuosa, tortuosum
非常にねじれた、例：*Arisaema tortuosum*（テンナンショウ属の塊茎植物）

tortus *TOR-tus*
torta, tortum
ねじれた、例：*Masdevallia torta*（マスデバリア属の着生ラン）

totara *toh-TAR-uh*
この高木のマオリ語名より、例：*Podocarpus totara*（マキ属の高木）

tournefortii *toor-ne-FOR-tee-eye*
フランスの植物学者ではじめて属を定義したジョゼフ・ピトン・ド・トゥルヌフォール（1656–1708）への献名、例：*Crocus tournefortii*（クロッカス属の球茎植物）

townsendii *town-SEN-dee-eye*
アメリカの植物学者デイビッド・タウンゼント（1787–1856）への献名、例：*Spartina* × *townsendii*（イネ科スパルティナ属の多年草）

toxicarius *toks-ih-KAH-ree-us*
toxicaria, toxicarium
有毒な、例：*Antiaris toxicaria*（ウパス）

trachyspermus *trak-ee-SPER-mus*
trachysperma, trachyspermum
ざらざらした種子の、例：*Sauropus trachyspermus*（トウダイグサ科サウロプス属の低木）

tragophylla *tra-go-FIL-uh*
文字どおりにはヤギの葉、例：*Lonicera tragophylla*（スイカズラ属のつる性低木）

transcaucasicus *tranz-kaw-KAS-ih-kus*
transcaucasica, transcaucasicum
トルコ側のカフカス〔トランスカフカスすなわちカフカス山脈の南側〕の、例：*Galanthus transcaucasicus*（マツユキソウ属の球根植物）

transitorius *tranz-ee-TAW-ree-us*
transitoria, transitorum
短命な、例：*Malus transitoria*（リンゴ属の小高木）

transsilvanicus *tranz-il-VAN-ih-kus*
transsilvanica, transsilvanicum
transsylvanicus
transsylvanica, transsylvanicum
ルーマニアの、例：*Hepatica transsilvanica*（スハマソウ属の多年草）

trapeziformis *tra-pez-ih-FOR-mis*
trapeziformis, trapeziforme
不等辺四辺形の、例：*Adiantum trapeziforme*（クジャクシダ属のシダ植物）

traversii *trav-ERZ-ee-eye*
ニュージーランドの法律家で植物収集者ウィリアム・トラヴァース（1819–1903）への献名、例：*Celmisia traversii*（キク科ケルミシア属の多年草）

Asplenium trichomanes、
maidenhair spleenwort（チャセンシダ）

tremulus *TREM-yoo-lus*
tremula, tremulum
震える、ゆれる、例：*Populus tremula*（ヨーロッパヤマナラシ）

tri-
3を意味する接頭語

triacanthos *try-a-KAN-thos*
3本刺の、例：*Gleditsia triacanthos*（アメリカサイカチ）

triandrus *TRY-an-drus*
triandra, triandrum
3雄ずいの、例：*Narcissus triandrus*（スイセン属の球根植物）

triangularis *try-an-gew-LAH-ris*
triangularis, triangulare
triangulatus *try-an-gew-LAIR-tus*
triangulata, triangulatum
三角の、例：*Oxalis triangularis*（カタバミ属の多年草）

tricho-
毛があることを意味する接頭語

trichocarpus *try-ko-KAR-pus*
trichocarpa, trichocarpum
有毛の果実の、例：*Rhus trichocarpa*（ヤマウルシ）

trichomanes *try-KOH-man-ees*
シダのギリシア語名にちなむ［古典文献においてある種のシダに使われている古代ギリシア語より］、例：*Asplenium trichomanes*（チャセンシダ）

trichophyllus *try-koh-FIL-us*
tricophylla, tricophyllum
有毛の葉の、例：*Ranunculus trichophyllus*（キンポウゲ属の多年草）

trichotomus *try-KOH-toh-mus*
trichotoma, trichotomum
3分枝の、例：*Clerodendrum trichotomum*（クサギ）

tricolor *TRY-kull-lur*
3色の、例：*Tropaeolum tricolor*（ノウゼンハレン属の多年草）

tricuspidatus *try-kusp-ee-DAH-tus*
tricuspidata, tricuspidatum
とがった先端が3つある［3尖頭の］、例：*Parthenocissus tricuspidata*（ツタ）

trifasciata *try-fask-ee-AH-tuh*
3群または3束、例：*Sansevieria trifasciata*（アツバチトセラン）

trifidus *TRY-fee-dus*
trifida, trifidum
3裂の、例：*Carex trifida*（スゲ属の多年草）

triflorus *TRY-flor-us*
triflora, triflorum
3花の、例：*Acer triflorum*（オニメグスリ）

生きているラテン語

この水生植物は、その独特の花が咲いていないときでも、池の中につやつやとなめらかな表面をした3枚一組の葉が見えるので簡単に見分けられる。ほかに *trifoliata*（3葉の）の植物として *Poncirus trifoliata*（Japanese bitter orange、カラタチ）がある。

Menyanthes trifoliata、bogbean（ミツガシワ）

trifoliatus *try-foh-lee-AH-tus*
trifoliata, trifoliatum

trifolius *try-FOH-lee-us*
trifolia, trifolium
3葉の、例：*Gillenia trifoliata*（バラ科ギレニア属の多年草）

trifurcatus *try-fur-KAH-tus*
trifurcata, trifurcatum
3叉状の、例：*Artemisia trifurcata*（エゾハハコヨモギ）

trigonophyllus *try-gon-oh-FIL-us*
trigonophylla, trigonophyllum
3角葉の、例：*Acacia trigonophylla*（アカシア属の低木）

trilobatus *try-lo-BAH-tus*
trilobata, trilobatum

trilobus *try-LO-bus*
triloba, trilobum
3裂片の、例：*Aristolochia trilobata*（ウマノスズクサ属のつる性植物）

trimestris *try-MES-tris*
trimestris, trimestre
3カ月の、例：*Lavatera trimestris*（ハナアオイ）

trinervis *try-NER-vis*
trinervis, trinerve
3脈の、例：*Coelogyne trinervis*（コエロギネ属の着生ラン）

tripartitus *try-par-TEE-tus*
tripartita, tripartitum
3部分に分かれた［3深裂の］、例：*Eryngium × tripartitum*（ヒゴタイサイコ属の多年草）

tripetalus *try-PET-uh-lus*
tripetala, tripetalum
3花弁の、例：*Moraea tripetala*（アヤメ科モラエア属の多年草）

triphyllus *try-FIL-us*
triphylla, triphyllum
3葉の、例：*Penstemon triphyllus*（イワブクロ属の多年草）

triplinervis *trip-lin-ner-vis*
triplinervis, triplinerve
3主脈の、例：*Anaphalis triplinervis*（ヤマハハコ属の多年草）

tripteris *TRIPT-er-is*
tripterus *TRIPT-er-us*
triptera, tripterum
3翼の、例：*Coreopsis tripteris*（ハルシャギク属の多年草）

tristis *TRIS-tis*
tristis, triste
ぼんやりした、くすんだ、例：*Gladiolus tristis*（グラジオラス属の球茎植物）

triternatus *try-tern-AH-tus*
triternata, triternatum
文字どおりには「3つずつが3つ」ということで、葉の形をいっている［3回3出の］、例：*Corydalis triternata*（キケマン属の多年草）

trivialis *tri-VEE-ah-lis*
trivialis, triviale
ありふれた、ふつうの、通常の、例：*Rubus trivialis*（キイチゴ属の低木）

truncatus *trunk-AH-tus*
truncata, truncatum
四角に切られた［切形の］、例：*Haworthia truncata*（ツルボラン科ハワーシア属の多肉植物）

tsariensis *sar-ee-EN-sis*
tsariensis, tsariense
中国のツァーリ［チベットにある山］産の、例：*Rhododendron tsariense*（ツツジ属の低木）

tschonoskii *chon-OSK-ee-eye*
日本の植物収集者の須川長之助（1842–1925）への献名、例：*Malus tschonoskii*（オオズミ）

tsussimensis *tsoos-sim-EN-sis*
tsussimensis, tsussimense
日本と韓国のあいだにある対馬産の、例：*Polystichum tussimense*（イノデ属のシダ植物）

tuberculatus *too-ber-kew-LAH-tus*
tuberculata, tuberculatum

tuberculosus *too-ber-kew-LOH-sus*
tuberculosa, tuberculosum
こぶに覆われた、例：*Anthemis tuberculata*（カミツレモドキ属の1年草または越年草）

tuberosus *too-ber-OH-sus*
tuberosa, tuberosum
塊茎状の、例：*Polianthes tuberosa*（ゲッカコウ）

Poa trivialis、
rough-stalked meadow grass
（オオスズメノカタビラ）

tubiferus *too-BIH-fer-us*
tubifera, tubiferum

tubulosus *too-bul-OH-sus*
tubulosa, tubulosum
筒あるいは管状の、例：*Clematis tubulosa*（ルリクサボタン）

tubiflorus *too-bih-FLOR-us*
tubiflora, tubiflorum
トランペット形の花の、例：*Salvia tubiflora*（サルビア・ツビフロラ）

tulipiferus *too-lip-IH-fer-us*
tulipifera, tulipiferum
チューリップあるいはチューリップのような花をつける、例：*Liriodendron tulipifera*（ユリノキ）

tuolumnensis *too-ah-lum-NEN-sis*
tuolumnensis, tuolumnense
アメリカのカリフォルニア州のトゥオルミ郡産の、例：*Erythronium tuolumnense*（カタクリ属の多年草）

tupa *TOO-pa*
Lobelia tupa（ミゾカクシ属の多年草）の現地名

turbinatus *turb-in-AH-tus*
turbinata, turbinatum
渦巻き状の [「洋こま形の」という意味もある]、例：*Aesculus turbinata*（トチノキ）

turczaninowii *tur-zan-in-NOV-ee-eye*
ロシアの植物学者ニコライ・S・トルチャニノフ（1796–1863）への献名、例：*Carpinus turczaninowii*（クマシデ属の高木）

turkestanicus *tur-kay-STAN-ih-kus*
turkestanica, turkestanicum
トルキスタンの、例：*Tulipa turkestanica*（チューリップ属の球根植物）

tweedyi *TWEE-dee-eye*
19世紀のアメリカの地勢学者フランク・トゥイーディへの献名、例：*Lewisia tweedyi*（スベリヒユ科ルイシア属の多年草）

typhinus *ty-FEE-nus*
typhina, typhinum
Typha（ガマ属）のような、例：*Rhus typhina*（ヌルデ属の低木または小高木）

TROPAEOLUM（ナスタチウム）

　ガーデナーがふつうナスタチウムとよぶ、鮮やかな色の花が咲くよじ登りからみつく1年草は、もっと正式には *Tropaeolum*（ノウゼンハレン属）の植物である。リンネ（p.132）はこの名前を戦利品を意味するギリシア語 *tropaion* にちなんでつけた。おそらくこの植物が丸木の支柱を這いのぼるのを見て、彼らしい詩的な想像力で古代の戦勝記念碑のイメージと結びつけ、その大きな丸い葉と鮮やかな色の花を柱にかけられた丸い盾と金色の兜に見立てたのだろう〔古代ギリシアでは、戦いに勝利すると戦場に樫の幹を立て、それに戦利品や敵の武器をかけた〕。同じような考え方で、ナスタチウムの花言葉は愛国心である。Indian cress や monk's cress といった普通名がある。

　いくつもの種が入手でき、花色は赤や黄からオレンジ、そして中間のあらゆる色あいものものがあって、同一の株に複数の色が入り混じって現れるものもある。栽培が非常に容易で、すぐに発芽し、よく自然播種するため、子どもが育てるのによい植物である。きわめて装飾的であるだけでなく、この植物は食用にもなる。花はもちろん、ピリッとした味の葉もサラダに入れることができる。種子は場合によっては酢漬けにしてケーパーのように使うことができるし、乾燥させて砕いて黒コショウの代用品として使うこともできる。また、*Tropaeolum tuberosum*（タマノウゼンハレン）は塊茎も食べられる。

　この属には1年草と多年草の種がある。この場合もしばしばラテン語が特定の種が耐寒性かそうでな

この水彩画は *Tropaeolum*（ノウゼンハレン属）の花の特徴的な形をよく表現している。最大限花を咲かせるには、日あたりのよいところに植える。

Nasturtium officinale、watercress（オランダガラシ）

nasturtiumという普通名は、正式には葉を食べる野菜オランダガラシをさす。

いかの手がかりをあたえてくれる。*T. peregrinum*（syn. *T. canariense*）は Canary creeper（カナリアヅル）とよばれ、霜に弱く、比較的冷涼な気候では1年草として栽培するほうがよい（*peregrinus, peregrina, peregrinum* は外来あるいは外国の、*canariensis, canariensis, canariense* は「スペイン領カナリア諸島産の」という意味）。

　正式には、*Nasturtium officinale* という名前をもつのは水生のハーブ watercress（オランダガラシ〔クレソンともよばれる〕）である（*officinalis, officinalis, officinale* は店で売られている有用な植物を意味し、たとえば野菜や料理用あるいは薬用のハーブをいう）。Brassicaceae（アブラナ科）に属し、その属名は曲がった鼻を意味するラテン語 *nasi tortium* に由来し、これはこの植物の強いにおいをさしている。流れる水のなかでもっともよく生育するが、大きな容器に入れた静水でもうまくいくというガーデナーもいる。

U

ulicinus *yoo-lih-SEE-nus*
ulicina, ulicinum
ハリエニシダ（*Ulex*）のような、例：*Hakea ulicina*（ヤマモガシ科ハケア属の低木）

uliginosus *ew-li-gi-NOH-sus*
uliginosa, uliginosum
沼地や湿地産の、例：*Salvia uliginosa*（ボッグセージ）

ulmaria *ul-MAR-ee-uh*
ニレ（*Ulmus*）のような、例：*Filipendula ulmaria*（セイヨウナツユキソウ）

ulmifolius *ul-mih-FOH-lee-us*
ulmifolia, ulmifolium
ニレ（*Ulmus*）のような葉の、例：*Rubus ulmifolius*（キイチゴ属の低木）

umbellatus *um-bell-AH-tus*
umbellata, umbellatum
散形花序の、例：*Butomus umbellatus*（ハナイ）

umbrosus *um-BROH-sus*
umbrosa, umbrosum
日陰に生える、例：*Phlomis umbrosa*（ヒカゲキセワタ）

uncinatus *un-sin-NA-tus*
uncinata, uncinatum
先が鉤状の、例：*Uncinia uncinata*（カヤツリグサ科ウンキニア属の多年草）

undatus *un-DAH-tus*
undata, undatum
undulatus *un-dew-LAH-tus*
undulata, undulatum
波打った、波形の、例：*Hosta undulata*（スジギボウシ）

unedo *YOO-nee-doe*
食べられるが味はどうかわからない、*unum edo*（わたしはひとつ食べる）［つまり1回食べたらもう食べたいと思わない］より、例：*Arbutus unedo*（イチゴノキ）

unguicularis *un-gwee-kew-LAH-ris*
unguicularis, unguiculare
unguiculatus *un-gwee-kew-LAH-tus*
unguiculata, unguiculatum
爪がある、例：*Iris unguicularis*（カンザキアヤメ）

uni-
1を意味する接頭語

unicolor *YOO-nee-ko-lor*
1色の、例：*Lachenalia unicolor*（キジカクシ科ラシュナリア属の球根植物）

uniflorus *yoo-nee-FLOR-us*
uniflora, uniflorum
1花の、例：*Silene uniflora*（マンテマ属の多年草）

unifolius *yoo-nih-FOH-lee-us*
unifolia, unifolium
1葉の、例：*Allium unifolium*（アリウム・ユニフォリウム）

生きているラテン語

これはauricula（アツバサクラソウ）の古い変種である（*undulata*は波打った葉縁のことをいっている）。非常に繊細な花を最高に美しく飾りつけるため、熱心な愛好家はオーリキュラ・シアター（壁に棚をとりつけたもので、このたいへん貴重な花に雨がかからないように屋根もある）を作る。

Primula auricula var. *undulata*
（アツバサクラソウの変種）

unilateralis *yoo-ne-LAT-uh-ra-lis*
unilateralis, unilaterale
片側の、例：*Penstemon unilateralis*（イワブクロ属の多年草）

uplandicus *up-LAN-ih-kus*
uplandica, uplandicum
スウェーデンのウップランド地方の、例：*Symphytum* × *uplandicum*（ロシアンコンフリー）

urbanus *ur-BAH-nus*
urbana, urbanum
urbicus *UR-bih-kus*
urbica, urbicum
urbius *UR-bee-us*
urbia, urbium
都市の、例：*Geum urbanum*（セイヨウダイコンソウ）

urceolatus *ur-kee-oh-LAH-tus*
urceolata, urceolatum
壺形の、例：*Galax urceolata*（イワウメ科ガラクス属の多年草）

urens *UR-enz*
刺す、焼けるような、例：*Urtica urens*（ヒメイラクサ）

urophyllus *ur-oh-FIL-us*
urophylla, urophyllum
先が尾のような葉の［尾状葉の］、例：*Clematis urophylla*（センニンソウ属のつる性植物）

ursinus *ur-SEE-nus*
ursina, ursinum
クマのような、例：*Eriogonum ursinum*（タデ科エリオゴヌム属の多年草）

urticifolius *ur-tik-ih-FOH-lee-us*
urticifolia, urticifolium
イラクサ（*Urtica*）のような葉の、例：*Agastache urticifolia*（カワミドリ属の多年草）

uruguayensis *ur-uh-gway-EN-sis*
uruguayensis, uruguayense
南米のウルグアイ産の、例：*Gymnocalycium uruguayense*（ギムノカリキウム属のサボテン）

urumiensis *ur-um-ee-EN-sis*
urumiensis urumiense
イランのウルーミーエ産の、例：*Tulipa urumiensis*（チューリップ属の球根植物）

urvilleanus *ur-VIL-ah-nus*
urvilleana, urvilleanum
フランスの植物学者で探検家のＪ・Ｓ・Ｃ・デュモン・デュルヴィル（1790–1842）への献名、例：*Tibouchina urvilleana*（シコンノボタン）

ussuriensis *oo-soo-ree-EN-sis*
ussuriensis, ussuriense
アジアのウスリー川産の、例：*Pyrus ussuriensis*（チュウゴクナシ）

Ribes uva-crispa、
gooseberry（セイヨウスグリ）

utahensis *yoo-tah-EN-sis*
utahensis, utahense
アメリカのユタ州産の、例：*Agave utahensis*（リュウゼツラン属の多年生植物）

utilis *YOO-tih-lis*
utilis, utile
有用な、例：*Betula utilis*（カバノキ属の高木）

utriculatus *uh-trik-yoo-LAH-tus*
utriculata, utrculatum
嚢状の、例：*Alyssoides utriculata*（アブラナ科アリッソイデス属の多年草）

uva-crispa *OO-vuh-KRIS-puh*
縮れたブドウ、例：*Ribes uva-crispa*（セイヨウスグリ）

uvaria *oo-VAR-ee-uh*
ブドウの房のような、例：*Kniphofia uvaria*（シャグマユリ属の宿根草）

uva-ursi *OO-va UR-see*
クマのブドウ、例：*Arctostaphylos uva-ursi*（クマコケモモ）

アンドレ・ミショー
(1746–1802)

フランソワ・ミショー
(1770–1855)

　アンドレ・ミショーはフランスの植物学者で、探検家でもある。アメリカでごく初期に植物を収集した人々のひとりである。フランスのヴェルサイユ近郊のサトリーで生まれ、父親は慎み深い農夫で、若いアンドレに農業について教え、健康な植物を栽培するための原則と実際を教えた。アンドレは早いうちにラテン語とギリシア語の基礎も学んだ。20代なかばに結婚したが、まもなく悲劇にみまわれ、新婚の妻は息子のフランソワが生まれるとすぐに亡くなった。やもめになったばかりのミショーは、子どもを親戚に預けて、植物学を勉強しにパリへ行った。彼の夢は、外国へ行って新種の植物の標本を集めることだった。最初の探検の地はペルシア（イラン）と中東で、そこで3年間、首尾よく収集をやってのけた。フランスに戻ったのち、正式に国王の植物学者に任命された。この立場でミショーは植物調査の指揮者として北米へ行くよう命じられた。この遠征には、国の森林を回復させるためにすぐに成長する新しい種類の樹木を見つけるという特別任務が課せられていた。数十年におよぶ戦いのせいで軍艦建造用に多くの木が伐採され、この国の森林はひどいありさまになっていたのである。

　ミショーは1785年に若い息子をつれてニューヨークに到着した。アメリカですごした数年は、公私ともに実りあるものだった。園芸学の専門知識をもっていたおかげで、ニュージャージー州ハッケンサックの近くに30エーカー（約12万平方メートル）の種苗場を設立して、そこで育てた生きた植物をフランスへ送ることができた。また、ウィリアム・バートラム（p.98）と知りあって植物の知識や種子を交換し、ふたりのあいだには強い友情と共感が生まれた。ミショーはフィラデルフィアのベンジャミン・フランクリンやマウントバーノンのジョージ・ワシントンも訪ねた。その後、南へ移動したミショーは100エーカー（約40万平方メートル）以上にわたって広がるずっと大きな庭園と種苗場をサウスカロライナ州チャールストンに設立した。彼はトマス・ジェファソン大統領に会って、ミシシッピ川から太平洋にいたるルートを確立する探検旅行の実施の可能性について議論し、その後この旅は、1804年にルイスとクラークが実行して成功する（p.54）。

　ミショーはアメリカにいる間に何度もプラントハンティングの旅に出て、非常に多くの植物を同定した。サバンナ川のそばで *Shortia galacifolia*（イワウチワ属の多年草）を、カロライナの山中で *Rhododendron catawbiense*（ツツジ属の低木）を発見し、テネシー州で *Magnolia macrophylla*（モクレン属の高木）を観察して命名した（ミショーを記念して *M. michauxiana*

フランソワ・ミショーはアメリカにいた間に多数の植物種をフランスへ送った。

「[ミショーは] 一介の農夫から身を起こして、学者として名をなした」
ラファイエット侯爵

ともよばれる)。また、カナダやバハマ諸島のような遠方にも旅した。アメリカでの最後の旅では、船でカタウバ川をさかのぼってノックスビル、ナッシュビル、ミシシッピーを探検した。

　ミショーが外国にいる間に、フランスでは社会的政治的動揺が拡大して大規模な革命が勃発した。その影響でミショーは種子や生きた植物を本国へ送ることができなくなった。また、その結果、公的な給料が停止されたため、ひどい財政状況になった。そうした問題にくわえ、1796年にフランスへ帰国する航海で船が難破し、日誌や一部の種子が失われたが、植物標本集は損傷を受けたものの奇跡的に残った。パリに戻ると、名誉や名声で報われたものの、給料は支払われないままだった。その後実施した植物収集の探検と旅行に、イギリス、スペイン、カナリア諸島、モーリシャス、マダガスカルへの旅がある。マダガスカルへの旅が最後の旅になり、そこにいる間にミショーは熱帯の熱病にかかって死亡した。

　ミショーは、1801年の『北アメリカのオーク(Histoire des Chênes de l'Amérique Septentrionale)』や1803年の『北アメリカ植物誌(Flora Boreali-Americana)』をはじめとして何冊も本を出している。息子のフランソワも植物学者で、現在彼がもっともよく知られているのは3巻からなる『北アメリカ樹林誌(Histoire des Arbres Forestiers de l'Amérique Septentrionale)』(1810–13)によってである。ミショーの植物標本集は今でもパリで保管されており、2000以上の種がふくまれている。彼を記念して命名された植物に、*Lilium michauxii*(カロライナリリー)、*Rhus michauxii*(ヌルデ属の低木)、*Quercus michauxii*(コナラ属の高木)がある。

Camellia 'Panache'(ツバキ'パナシェ')

アンドレ・ミショーは非常に多くの植物をアメリカから本国へ送っただけでなく、ヨーロッパで栽培されていた多くの植物をアメリカへもたらした。*Camellia*(ツバキ属)はそのなかでもとりわけ美しい植物である。そのほか彼が伝えた植物に*Albizia julibrissin*(silk tree、ネムノキ)と*Lagerstroemia indica*(crepe myrtle、サルスベリ)もある。

V

vacciniifolius *vak-sin-ee-FOH-lee-us*
vacciniifolia, vacciniifolium
ブルーベリー（*Vaccinium*）のような葉の、例：*Persicaria vacciniifolia*（イヌタデ属の多年草）

vaccinioides *vak-sin-ee-OY-deez*
ブルーベリー（*Vaccinium*）に似た、例：*Rhododendron vaccinioides*（ツツジ属の低木）

vagans *VAG-anz*
広く分布する、例：*Erica vagans*（エリカ属の低木）

vaginalis *vaj-in-AH-lis*
vaginalis, vaginale
vaginatus *vaj-in-AH-tus*
vaginata, vaginatum
鞘がある［とくに葉鞘がある］、例：*Primula vaginata*（サクラソウ属の多年草）

Securigera varia (syn. *Coronilla varia*)、crown vetch（タマザキクサフジ）

valdivianus *val-div-ee-AH-nus*
valdiviana, valdivianum
チリのバルディビアの、例：*Ribes valdivianum*（スグリ属の低木）

valentinus *val-en-TEE-nus*
valentina, valentinum
スペインのバレンシアの、例：*Coronilla valentina*（オウゴンハギ属の低木）

variabilis *var-ee-AH-bih-lis*
variabilis, variabile
varians *var-ee-anz*
variatus *var-ee-AH-tus*
variata, variatum
変化が多い、例：*Eupatorium variabile*（ヤマヒヨドリバナ）

varicosus *var-ee-KOH-sus*
varicosa, varicosum
ふくらんだ葉脈をもつ、例：*Oncidium varicosum*（オンシジウム属の着生ラン）

variegatus *var-ee-GAH-tus*
variegata, variegatum
斑入りの、例：*Pleioblastus variegatus*（メダケ属のササ）

varius *VAH-ree-us*
varia, varium
多様な、例：*Calamagrostis varia*（ノガリヤス属の多年草）

vaseyi *VAS-ee-eye*
アメリカの植物収集者ジョージ・リチャード・ヴェイシー（1822-93）への献名、例：*Rhododendron vaseyi*（ツツジ属の低木）

vedrariensis *ved-rar-ee-EN-sis*
vedrariensis, vedrariense
フランスのヴェリエール＝ル＝ビュイッソン［パリ近郊の地区］とヴィルモラン＝アンドリュー社の種苗場に由来、例：*Clematis × vedrariensis*（センニンソウ属のつる性植物）

vegetus *veg-AH-tus*
vegeta, vegetum
活力のある、例：*Ulmus × vegeta*（ニレ属の高木）

veitchianus *veet-chee-AH-nus*
veitchiana, veitchianum
veitchii *veet-chee-EYE*
エクスターおよびチェルシーの種苗業者ヴィーチ家の人物への献名、例：*Paeonia veitchii*（ボタン属の低木）

VACCINIUM（ブルーベリー）

　Vaccinium（スノキ属）にはかなりの数の種があり、途方にくれるほど多くの普通名がつけられている。アメリカ固有のブルーベリーは *Vaccinium corymbosum* で、しばしば highbush blueberry（ハイブッシュブルーベリー）とよばれて広く栽培されている（*corymbosus, corymbosa, corymbosum* はこの植物の散房花序すなわち頂上が平らになっている花房のことをいっている）。通常 American blueberry とよばれているのは *V. cyanococcus* で、これはその青色の果実を表現している。Canadian blueberry は *V. myrtilloides*（*Myrtus* すなわちギンバイカに似ている）で、その普通名には sourtop や velvet leaf がある。まぎらわしいが *V. myrtillus* は whortleberry（ビルベリー）で、whinberry ともよばれる。

　V. deliciosum（cascade bilberry）など、ほかにもビルベリーとよばれるものがある（*deliciosus, deliciosa, deliciosum*、美味しい）。さまざまな種類を見分ける方法のひとつが果肉の色で、ブルーベリー類の果肉は白か薄い緑だが、ハックルベリー類とビルベリー類の果肉は赤や紫をしている。ブルーベリー類には小さな種子が多数あるが、ハックルベリー類とビルベリー類の種子はずっと少なくて大きい。bog blueberry、black-heart berry、cowberry、farkleberry、grouseberry、rabbiteye blueberry、sparkleberry、windberry、whortleberry など、このグループの普通名は数多くある。そして、*V. macrocarpon*（American cranberry、クランベリー）も忘れてはいけない。

　このグループは *Ericaceae*（ツツジ科）に属し、落葉または常緑の耐寒性の低木と小高木があって、日あたりのよい場所または半日陰で栽培し、湿り気があるが水はけのよい有機物が豊富な酸性土壌に植えるとよい。落葉性のものは秋の紅葉がたいへん美しいが、スノキ属の植物は主として食用になる果実を目的として栽培される。漿果（しょうか）に抗酸化作用物質が高濃度にふくまれるため、最近の研究でこれらの植物は「スーパーフード」として称賛されるようになった。ほかにブルーベリーと言葉上の結びつきがある植物として、*Ilex vaccinioides*（モチノキ属の低木）と *Quercus vaccinifolia*（コナラ属の低木）がある（*vaccinioides* は「*Vaccinium* に似た」、*vaccinifolia* は「*Vaccinium* のような葉の」という意味）。

Vaccinium crassifolium、creeping blueberry（スノキ属の低木）

Vaccinium macrocarpon（American cranberry、クランベリー）は、同じ科のほかの多くのベリー類より小さな果実をつける。

velutinus *vel-oo-TEE-nus*
velutina, velutinum
ビロードのような、例：*Musa velutina*（ベルチナバナナ）

venenosus *ven-ee-NOH-sus*
venenosa, venenosum
非常に有毒な、例：*Caralluma venenosa*（ガガイモ科カラルマ属の多肉植物）

venosus *ven-OH-sus*
venosa, venosum
葉脈が多くある、例：*Vicia venosa*（ソラマメ属の多年草）

ventricosus *ven-tree-KOH-sus*
ventricosa, ventricosum
一方にふくれた、太鼓腹のような、例：*Ensete ventricosum*（アビシニアバショウ）

venustus *ven-NUSS-tus*
venusta, venustum
美しい、例：*Hosta venusta*（オトメギボウシ）

verbascifolius *ver-bask-ih-FOH-lee-us*
verbascifolia, verbascifolium
Verbascum（モウズイカ属）のような葉の、例：*Celmisia verbascifolia*（キク科ケルミシア属の多年草）

verecundus *ver-ay-KUN-dus*
verecunda, verecundum
ひかえめな、例：*Columnea verecunda*（イワタバコ科コルムネア属の低木）

veris *VER-is*
春の、春に咲く、例：*Primula veris*（キバナノクリンザクラ）

vernalis *ver-NAH-lis*
vernalis, vernale
春の、春に咲く、例：*Pulsatilla vernalis*（オキナグサ属の多年草）

vernicifluus *ver-nik-IF-loo-us*
verniciflua, vernicifluum
ワニスを生産する、例：*Rhus verniciflua*（ウルシ）

vernicosus *vern-ih-KOH-sus*
vernicosa, vernicosum
ワニスを塗ったような、例：*Hebe vernicosa*（ゴマノハグサ科ヘーベ属の低木）

vernus *VER-nus*
verna, vernum
春の、例：*Leucojum vernum*（スプリングスノーフレーク）

verrucosus *ver-oo-KOH-sus*
verrucosa, verrucosum
いぼで覆われた、例：*Brassia verrucosa*（ブラッシア属のラン）

verruculosus *ver-oo-ko-LOH-sus*
verruculosa, verruculosum
小さないぼがある、例：*Berberis verruculosa*（メギ属の低木）

Sciadopitys verticillata、
Japanese umbrella pine（コウヤマキ）

versicolor *VER-suh-kuh-lor*
さまざまな色がある、例：*Oxalis versicolor*（シボリカタバミ）

verticillatus *ver-ti-si-LAH-tus*
verticillata, verticillatum
輪生の、例：*Sciadopitys verticillata*（コウヤマキ）

verus *VER-us*
vera, verum
本当の、標準の、正規の、例：*Aloe vera*（バルバドスアロエ）

vescus *VES-kus*
vesca, vescum
薄い、弱い、例：*Fragaria vesca*（エゾヘビイチゴ）

vesicarius *ves-ee-KAH-ree-us*
vesicaria, vesicarium

vesiculosus *ves-ee-kew-LOH-sus*
vesiculosa, vesiculosum
嚢状の、小胞がある、例：*Eruca vesicaria*（キバナスズシロ）

vespertinus *ves-per-TEE-nus*
vespertina, vespertinum
夕方の、夕方に開花する、例：*Moraea vespertina*（アヤメ科モラエア属の多年草）

vestitus *ves-TEE-tus*
vestita, vestitum
覆われた、例：*Sorbus vestita*（ナナカマド属の高木）

vexans *VEKS-anz*
なんらかの点でわずらわしいあるいはやっかいな、例：*Sorbus vexans*（ナナカマド属の高木）

vialii *vy-AL-ee-eye*
ポール・ヴィヤール（1855-1917）への献名、例：*Primula vialii*（サクラソウ属の多年草）

vialis *vee-AH-lis*
vialis, viale
道端の、例：*Calyptocarpus vialis*（キク科カリプトカルプス属の多年草）

viburnifolius *vy-burn-ih-FOH-lee-us*
viburnifolia, viburnifolium
Viburnum（ガマズミ属）のような葉の、例：*Ribes viburnifolium*（スグリ属の低木）

viburnoides *vy-burn-OY-deez*
Viburnum（ガマズミ属）に似た、例：*Pileostegia viburnoides*（シマユキカズラ）

victoriae *vik-TOR-ee-ay*
victoriae-reginae *vik-TOR-ee-ay re-JEE-nay*
イギリスのヴィクトリア女王（1819-1901）への献名、例：*Agave victoriae-reginae*（ササノユキ）

vigilis *VIJ-il-is*
vigilans *VIJ-il-anz*
警戒する、例：*Diascia vigilis*（ゴマノハグサ科ディアスキア属の多年草）［原産地である南アフリカのセンティネル（歩哨）とよばれる巨岩にちなむ］

villosus *vil-OH-sus*
villosa, villosum
軟毛がある、例：*Photinia villosa*（カナメモチ属の低木）

vilmorinianus *vil-mor-in-ee-AH-nus*
vilmoriniana, vilmorinianum
vilmorinii *vil-mor-IN-ee-eye*
フランスの種苗業者モーリス・ド・ヴィルモラン（1849-1918）への献名、例：*Cotoneaster vilmorinianus*（シャリントウ属の低木）

viminalis *vim-in-AH-lis*
viminalis, viminale
vimineus *vim-IN-ee-us*
viminea, vimineum
長く細い柔らかい枝をもつ、例：*Salix viminalis*（タイリクキヌヤナギ）

生きているラテン語

あまり知られていない'ヴァーシカラー'のこの挿絵にあるような多色のチューリップは、複数の色をもつ花弁を見せるために育成された花の好例である。多数の単色のチューリップのほか、ヴィリディフロラ（*Viridiflora*）系チューリップのように花弁に緑の縞が入ったものもある。

Tulipa 'Versicolor'
（チューリップの園芸品種）

viniferus *vih-NIH-fer-us*
vinifera, viniferum
ワインを生産する、例：*Vitis vinifera*（ヨーロッパブドウ）

violaceus *vy-oh-LAH-see-us*
violacea, violaceum
スミレ色の、例：*Hardenbergia violacea*（ヒトツバマメ）

violescens *vy-oh-LESS-enz*
スミレ色に変わる、例：*Phyllostachys violescens*（マダケ属のタケ）

virens *VEER-enz*
緑色の、例：*Penstemon virens*（イワブクロ属の多年草）

virescens *veer-ES-enz*
緑色に変わる、淡緑色の、例：*Carpobrotus virescens*（ツルナ科カルポブロトゥス属の多肉な多年草）

virgatus *vir-GA-tus*
virgata, virgatum
小枝の多い、例：*Panicum virgatum*（キビ属の多年草）

virginalis *vir-jin-AH-lis*
virginalis, virginale
virgineus *vir-JIN-ee-us*
virginea, virgineum
白い、無垢な、例：*Anguloa virginalis*（アングロア属のラン）

virginianus *vir-jin-ee-AH-nus*
virginiana, virginianum
virginicus *vir-JIN-ih-kus*
virginica, virginicum
virgineus *vir-JIN-ee-us*
virginea, virgineum
アメリカのヴァージニア州の、例：*Hamamelis virginiana*（アメリカマンサク）

viridi-
緑を意味する接頭語

viridescens *vir-ih-DESS-enz*
緑色に変わる、例：*Ferocactus viridescens*（フェロカクトゥス属のサボテン）

viridiflorus *vir-id-uh-FLOR-us*
viridiflora, viridiflorum
緑色の花の、例：*Lachenalia viridiflora*（キジカクシ科ラシュナリア属の球根植物）

viridis *VEER-ih-dis*
viridis, viride
緑色の、例：*Trillium viride*（エンレイソウ属の多年草）

viridissimus *vir-id-ISS-ih-mus*
viridissima, viridissimum
濃緑色の、例：*Forsythia viridissima*（シナレンギョウ）

Prunus virginiana、
chokecherry（チョークチェリー）

viridistriatus *vi-rid-ee-stry-AH-tus*
viridistriata, viridistriatum
緑色の縞がある、例：*Pleioblastus viridistriatus*（カムロザサ）

viridulus *vir-ID-yoo-lus*
viridula, viridulum
やや緑色の、例：*Tricyrtis viridula*（ホトトギス属の多年草）

viscidus *VIS-kid-us*
viscida, viscidum
粘着性がある、べとべとした、例：*Teucrium viscidum*（ニガクサ属の多年草）

viscosus *vis-KOH-sus*
viscosa, viscosum
粘着性がある、べとべとした、例：*Rhododendron viscosum*（ツツジ属の低木）

vitaceus *vee-TAY-see-us*
vitacea, vitaceum
ブドウ（*Vitis*）のような、例：*Parthenocissus vitacea*（ツタ属の木本性つる植物）

vitellinus *vy-tel-LY-nus*
vitellina, vitellinum
卵黄色の、例：*Encyclia vitellina*（エンキクリア属のラン）

viticella *vy-tee-CHELL-uh*
小さなブドウ、例：*Clematis viticella*（センニンソウ属のつる性植物）

vitifolius *vy-tih-FOH-lee-us*
vitifolia, vitifolium
ブドウ（*Vitis*）のような葉の、例：*Abutilon vitifolium*（イチビ属の低木）

vitis-idaea *VY-tiss-id-uh-EE-uh*
イディ山［クレタ島の聖山］のブドウ、例：*Vaccinium vitis-idaea*（コケモモ）

vittatus *vy-TAH-tus*
vittata, vittatum
縦縞がある、例：*Billbergia vittata*（ツツアナナス属の着生草本）

vivax *VY-vaks*
長命な、例：*Phyllostachys vivax*（マダケ属のタケ）

viviparus *vy-VIP-ar-us*
vivipara, viviparum
小植物体を生じる、自殖性の、
例：*Persicaria vivipara*（ムカゴトラノオ）

volubilis *vol-OO-bil-is*
volubilis, volubile
巻きつく、例：*Aconitum volubile*（ホソバツルウズ）

vomitorius *vom-ih-TOR-ee-us*
vomitoria, vomitorium
嘔吐をもよおさせる、例：*Ilex vomitoria*（ヤポンノキ）

vulgaris *vul-GAH-ris*
vulgaris, vulgare

vulgatus *vul-GAIT-us*
vulgata, vulgatum
ふつうの、例：*Aquilegia vulgaris*（セイヨウオダマキ）

Prosthechea vitellina
（syn. *Epidendrum vitellinum*）、
yoke-yellow prosthechea
（プロスゼキア属の着生ラン）

W

wagnerii *wag-ner-EE-eye*
wagneriana *wag-ner-ee-AH-nuh*
wagnerianus *wag-ner-ee-AH-nus*
アメリカの植物学者ウォーレン・ワグナー（1920-2000）への献名、例：*Trachycarpus wagnerianus*（トウジュロ）

wahlenbergii *wah-len-BERG-gee-eye*
スウェーデンの博物学者イェオリ（ヨーラン）・ヴァレンベリ（1780-1851）への献名、例：*Luzula wahlenbergii*（スズメノヤリ属の多年草）

walkerae *WAL-ker-ah*
walkeri *WAL-ker-ee*
アメリカの動物学者アーネスト・ピルズベリー・ウォーカー（1891-1969）などWalkerという名のさまざまな人物を記念、例：*Chylismia walkeri*（アカバナ科キリスミア属の1年草または越年草）

wallerianus *wall-er-ee-AH-nus*
walleriana, wallerianum
イギリスの宣教師ホーレス・ウォーラー（1833-96）への献名、例：*Impatiens walleriana*（アフリカホウセンカ）

wallichianus *wal-ik-ee-AH-nus*
wallichiana, wallichianum
デンマークの植物学者でプラントハンターのナサニエル・ウォーリッチ博士（1786-1854）への献名、例：*Pinus wallichiana*（ヒマラヤゴヨウ）

walteri *WAL-ter-ee*
18世紀のアメリカの植物学者トマス・ウォルターへの献名、例：*Cornus walteri*（ミズキ属の高木）

wardii *WAR-dee-eye*
イギリスの植物学者で植物収集者フランク・キングドン＝ウォード（1885-1958）への献名、例：*Roscoea wardii*（ショウガ科ロスコエア属の多年草）

warscewiczii *vark-zeh-wik-ZEE-eye*
ポーランドのラン収集家ヨーゼフ・ヴァルシェヴィチ（1812-1866）への献名、例：*Kohleria warscewiczii*（ベニギリ属の多年草）

watereri *wat-er-EER-eye*
イギリスのナップヒルの種苗業者ウォータラーズ・ナーサリーズにちなむ、例：*Laburnum × watereri*（キングサリ属の高木）

webbianus *web-bee-AH-nus*
webbiana, webbianum
イギリスの植物学者で旅行家のフィリップ・バーカー・ウェッブ（1793-1854）への献名、例：*Rosa webbiana*（バラ属の低木）

weyerianus *wey-er-ee-AH-nus*
weyeriana, weyerianum
20世紀の園芸家で*Buddleja × weyeriana*（フジウツギ属の低木）を育成したウィリアム・ヴァン・デ・ワイヤーへの献名

wheeleri *WHEE-ler-ee*
アメリカの測量官ジョージ・モンタギュー・ウィーラー（1842-1905）への献名、例：*Dasylirion wheeleri*（リュウゼツラン科ダシリリオン属の植物）

wherryi *WHER-ee-eye*
アメリカの植物学者で地質学者エドガー・セオドア・ウェリィ博士（1885-1982）への献名、例：*Tiarella wherryi*（ズダヤクシュ属の多年草）

whipplei *WHIP-lee-eye*
アメリカの測量官アミエル・ウィークス・ホイップル中尉（1818-63）への献名、例：*Yucca whipplei*（イトラン属の植物）

wichurana *whi-choo-re-AH-nuh*
ドイツの植物学者マックス・エルンスト・ウィチュラ（1817-66）への献名、例：*Rosa wichurana*（テリハノイバラ）

wightii *WIGHT-ee-eye*
植物学者でマドラス植物園の園長ロバート・ワイト（1796-1872）への献名、例：*Rhododendron wightii*（ツツジ属の低木または小高木）

Rhododendron wightii
（ツツジ属の低木または小高木）

wildpretii *wild-PRET-ee-eye*
19世紀のスイスの植物学者ヘルマン・ヨーゼフ・ヴィルトプレットへの献名、例：*Echium wildpretii*（エキウム・ウィルドプレッティ）

wilkesianus *wilk-see-AH-nus*
wilkesiana, wilkesianum
アメリカの海軍士官で探検家のチャールズ・ウィルクス（1798-1877）への献名、例：*Acalypha wilkesiana*（サンシキアカリファ）

williamsii *wil-yams-EE-eye*
19世紀のイギリスの植物収集者ジョン・チャールズ・ウィリアムズなどWilliamsという名のさまざまな有名な植物学者や園芸家への献名、例：*Camellia×williamsii*（ツバキ属の低木）

willmottianus *wil-mot-ee-AH-nus*
willmottiana, willmottianum
willmottiae *wil-MOT-ee-eye*
イギリスのエセックス州ワーレイプレイスの園芸家エレン・ウィルモット（1858-1934）への献名、例：*Rosa willmottiae*（バラ属の低木）

wilsoniae *wil-SON-ee-ay*
wilsonii *wil-SON-ee-eye*
イギリスのプラントハンターのアーネスト・ヘンリー・ウィルソン博士（1876-1930）への献名、例：*Spiraea wilsonii*（シイモツケ属の低木）、小名*wilsoniae*は妻のヘレンを記念

wintonensis *win-ton-EN-sis*
wintonensis, wintonense
ウィンチェスター産の、とくにイギリスのハンプシャー州の種苗業者ヒリアー・ナーサリーズについて使われる［ウィンチェスターはハンプシャー州の州都］、例：×*Halimiocistus wintonensis*（ゴジアオイとハンニチバナ属の属間雑種）

wisleyensis *wis-lee-EN-sis*
wisleyensis, wisleyense
イギリスのサリー州にある王立園芸協会のウィズリー・ガーデンにちなむ、例：*Gaultheria×wisleyensis*（シラタマノキ属の低木）

wittrockianus *wit-rok-ee-AH-nus*
wittrockiana, wittrockianum
スウェーデンの植物学者ヴェイト・ブレッシェル・ヴィトロック教授（1839-1914）への献名、例：*Viola×wittrockiana*（パンジー）

woodsii *WOODS-ee-eye*
19世紀のイギリスの植物学者でバラの専門家ジョーゼフ・ウッズへの献名、例：*Rosa woodsii*（バラ属の低木）

woodwardii *wood-WARD-ee-eye*
イギリスの植物学者トマス・ジェンキンソン・ウッドウォード（1742頃-1820）への献名、例：*Primula woodwardii*（サクラソウ属の多年草）

woronowii *wor-on-OV-ee-eye*
ロシアの植物学者で植物収集者ゲオルギー・ボロノフ（1874-1931）への献名、例：*Galanthus woronowii*（マツユキソウ属の球根植物）

生きているラテン語

ジョン・ウィリアムズは*Camellia saluenensis*（サルウィンツバキ）と*C. japonica*（ヤブツバキ）を交配して一群の雑種のツバキを作り、それらはじょうぶで栽培しやすく美しい花を咲かせるため、多くのガーデナーからゆるぎない支持を得ている。白からピンクやローズパープルまでさまざまな花色の栽培品種がいくつもある。

Camellia×williamsii
（ツバキの種間雑種）

---

wrightii *RITE-ee-eye*
19世紀のアメリカの植物学者で植物収集者チャールズ・ライトへの献名、例：*Viburnum wrightii*（ミヤマガマズミ）

wulfenianus *wulf-en-ee-AH-nus*
wulfeniana, wulfenianum
wulfenii *wulf-EN-ee-eye*
オーストリアの植物学者で博物学者フランツ・ザーフェル・フォン・ヴュルフェン（1728-1805）への献名、例：*Androsace wulfeniana*（トチナイソウ属の小型草本）

X

xanth-
黄色を意味する接頭語

xanthinus *zan-TEE-nus*
xanthina, xanthinum
黄色の、例：*Rosa xanthina*（キバナハマナス）

xanthocarpus *zan-tho-KAR-pus*
xanthocarpa, xanthocarpum
黄色の果実の、例：*Rubus xanthocarpus*（キイチゴ属の多年草）

xantholeucus *zan-THO-luh-cus*
xantholeuca, xantholeucum
黄白色の、例：*Sobralia xantholeuca*（ソブラリア属のラン）

Rosa xanthina、
canary bird rose（キバナハマナス）

Y

yakushimanus *ya-koo-shim-MAH-nus*
yakushimana, yakushimanum
日本の屋久島の、例：*Rhododendron yakushimanum*（ヤクシマシャクナゲ）

yedoensis *YED-oh-en-sis*
yedoensis, yedoense
yesoensis
yesoensis, yesoense
yezoensis
yezoensis, yezoense
日本の東京産の、例：*Prunus × yedoensis*（ソメイヨシノ）

yuccifolius *yuk-kih-FOH-lee-us*
yuccifolia, yuccifolium
Yucca（イトラン属）のような葉の、例：*Eryngium yuccifolium*（ヒゴタイサイコ属の多年草）

yuccoides *yuk-KOY-deez*
Yucca（イトラン属）に似た、例：*Beschorneria yuccoides*（リュウゼツラン科ベショルネリア属の多年草）

yunnanensis *yoo-nan-EN-sis*
yunnanensis, yunnanense
中国雲南省産の、例：*Magnolia yunnanensis*（ウンナンオガタマ）

Z

zabelianus *zah-bel-ee-AH-nus*
zabeliana, zabelianum
19世紀のドイツの林学者ヘルマン・ツァベルへの献名、
例：*Berberis zabeliana*（メギ属の低木）

zambesiacus *zam-bes-ee-AH-kus*
zambesiaca, zambesiacum
アフリカのザンベジ川の、例：*Eucomis zambesiaca*（キジカクシ科エウコミス属の多年草）

zebrinus *zeb-REE-nus*
zebrina, zebrinum
シマウマのような縞模様がある、例：*Tradescantia zebrina*（シマムラサキツユクサ）

zeyheri *ZAY-AIR-eye*
ドイツの植物学者で植物収集者カール・ルートヴィヒ・フィリップ・ツェイハー（1799–1859）への献名、例：*Philadelphus zeyheri*（バイカウツギ属の低木）

zeylanicus *zey-LAN-ih-kus*
zeylanica, zeylanicum
セイロン（スリランカ）産の、例：*Pancratium zeylanicum*（ヒガンバナ科パンクラチューム属の多年草）

zibethinus *zy-beth-EE-nus*
zebethina, zebethinum
ジャコウネコのような悪臭がする、例：*Durio zibethinus*（ドリアン）

zonalis *zo-NAH-lis*
zonalis, zonale

zonatus *zo-NAH-tus*
zonata, zonatum
（しばしば着色した）帯状の模様がある、例：*Cryptanthus zonatus*（トラフヒメアナナス）

生きているラテン語

*zeylanicus*は、その植物がスリランカ（旧セイロン）と関係があることを教えてくれる。この*Crinum*（ハマオモト属）の美しい球根植物は、ブラジル、アフリカのいくつかの地域、インド、中国、セーシェル諸島など、世界中の暖帯から熱帯の地域に認められる。冷涼な地域では寒さに耐えられない。トランペット形の花には一風変わった赤と白の縞が入っており、それを描写する普通名がついている。そのほかセイロンとのかかわりを示す名前をもつ植物には、球根を作る多年草*Pancratium zeylanicum*（rain flower、ヒガンバナ科パンクラチューム属）や観賞用の高木*Cinnamomum zeylanicum*（現在では*C. vera*の異名、Ceylon cinnamon、セイロンニッケイ）がある。

Crinum zeylanicum、
milk and wine lily（ハマオモト属の多年草）

用語集

羽状 Pinnate
対生にならんだ小葉のようす。

腋（えき） Axil
葉と茎のあいだの部分で、そこから芽が出る。

花冠 Corolla
ひとつの花の花弁の集合体。

萼（がく） Calyx
花の外側の部分で、複数の萼片からなり、蕾を保護する。

萼片（がくへん） Sepal
蕾の中の花を保護する葉に似た構造。

花茎 Scape
葉がついていない、花の咲く茎。

花柱 Style
雌ずいのある花の子房と柱頭をつなぐ柄。

果皮 Pericarp
果実の外層。

花柄（かへい） Peduncle
花序を支える柄。

距（きょ） Spur
花から外へ伸びた管状の部分で、しばしば蜜をふくむ。

散形花序 Umbel
すべての小花柄が一個所から出ているような花房。

散房花序 Corymb
上面が平らな花房。

雌ずい Pistil
花の雌性の部分（雌しべ）。

小花柄（しょうかへい） Pedicel
個々の花を支える柄。

掌状 Palmate
開いた手のような形。

節（せつ） Node
そこから葉が成長する茎のふしの部分。

総状花序 Raceme
もっとも若い花が先端にあるような花序。

袋果（たいか） Follicle
乾果かつ単果で、一本の線にそって裂けて種子を放出する。

托葉 Stipule
葉柄の基部に伸び出た葉に似たもの。

柱頭 Stigma
花の雌性の部分の先端で、ここに花粉が付着する。

芒（のぎ） Awns
いくつかのイネ科植物の花にみられる、苞葉（穎）の硬い剛毛状の付属物。

（シダやシュロの）葉 Frond
シダやシュロの羽毛状の葉。

髭（ひげ） Beard
アヤメの花弁にあるような髭状に伸びたもの。

仏炎苞（ぶつえんほう） Spathe
穂状花序を包む大型の苞葉で、とくにサトイモ科の植物でみられる。

穂 Ear
穀草の穀粒をつける部分。

苞葉（ほうよう） Bract
花あるいは花序の基部に生じる変形した葉で、鮮やかな色をしている場合もある。

葯 Anther
雄ずいの一部で、花粉をふくんでいる部分。

雄ずい Stamen
花の雄性の部分（雄しべ）。

翼（よく） Wing
外側部または側方に張り出した部分。

卵形 Ovate
基部が広い卵のような形をした葉、苞葉、あるいは花弁。

竜骨（竜骨弁） Keel
舟の竜骨に似た構造（通常は花弁）。

鱗片 Scale
多数重なった板状のものの一つひとつ。鱗茎の各層をいう場合もある。

裂片 Lobe
たいていは葉、花弁、苞葉、托葉の、丸みをおびた突出部。

参考文献

Brickell, C. (Editor). *The Royal Horticultural Society A–Z Encyclopedia of Garden Plants*. London: Dorling Kindersley, 2008.
英国王立植物協会（クリストファー・ブリッケル編）『A-Z園芸植物百科事典』、横井政人訳、誠文堂新光社、2003年

Brickell, C. (Editor). *International Code of Nomenclature for Cultivated Plants*. Leuven: ISHS, 2009.
国際園芸学会『国際栽培植物命名規約』、アボック社、2008年

Burke, Anna L. (Editor). *The Language of Flowers*. London: Hugh Evelyn, 1973.

Cubey, J. (Editor). *RHS Plant Finder 2011-2012*. London: Royal Horticultural Society, 2011.

Fara, Patricia. *Botany and Empire: The Story of Carl Linnaeus and Joseph Banks*. London: Icon Books, 2004.

Fry, Carolyn. *The Plant Hunters*. London: Andre Deutsch, 2009.

Gledhill, D. *The Names of Plants*. Cambridge University Press, 2008

Hay, Roy (Editor). *ReaderReader's Digest Encyclopedia of Garden Plants and Flowers*. London: Reader's Digest, 1985.

Hillier, J. and A. Coombes (Editors). *The Hillier Manual of Trees and Shrubs*. Newton Abbot: David & Charles, 2007.

Johnson, A.T. and H.A. Smith. *Plant Names Simplified*. Ipswich: Old Pond Publishing, 2008.

Neal, Bill. *Gardener's Latin*. New York: Workman Publishing, 1993.

Page, Martin (foreword). *Name That Plant An Illustrated Guide to Plant and Botanical Latin Names*. Cambridge: Worth Press, 2008.

Payne, Michelle. *Marianne North, A Very Intrepid Painter*. London: Kew Publishing, 2011.

Smith, A.W. *A Gardener's Handbook of Plant Names: Their Meaning and Origins*. New York: Dover Publications, 1997.

Stearn, William T. *Botanical Latin*. Portland: Timber Press, 2004.

Stearn, William T. *Stearn's Dictionary of Plant Names for Gardeners: A Handbook on the Origin and Meaning of the Botanical Names of Some Cultivated Plants*. London: Cassell, 1996.

Wells, Diana. *100 Flowers and How They Got Their Names*. New York: Workman Publishing, 1997.
ダイアナ・ウェルズ『花の名物語100』、矢川澄子訳、大修館書店、1999年

英文ウェブサイト

Arnold Arboretum, Harvard University
ハーヴァード大学アーノルド樹木園
www.arboretum.harvard.edu

Backyard Gardener
www.backyardgardener.com

Chelsea Physic Garden, London
チェルシー薬草園
www.chelseaphysicgarden.co.uk

Dave's Garden
www.davesgarden.com

Explorers' Garden
www.explorersgarden.com

Hortus Botanicus, Amsterdam
アムステルダム植物園
www.dehortus.nl

International Plant Names Index
国際植物目録
www.ipni.org

Plants Database, US Department of Agriculture
アメリカ農務省植物データベース
www.plants.usda.gov

Plant Explorers
www.plantexplorers.com

Royal Botanic Gardens, Kew
キュー植物園
www.kew.org

Royal Horticultural Society
王立園芸協会
www.rhs.org.uk

図版出典

14	© RHS, Lindley Library	76	© RHS, Lindley Library	142	© RHS, Lindley Library
16	© RHS, Lindley Library	77	© RHS, Lindley Library	144	© RHS, Lindley Library
17	© RHS, Lindley Library	79	© RHS, Lindley Library	145	© RHS, Lindley Library
19	© RHS, Lindley Library	80	© RHS, Lindley Library	146	© RHS, Lindley Library
20	© RHS, Lindley Library	83	© RHS, Lindley Library	148	© RHS, Lindley Library
24	© RHS, Lindley Library	85	© RHS, Lindley Library	150	© RHS, Lindley Library
29	© RHS, Lindley Library	86	© RHS, Lindley Library	151	© RHS, Lindley Library
30	© RHS, Lindley Library	87	© RHS, Lindley Library	153	© RHS, Lindley Library
31	© RHS, Lindley Library	87	© RHS, Lindley Library	154	© RHS, Lindley Library
32	© RHS, Lindley Library	90	© RHS, Lindley Library	154	© RHS, Lindley Library
33	© RHS, Lindley Library	91	© Emma Shepherd	165	© RHS, Lindley Library
33	© RHS, Lindley Library	92	© RHS, Lindley Library	167	© RHS, Lindley Library
34	© RHS, Lindley Library	93	© RHS, Lindley Library	167	© RHS, Lindley Library
35	© RHS, Lindley Library	94	© RHS, Lindley Library	168	© RHS, Lindley Library
36	© RHS, Lindley Library	95	© RHS, Lindley Library	170	© RHS, Lindley Library
39	© RHS, Lindley Library	95	© RHS, Lindley Library	171	© RHS, Lindley Library
40	© Natural History Museum	SPL	96	© RHS, Lindley Library	171	© RHS, Lindley Library
41	© RHS, Lindley Library	97	© RHS, Lindley Library	172	© RHS, Lindley Library
43	© RHS, Lindley Library	100	© RHS, Lindley Library	173	© RHS, Lindley Library
47	© RHS, Lindley Library	102	© RHS, Lindley Library	175	© RHS, Lindley Library
48	© RHS, Lindley Library	106	© RHS, Lindley Library	190	© RHS, Lindley Library
49	© RHS, Lindley Library	109	© RHS, Lindley Library	192	© RHS, Lindley Library
50	© RHS, Lindley Library	112	© RHS, Lindley Library	193	© RHS, Lindley Library
51	© RHS, Lindley Library	114	© RHS, Lindley Library	194	© RHS, Lindley Library
53	© RHS, Lindley Library	115	© RHS, Lindley Library	196	© RHS, Lindley Library
56	© RHS, Lindley Library	116	© RHS, Lindley Library	199	© RHS, Lindley Library
57	© RHS, Lindley Library	118	© RHS, Lindley Library	199	© RHS, Lindley Library
59	© RHS, Lindley Library	119	© RHS, Lindley Library	202	© RHS, Lindley Library
63	© RHS, Lindley Library	121	© RHS, Lindley Library	207	© RHS, Lindley Library
64	© RHS, Lindley Library	122	© RHS, Lindley Library	208	© RHS, Lindley Library
65	© RHS, Lindley Library	125	© RHS, Lindley Library	209	© RHS, Lindley Library
66	© RHS, Lindley Library	128	© RHS, Lindley Library	213	© RHS, Lindley Library
67	© RHS, Lindley Library	129	© RHS, Lindley Library	215	© RHS, Lindley Library
69	© RHS, Lindley Library	131	© RHS, Lindley Library	216	© RHS, Lindley Library
70	© RHS, Lindley Library	136	© RHS, Lindley Library	219	© RHS, Lindley Library
72	© RHS, Lindley Library	137	© RHS, Lindley Library	220	© Dorling Kindersley
73	© RHS, Lindley Library	138	© RHS, Lindley Library	221	© RHS, Lindley Library
74	© RHS, Lindley Library	139	© RHS, Lindley Library		
76	© RHS, Lindley Library	140	© RHS, Lindley Library		

本書で使用した画像の著作権保有者への帰属を明確にすべく、最善をつくした。意図しないもれや誤りについては謝罪し、今後の版ですべての団体または個人に対して適切な謝辞を掲載する。